四川省高职院校省级重点专业建设项目"建筑工程技术专业（群）建设"成果
（项目编号：川教函〔2014〕449号）

U0369311

园林工程技术专业

人才培养方案与课程标准

曾　琪／主编

李仁全／主审

西南交通大学出版社
·成都·

图书在版编目（ＣＩＰ）数据

园林工程技术专业人才培养方案与课程标准／曾琪
主编. —成都：西南交通大学出版社，2016.11
ISBN 978-7-5643-5136-6

Ⅰ．①园… Ⅱ．①曾… Ⅲ．①园林－工程施工－专业
人才－人才培养－方案②园林－工程施工－专业人才－人
才培养－课程标准 Ⅳ．①TU986.3

中国版本图书馆 CIP 数据核字（2016）第 277079 号

园林工程技术专业人才培养方案与课程标准

曾琪　主编

责 任 编 辑	杨　勇	
助 理 编 辑	张秋霞	
封 面 设 计	墨创文化	
出 版 发 行	西南交通大学出版社 （四川省成都市二环路北一段 111 号 西南交通大学创新大厦 21 楼）	
发 行 部 电 话	028-87600564　028-87600533	
邮 政 编 码	610031	
网　　　　址	http://www.xnjdcbs.com	
印　　　　刷	成都中铁二局永经堂印务有限责任公司	
成 品 尺 寸	185 mm×260 mm	
印　　　　张	17	
字　　　　数	457 千	
版　　　　次	2016 年 11 月第 1 版	
印　　　　次	2016 年 11 月第 1 次	
书　　　　号	ISBN 978-7-5643-5136-6	
定　　　　价	60.00 元	

课件咨询电话：028-87600533

前　言

按照《国家中长期教育改革和发展规划纲要》（2010—2020 年）、《现代职业教育体系建设规划》（2014—2020 年）、《高等职业教育创新发展行动计划》（2015—2018 年）等相关文件精神要求，职业教育要服务经济社会发展和人的全面发展，推动专业设置与产业需求对接，课程内容与职业标准对接，教学过程与生产过程对接，毕业证书与职业资格证书对接，职业教育与终身学习对接。根据"服务需求、就业导向"的原则，四川职业技术学院建筑与环境工程系经过充分的调研，在专业教学委员会的指导下，通过认真研究，修订了园林工程技术专业的人才培养方案，并根据人才培养方案修订了课程标准。

四川职业技术学院李仁全担任主审，四川职业技术学院曾琪担任主编，各部分编写人员为：曾琪编写园林工程技术专业人才培养方案及教学进程表，徐春卯编写"园林制图与设计初步"和"园林制图实训"等课程标准，陈果编写"园林测量""园林测量实训""园林绘画""园林绘画实训""园林计算机辅助设计Ⅰ""园林计算机辅助设计Ⅰ实训"等课程标准，李仁全编写"园林植物""园林植物认知实训""园林艺术""园林植物造景"等课程标准，谭一心编写"园林工程造价""园林规划设计""园林规划设计实训""园林施工图设计"等课程标准，陈立娅编写"插花与花艺设计"课程标准，陈兴帮编写"园林计算机辅助设计Ⅱ""园林计算机辅助设计Ⅱ实训"等课程标准，吴毅峰编写"园林工程施工组织与管理""园林工程施工组织与管理实训""园林工程""园林工程实训"等课程标准，李月琴编写"园林建筑设计""园林建筑设计实训"等课程标准，江华明编写"中外园林史""园林植物栽培技术""园林植物病虫害防治"等课程标准。

遂宁市建筑业协会常务副会长张奕、遂宁市建设局总工程师冯亮、遂宁市城乡规划设计研究院院长粟正刚、荣兴元集团有限公司常务副总裁邹远新等行业专家也参与了编写和审定工作。

《园林工程技术专业人才培养方案及课程标准》于 2015 年 12 月 17 日经四川职业技术土木类专业教学指导委员会审定通过，从 2016 年秋季开始实施。

编　者

2016 年夏

目　录

第一部分　园林工程技术专业资料

1　专业人才培养方案 ·· 1
2　园林专业教学进程 ·· 11

第二部分　园林工程技术专业理论课程标准

1　"园林制图与设计初步"课程标准 ·· 14
2　"园林测量"课程标准 ··· 26
3　"园林绘画"课程标准 ··· 48
4　"园林植物"课程标准 ··· 65
5　"插花与花艺设计"课程标准 ··· 75
6　"园林计算机辅助设计Ⅰ"课程标准 ··· 90
7　"园林计算机辅助设计Ⅱ"课程标准 ··· 107
8　"园林规划设计"课程标准 ··· 115
9　"园林工程造价"课程标准 ··· 128
10　"园林工程施工组织与管理"课程标准 ······································· 136
11　"园林施工图设计"课程标准 ··· 150
12　"园林工程"课程标准 ··· 161
13　"园林建筑设计"课程标准 ··· 169
14　"中外园林史"课程标准 ··· 181
15　"园林植物栽培技术"课程标准 ·· 186
16　"园林植物病虫害防治"课程标准 ··· 192
17　"园林艺术"课程标准 ··· 198
18　"园林植物造景"课程标准 ··· 211

第三部分　园林工程技术专业实践课程标准

1　"园林制图与设计初步实训"课程标准 ·· 224
2　"园林测量实训"课程标准 ··· 228
3　"园林绘画实训"课程标准 ··· 233
4　"园林植物认知实训"课程标准 ·· 237

5 "园林计算机辅助设计Ⅰ实训"课程标准 …………………………………… 242

6 "园林计算机辅助设计Ⅱ实训"课程标准 …………………………………… 246

7 "园林规划设计实训"课程标准 …………………………………… 249

8 "园林工程造价实训"课程标准 …………………………………… 253

9 "园林工程施工组织与管理实训"课程标准 …………………………………… 256

10 "园林工程实训"课程标准 …………………………………… 259

11 "园林建筑设计实训"课程标准 …………………………………… 263

第一部分　园林工程技术专业资料

1　专业人才培养方案

专业名称：园林工程技术

专业代码：56016

所属门类：建筑设计类

所属系（部）：建筑与环境工程系

一、学制、修业年限及招生对象

（1）标准学制：3 年。

（2）修业年限：学习年限最低不少于 3 年，在校累计学习年限不超过 5 年，最长学习年限不超过 6 年（含休学）。

（3）招生对象：普通高中毕业生、中职学校毕业生。

二、职业面向及要求

通过市场、企业调研，确定本专业主要对园林工程设计、园林工程施工、园林工程监理、园林工程招投标、园林绿地维护管理等职业岗位作出相应课程设置，每个岗位的主要工作任务及相应的职业能力，详见表 1。

表 1　职业岗位面向及要求

序号	职业岗位	主要工作任务	职业能力	职业资格证书
1	园林工程设计	园林工程方案初步设计、方案扩初设计、施工图设计	1. 设计前期场地分析能力； 2. 园林景观工程概念设计能力； 3. 方案成图能力（包括园林手绘能力、CAD、3D Max、PS 软件制图能力）	景观设计师
2	园林工程施工与管理	园林工程施工、园林工程施工现场组织管理、竣工图绘制、园林工程后期养护管理	1. 测量工具使用能力； 2. 园林工程施工能力、园林工程组织管理能力； 3. 绘图能力	施工员
3	园林工程监理	园林工程质量、施工进度、安全、工程成本控制，园林工程验收，园林工程跟踪监督等	1. 园林工程施工工艺流程掌控能力； 2. 园林工程相关法律法规把控能力	监理员
4	园林工程招投标	园林工程概预算、园林工程招投标文件编制、工程量清单编制等	1. 园林工程施工图识图能力； 2. 园林工程造价软件应用能力； 3. 工程招投标相关法律法规的把控能力； 4. 园林工程施工工艺流程掌控能力	造价员
5	园林绿地维护管理	园林绿地养护、园林苗木栽植、园林绿地后期管理、园林苗圃管理等	1. 各种常用园林植物的生长特性把控能力； 2. 土壤及气候特性把控能力； 3. 植物病虫害防治能力	园林绿化养护师

三、专业培养目标和人才培养规格

（一）专业培养目标

本专业培养热爱园林绿化事业，具有甘于奉献、独立思考、实事求是精神，掌握园林工程技术专业必备的文化知识和专业知识技能，具有从事园林规划设计与工程施工管理人员的基本素质，能够从事园林工程设计、施工管理、绿化养护、工程造价、资料管理、材料管理等工作的高端技能型专门人才。

（二）人才培养规格

1. 素质要求

（1）思想道德素质。

① 具有正确的世界观、人生观，有理想、有道德、有文化、有纪律，热爱社会主义祖国，坚持四项基本原则；

② 有为社会主义祖国而奋发学习的激情、强烈的责任感和求知欲；

③ 有顾全大局、吃苦耐劳、艰苦奋斗、乐于奉献的敬业精神；

④ 树立良好的社会公德和职业道德，具有法制观念和公民意识，正确运用法律赋予的民主权利，自觉履行法律规定的义务，遵守校规校纪。

（2）专业素质。

① 掌握与职业（岗位）有关的专业理论和专业技能；

② 具有热爱本职工作和尽职尽责的职业道德；

③ 具有较快适应生产、管理第一线岗位的实际工作能力；

④ 具有初步的评价、吸收和利用国内外新技术的能力；

⑤ 具有创新精神和自我发展的能力。

（3）身心素质。

① 掌握科学锻炼身体的基本技能，养成锻炼身体的良好习惯，要求达到国家大学生体育锻炼标准；

② 了解心理学和心理卫生健康的基本知识；

③ 具有较强的心理适应能力，能正确处理自身的理性、情感、意志方面的矛盾，有克服困难的信心和决心，具有健全的意志品质；

④ 具有理智、真诚、坦荡的性格和良好的人际关系。

2. 知识要求

（1）文化知识。

① 了解哲学、文学、艺术、美学、历史等社会科学和人文科学的基本知识，为成为一名合格的社会主义劳动者奠定初步的文化基础和审美观念；

② 正确理解人与自然、人与社会、人与人的关系，树立环境意识，培养社会责任感和关心他人、团结互助的风格；

③ 养成文明的行为习惯和自尊、自强、自爱、自律、守信的优良品质；

④ 初步养成文明有礼、健康高雅的审美情趣。

（2）专业知识。

① 掌握园林工程制图相关规范要求，能够运用手绘和制图软件等手段完成园林工程图纸；

② 掌握园林规划设计相关理论知识及实作技能，能够运用手绘和制图软件完成园林规划设计方案；

③ 掌握 AutoCAD、3D Max、Photoshop 等制图软件，能够运用以上软件绘制各类园林工程相关图纸；

④ 掌握园林工程施工技术相关理论知识及实作技能，能在施工现场承担园林工程施工及管理工作；

⑤ 掌握园林工程造价及工程招投标相关规范要求，能根据施工图计算工程量，并运用清单计价软件进行计价工作，会编制工程招投标文件。

3. 能力要求

（1）社会能力。

① 具有良好的职业道德和工作态度，踏实肯干，有健康的心理和体魄；

② 具有较强的计算机软件应用能力，具有获取信息及处理信息的能力；

③ 具有一定的自学能力和创新能力，具有运用所学知识分析和解决问题的能力；

④ 具有良好的个人形象和与人交流、沟通的能力。

（2）方法能力。

① 具有良好的职业生涯规划能力、独立学习能力、获取新知识的能力、设计施工决策能力；

② 具有系统思维、整体思维与创新思维的能力。

（3）专业能力。

① 具有项目策划、设计、施工、预算、项目管理的整体把握和组织能力；

② 具有园林工程市场调研和营销策划能力、园林工程分析鉴赏能力；

③ 具有园林工程图纸绘图及识图能力、园林景观设计方案制作能力、园林景观设计效果表现能力、园林工程施工图设计能力、园林景观现场施工组织与施工管理能力、园林工程造价及招投标文件编制能力。

四、毕业条件

（1）获得本专业要求的 132 个总学分。其中，公共课 34 个学分，专业基础课 16 个学分，专业核心课 59 个学分，专业拓展课 17 个学分，素质拓展课 6 个学分。

（2）获得操行 6 个学分（由学工部负责完成并考核）。

（3）获得"四川省大学英语等级考试"Ⅱ级或以上证书（非英语类专业）。

（4）获得"全国计算机等级考试"Ⅰ级或以上证书。

（5）获得至少一个专业相关方向的职业资格证书。

五、课程体系

根据园林工程技术专业职业能力要求构建课程体系，如下所示。

1. 公共课程

为打造学生作为"社会人""职业人"所需的基本社会素质和基本职业素质，促进学生德智体全面发展，开设"政治思想课程""高等数学""大学体育""计算机应用基础""大学英语"等公共课程。

2. 专业基础课程

开设"园林制图""园林测量""园林绘画"等专业基础课程，来支撑园林工程技术专业的学习。

3. 专业核心课程

根据典型工作任务需要，结合实际，确定本专业核心课程为"园林植物""园林规划设计""园林工程造价""园林工程施工组织与管理""园林工程"等。

表 2 专业核心课程分析表

核心课程	主要教学内容	技能考核项目与要求	参考学时
园林植物	1. 园林植物与环境 2. 园林树木 3. 园林花卉 4. 草坪建植与管理 5. 园林植物造景	1. 观察植物 要求：能够了解植物分类的基本知识，学会观察植物器官的形态结构。 2. 园林树木识别 要求：能够认识本地域内的常见植物，并能根据其生长特性进行分类。 3. 园林树木栽植 要求：能够了解选苗标准、规格、栽植环境、栽植深度等技术要求，掌握树木栽植和后期的通常养护技术。 4. 园林花卉识别 要求：能够识别常用花卉，掌握园林中常见花卉的科、属和形态特征。 5. 园林草坪修剪 要求：能够了解各类草坪的形态特征和生长特性，掌握草坪的修剪技术。 6. 园林绿地植物造景 要求：能够了解园林植物造景的常用手法，掌握乔木、灌木、草、花卉配植设计原则及图纸表现方法	64+25 （实训）
园林规划设计	1. 园林规划设计原理 2. 小型院落环境设计 3. 城市街道休闲绿地设计 4. 广场景观规划设计 5. 休闲小游园设计 6. 居住区绿地景观规划设计； 7. 小型公园规划设计	1. 庭院设计 要求：能够掌握庭院环境硬质景观和植物配置图创意方案与图纸绘制技术，学会庭院绿地环境的常用造景技术方法，以及创意方案的草图及成果图的绘制。 2. 城市街道休闲绿地设计 要求：能够了解城市街道休闲绿地布局形式、交通流线组织等规划设计要点，掌握城市街道休闲绿地方案设计与图纸绘制技术，掌握城市休闲街道绿地植物配置设计的技术与艺术审美要求。 3. 广场景观规划设计 要求：能够了解广场类型、布局形式、空间划分、流线组织等规划设计要求点，掌握广场景观创意方案设计与图纸绘制技术，掌握广场绿地植物配置设计、水景设计、景观小品设计技术与艺术审美要求。 4. 休闲小游园设计 要求：掌握休闲小游园景观创意方案设计与图纸绘制技术，掌握休闲小游园植物配置设计、水景设计、景观小品设计技术与艺术审美要求。 5. 居住区绿地景观规划设计 要求：能够了解居住区绿地规划设计原则及相关规范要求，了解居住区绿地设计风格定位、空间组织、流线划分、使用功能的技术要求，掌握居住区中心花园、绿地组团、宅前绿地等监管创意方案设计与图纸绘制技术，掌握居住区地面铺装设计、植物配置设计、水景设计、园林建筑小品设计的技术与艺术审美要求。 6. 小型公园设计 要求：能够了解小型公园规划设计原则及相关规范要求，了解小型公园设计风格定位、空间组织、流线	96+25 （实训）

4

核心课程	主要教学内容	技能考核项目与要求	参考学时
园林规划设计		划分、使用功能的技术要求，掌握居住区中心花园、绿地组团、宅前绿地等监管创意方案设计与图纸绘制技术，掌握小型公园道路规划设计、植物配置设计、水景设计、园林建筑小品设计的技术与艺术审美要求	
园林工程造价	1. 园林工程造价概述； 2. 园林工程定额； 3. 园林工程定额计价编制； 4. 园林工程量清单计价	1. 园林工程量的计算 要求：能够掌握园林工程量计算的原则，学会进行工程量分部分项的计算方法。 2. 园林定额的应用 要求：能够了解园林概预算费用的组成，掌握园林定额的应用方法。 3. 园林工程投标报价编制 要求：掌握园林分部分项工程量的计算方法，能够运用工程量清单计价法进行园林工程招投标编制方法	102+25（实训）
园林工程施工组织与管理	1. 园林工程建设概述 2. 园林工程招标、投标与施工合同 3. 园林工程商务标编制的内容与方法 4. 园林工程施工组织设计与管理	1. 园林工程招标文件编制 要求：熟悉园林工程施工招标流程和内容，学会编制园林工程施工招标文件。 2. 园林工程施工投标文件编制 要求：熟悉园林工程施工投标流程和内容，学会编制园林工程施工投标文件。 3. 编制园林工程施工组织设计 要求：能够了解园林工程施工组织设计内容，学会按照相关流程编制施工组织设计方案。 4. 园林工程施工招标和投标模拟训练 要求：通过按开标现场模拟投标会议并进行问题答辩讨论，了解招投标流程	70+25（实训）
园林工程	1. 场地设计 2. 园路和广场硬地铺装 3. 水景工程 4. 假山工程 5. 种植工程	1. 园林场地设计 要求：通过了解场地设计技术要求、土石方计算方法，能够完成竖向设计内容。 2. 园路与停车场设计 要求：通过了解公园道路与停车场设计要求、场地排水要求，能够完成合适的平面线形和竖向线形方案，能够完成园路与停车场设计图纸内容。 3. 喷泉设计 要求：通过了解喷泉水池与环境协调的技术要求，选择合适的水池方案，能够进行管网布置，完成喷泉设计图纸内容。 4. 山石园林设计 要求：能够分析山石园林用地现状特点，完成场地调整、山石园林设计图纸内容，并满足场地排水要求、场地交通组织要求。 5. 植物配置设计 要求：能够完成植物配置设计说明、做配置总表、分区块完成上层乔木和下层灌木植被施工图	102+25（实训）

4. 专业拓展课程

根据园林设计、园林施工、自主创业等岗位的能力要求开设"插花与花艺设计""园林植物栽培技术""园林植物病虫害防治""园林植物造景""中外园林史""园林艺术"等6门课程。

5. 素质拓展课程

为了完善学生知识结构，拓展学生知识面，提升学生综合素质，开设"素质拓展1""素质拓展2""素质拓展3"等多门课程，要求学生任选3门课程。

六、教学进程安排

（1）园林工程技术专业集中教学周安排，见表3。

表3　园林工程技术专业教学周安排表

学年	学期	实践教学			理论教学周数	本学期总周数
		名称	地点	周数		
一	1	入学教育及军训	校内	4	13	19
		园林制图实训	校内	1		
		园林绘画实训	校内	1		
	2	园林计算机辅助设计Ⅰ实训	校内	1	16	19
		园林测量实训	校内	1		
		园林植物认识实训	校内	1		
二	3	园林计算机辅助设计Ⅱ实训	校内	1	16	19
		园林规划设计实训	校内	1		
		园林建筑设计实训	校内	1		
	4	园林工程造价实训	校内	1	17	19
		园林工程实训	校内	1		
三	5	园林工程施工组织与管理实训	校内	1	14	19
		毕业设计（论文）	校内	4		
	6	顶岗实习	校外	16	0	17
		毕业教育	校内	1		
合　计				36	76	112

（2）园林工程技术专业课时与学分分配，见表4。

表4　园林工程技术专业课时与学分分配表

学习领域		课程门数	课时分配		学分分配		备注
			课时	比例	学分	比例	
公共课		12	676	24.8%	35	25.8%	
专业课	专业基础课	6	275	10.1%	16	11.8%	
	专业核心课	21	1404	51.6%	61	45.1%	
	专业拓展课	6	272	10%	17.5	12.9%	
公共拓展课程		3	96	3.5%	6	4.4%	
总　计		31	2723		135.5		
实践课总学时		1355		实践课学时比例		49.8%	

（3）园林工程技术专业课时与学分分配，见表5。

表5　园林工程技术专业教学进程表

模块名称	序号	课程编号	课程名称	课程性质	考核方法	学分	总学时	理论学时	实验学时	实训学时	1期 13+6	2期 16+3	3期 16+3	4期 17+2	5期 14+5	6期 17	专业方向	备注
公共基础课程	1	121111101	道德与法律	必修	考查	1.5	26	22		4	2							
		121111201		必修	考查	1.5	32	26		6		2						
	2	121111102	毛泽东思想和中国特色社会主义理论概论	必修	考查	2.0	32	28		4		2						
		121111202		必修	考查	2.0	32	26		6			2					
	3	121111103	形势与政策	必修	考查	0.5	13	10		3	1							
		121111203		必修	考查	0.5	16	14		2		1						
		121111303		必修	考查	0.5	16	14		2			1					
		121111403		必修	考查	0.5	17	15		2				1				
	4	121111104	就业创业指导	必修	考查	0.5	13	10		3	1							
		121111204		必修	考查	0.5	16	14		2		1						
		121111304		必修	考查	0.5	16	14		2			1					
		121111404		必修	考查	0.5	17	15		2				1				
	5	101113105	体育	必修	考查	1.0	26	12		14	2							
		101113205		必修	考查	1.0	32	16		16		2						
	6	101113006	体育方向课	必修	考查	1.0	32	2		30		2						
	7	101113007	艺术教育	必修	考查	0.5	16	10		6		1						
				必修	考查	0.5	16	8		8			1					
	8	111113008	计算机应用基础	必修	考试	5.0	78	40		38	6							
	9	111111109	大学英语	必修	考试	4.0	52	52			4							
		111111209		必修	考试	4.0	64	64				4						
	10	081111010	高等数学	必修	考试	4.0	52	52			4							
	11	141112011	入学教育与军训	必修	考查	1.0	100	16		84	25							
	12	131111012	健康教育	必修	考查	0.5	16	16				1						
				必修	考查	0.5	16	16						1				
			小　计			34	746	508		234	20	14	8	2				
专业课程 — 专业基础课程	1	0512111301	园林制图与设计初步	必修	考试	5.0	78	60		18	6							
	2	0512112302	园林测量	必修	考试	4.0	64	36		28		4						
	3	0512111303	园林绘画	必修	考试	3.0	52	28		24	4							
	4	0512112304	园林植物	必修	考试	3.0	48	40		8			3					
专业课程 — 专业基础实践课程	5	0512121305	园林制图实训	必修	考查	1.0	25		512	25	25							
	6	0512122306	园林测量实训	必修	考查	1.0	25			25			25					
	7	0512121307	园林绘画实训	必修	考查	1.0	25			25	25							
	8	0512122318	园林植物认知实训	必修	考查	1.0	25			25			25					

模块名称	序号	课程编号	课程名称	课程性质	考核方法	学分	总学时	理论学时	实验学时	实训学时	一学年 1期 13+6	一学年 2期 16+3	二学年 3期 16+3	二学年 4期 17+2	三学年 5期 14+5	三学年 6期 17	专业方向	备注
专业课程 — 专业核心课程	9	0513114309	插花与花艺设计	必修	考试	4.0	68	48		20				4				
	10	0513112310	园林计算机辅助设计Ⅰ	必修	考查	4.0	64	32		32		4						
	11	0513113311	园林计算机辅助设计Ⅱ	必修	考查	4.0	64	32		32			4					
	12	0513113312	园林规划设计	必修	考试	5.0	96	60		36			6					
	13	0513114313	园林工程造价	必修	考试	5.5	102	54		48				6				
	14	0513115314	园林工程施工组织与管理	必修	考试	4.0	70	48		22					5			
	15	0513114315	园林施工图设计	必修	考试	5.0	102	54		48				6				
	16	0513114316	园林工程	必修	考试	5.0	102	78		24				6				
	17	0513113317	园林建筑设计	必修	考试	4.0	64	50		14			4					
	18	0513116318	毕业教育	必修	考查	0.5	25			25						25		
专业核心实践课程	19	0513122319	园林计算机辅助设计Ⅰ实训	必修	考查	1.0	25			25		25						
	20	0513123320	园林计算机辅助设计Ⅱ实训	必修	考查	1.0	25			25			25					
	21	0513123321	园林规划设计实训	必修	考查	1.0	25			25			25					
	22	0513124322	园林工程造价实训	必修	考查	1.0	25			25				25				
	23	0513125323	园林工程施工组织与管理实训	必修	考查	1.0	25			25					25			
	24	0513124324	园林工程实训	必修	考查	1.0	25			25				25				
	25	0513123325	园林建筑设计实训	必修	考查	1.0	25			25			25					
	26	0513125326	毕业设计	必修	考查	3.0	100			100					25			
	27	0513126327	顶岗实习	必修	考查	8.0	400			400						25		
专业拓展课	28	0514112328	中外园林史	限选	考查	2.0	32	28		4		2						
	29	0514115329	园林植物栽培技术	限选	考试	2.5	56	42		14					4			
	30	0514115330	园林植物病虫害防治	限选	考试	2.5	56	42		14					4			
	31	0514115331	园林艺术	限选	考查	2.5	42	36		6					3			
	32	0514113332	园林植物造景	限选	考试	2.5	48	40		8			3					
	33	0514115333	景观与环境	限选	考查	2.5	56	50		6					4			
小　计						92	2036	834		1202	10	14	16	22	20			
素质拓展课程	1	05153	素质拓展1	限选	考试	2.0	32							2				
	2	05153	素质拓展2	限选	考试	2.0	32						2					
	3	05153	素质拓展3	限选	考试	2.0	34							2				
小　计						6	98						2	2	2			
总　计						132	2880	1342		1438	30	30	26	26	20			

注：表中"X+X"表示"理论教学周数+集中性实践教学周数"。

七、专业师资的配置与要求

（1）专业带头人的基本要求如下所示。

遵纪守法、敬业爱岗、尊师爱生、教书育人、技能精湛、熟悉市场，具有改革创新精神和较强的教学工作组织能力；具有本专业本科以上学历及相关从业资格证书；本专业理论知识扎实，系统掌握任教专业理论知识体系，对本专业主干课程的课程内容、课程结构和技能体系有较强的把握能力；及时了解、跟踪本专业发展动态和理论前沿；了解本专业主要操作技能，熟悉掌握本专业的主要操作技能，对本专业的新工艺、新设备、新技术、新标准有较强的跟踪能力，有2年以上与任教专业相关的实践工作岗位工作经历；从事本专业教学5年以上，胜任本专业3门以上专业核心课程教学；在课程教学中，注重学生知识、技能、态度教学，使学习能力、应用能力、协助能力和创新能力得到充分培养；具有先进的职业教育教学观，初步形成以现场作业流程、任务、案例、项目、产品为导向来设计教学模块的能力，在专业建设、人才培养方案、校本教材开发等方面起到规划和把关作用；准确把握任教专业的专业培养目标和主干课程的课程目标以及在职岗位职业能力培养的地位、作用和价值。

（2）专任教师、兼职教师的配置与要求，见表6。

表6　师资配置与要求

序号	能力结构要求	专任教师		兼职教师	
		数量	要求	数量	要求
1	具有较强的美术基础理论和较深厚的绘画表现技法功底	1	园林景观设计或环境艺术专业本科以上学历		
2	具有较强的植物认知、繁育、栽培、养护及植物造景功底	1	园林景观设计或园艺专业本科以上学历	1	丰富的园林植物栽培及养护经验
3	具有较强的园林景观规划设计理论基础与3年以上企业实践经验。会预算、能施工、懂管理。具备独立处理项目个案的能力	1	园林景观设计专业本科以上学历	1	园林景观设计专业本科以上学历
4	具有较强的园林工程项目管理和施工技术理论基础与3年以上企业实践经验。会预算、能施工、懂管理。具备独立处理项目个案的能力	1	园林景观设计专业本科以上学历	1	园林景观设计专业本科以上学历

八、实践教学条件配置与要求

1. 校内实践教学条件配置与要求

以50名学生为基准，描述各专业校内外实验实训室或理论实践一体化教室的数量、布局、设备要求，见表7。

表7　教学条件配置与要求

序号	实验实训室名称	功能	面积、设备、台套基本配置要求	备注
1	专用多媒体教室	为上课看教学案例用	能容纳50人的专用多媒体教室	
2	实训室一间	供学生加工制作专用	能容纳50人，并配有园林插花专用工具及材料	
3	实习实训基地	供材料与学生实习实训	拟建20亩园林专用苗圃	
4	机房	供学生绘图及工程造价实训	能容纳50人的机房	
5	测量实训室	提供学生测量专业仪器	配置有全站仪、经纬仪等专业测量仪器	

2. 校外实践教学条件

① 长期与校外多家园林企业合作，为园林工程施工、园林植物等课程提供实训场地。

② 遂宁市区丰富的园林景观（滨江路、五彩缤纷路、联盟河景观段等）为园林规划设计、园林植物、园林建筑设计等课程提供大量的实作案例。

九、人才培养方案特色说明

1. 专业人才模式特色

① 以职业标准为依据——确定鉴定项目。

本专业人才培养方案课程的内容涵盖职业标准和企业岗位要求，并使学生在获得学历证书的同时，能顺利获得园林设计协会认证、建设部门认证等相应中级以上资格证书。

② 以工作过程为主线——确定课程结构。

本专业按照工作过程的实际需要来设计、组织和实施课程，突出工作过程在课程框架中的主线地位，按照工作岗位的不同需要划分专业方向，打破"三段式"课程传统模式。要尽早让学生进入工作实践，为学生提供体验完整工作过程的学习机会，逐步实现从学习者到工作者的角色转换。

2. 课程体系特色

① 以工作任务为引领——确定课程设置。

本专业课程设置体系与工作任务密切联系，一门课程包含一项或多项工作任务。改变了"实践是理论的延伸和应用"的理念，以工作任务来整合理论与实践，从岗位需求出发，构建任务引领型项目化专业（实训）课程，以典型产品（服务）为载体设计训练项目，增强学生适应企业的实际工作环境和完成工作任务的能力。

② 以能力为基础——确定课程内容。

本专业以能力体系为基础取代以知识体系为基础确定课程内容，围绕掌握能力来组织相应的知识、技能和态度，设计相应的实践活动。同时注意避免把能力简单理解为纯粹的操作技能，突出专业领域的新知识、新技术、新工艺和新方法，注重情景中实践智慧的养成，培养学生在复杂的工作关系中作出判断并采取行动的综合能力。

本专业教学模式特色是系统考虑独立的实践教学环节——生产性实训、认识性顶岗实习、毕业顶岗实习等，能根据资源和市场情况灵活安排。教学过程中打破理论、实践严格的界限，贯彻理论实践一体化教学模式设计。

2 园林专业教学进程

园林专业教学进程如表 1 所示。

表 1 园林专业教学进程

模块名称	序号	课程编号	课程名称	课程性质	考核方法	学分	总学时	理论学时	实验学时	实训学时	一学年 1期 13+6	2期 16+3	二学年 3期 16+3	4期 17+2	三学年 5期 14+5	6期 17	专业方向	备注
公共基础课程	1	121111101	道德与法律	必修	考查	1.5	26	22		4	2							
		121111201		必修	考查	1.5	32	26		6		2						
	2	121111102	毛泽东思想和中国特色社会主义理论概论	必修	考查	2.0	32	28		4	2							
		121111202		必修	考查	2.0	32	26		6			2					
	3	121111103	形势与政策	必修	考查	0.5	13	10		3	1							
		121111203		必修	考查	0.5	16	14		2		1						
		121111303		必修	考查	0.5	16	14		2			1					
		121111403		必修	考查	0.5	17	15		2				1				
	4	121111104	就业创业指导	必修	考查	0.5	13	10		3	1							
		121111204		必修	考查	0.5	16	14		2		1						
		121111304		必修	考查	0.5	16	14		2			1					
		121111404		必修	考查	0.5	17	15		2				1				
	5	101113105	体育	必修	考查	1.0	26	12		14	2							
		101113205		必修	考查	1.0	32	16		16		2						
	6	101113006	体育方向课	必修	考查	1.0	32	2		30			2					
	7	101113007	艺术教育	必修	考查	0.5	16	10		6		1						
				必修	考查	0.5	16	8		8				1				
	8	111113008	计算机应用基础	必修	考试	5.0	78	40		38	6							
	9	111111109	大学英语	必修	考试	4.0	52	52			4							
		111111209		必修	考试	4.0	64	64				4						
	10	081111010	高等数学	必修	考试	4.0	52	52			4							
	11	141112011	入学教育与军训	必修	考查	1.0	100	16		84	25							
	12	131111012	健康教育	必修	考查	0.5	16	16				1						
				必修	考查	0.5	16	16						1				
			小　计			34	746	508		234	20	14	8	2				

模块名称	序号	课程编号	课程名称	课程性质	考核方法	学分	总学时	理论学时	实验学时	实训学时	一学年 1期 13+6	二学年 2期 16+3	3期 16+3	4期 17+2	三学年 5期 14+5	6期 17	专业方向	备注
专业基础课程	1	051211001	园林制图与设计初步	必修	考试	5.0	78	60		18	6							
	2	051213002	园林测量	必修	考试	4.0	64	36		28		4						
	3	051213003	园林绘画	必修	考试	3.0	52	28		24	4							
专业基础实践课程	4	051212004	园林制图实训	必修	考查	1.0	25			25	25							
	5	051212005	园林测量实训	必修	考查	1.0	25			25		25						
	6	051212006	园林绘画实训	必修	考查	1.0	25			25	25							
专业核心课程	7	051311007	园林植物	必修	考试	4.0	64	50		14		4						
	8	051313108	园林计算机辅助设计Ⅰ	必修	考查	4.0	64	32		32		4						
	9	051313209	园林计算机辅助设计Ⅱ	必修	考查	4.0	64	32		32			4					
	10	051313010	园林规划设计	必修	考试	5.0	96	60		36			6					
	11	051313011	园林工程造价	必修	考试	5.5	102	54		48				6				
	12	051311012	园林工程施工组织与管理	必修	考试	4.0	70	48		22					5			
	13	051313013	园林施工图设计	必修	考试	5.0	102	54		48				6				
	14	051311014	园林工程	必修	考试	5.0	102	78		24				6				
	15	051311015	园林建筑设计	必修	考试	4.0	64	50		14			4					
	16	051311016	毕业教育	必修	考查	0.5	25			25							25	
专业核心实践课程	17	051312017	园林植物认知实训	必修	考查	1.0	25			25		25						
	18	051312018	园林计算机辅助设计Ⅰ实训	必修	考查	1.0	25			25		25						
	19	051312019	园林计算机辅助设计Ⅱ实训	必修	考查	1.0	25			25			25					
	20	051312020	园林规划设计实训	必修	考查	1.0	25			25			25					
	21	051312021	园林工程造价实训	必修	考查	1.0	25			25				25				
	22	051312022	园林工程施工组织与管理实训	必修	考查	1.0	25			25					25			
	23	051312023	园林工程实训	必修	考查	1.0	25			25				25				
	24	051312024	园林建筑设计实训	必修	考查	1.0	25			25			25					
	25	051312025	毕业设计	必修	考查	3.0	100			100					25			
	26	051312026	顶岗实习	必修	考查	8.0	400			400						25		

模块名称	序号	课程编号	课程名称	课程性质	考核方法	学分	总学时	理论学时	实验学时	实训学时	周学时						专业方向	备注
											一学年		二学年		三学年			
											1期 13+6	2期 16+3	3期 16+3	4期 17+2	5期 14+5	6期 17		
专业拓展课	27	051423027	插花与花艺设计	限选	考查	2.0	34	18		16				2				
	28	051421028	中外园林史	限选	考查	2.0	32	28		4		2						
	29	051421029	园林植物栽培技术	限选	考试	3.0	56	42		14					4			
	30	051421030	园林植物病虫害防治	限选	考试	2.5	56	42		14					4			
	31	051421031	园林艺术	限选	考查	2.0	42	36		6					3			
	32	051421032	园林植物造景	限选	考试	3.0	48	40		8			3					
	33	051421033	景观与环境	限选	考查	2.5	56	50		6					4			
			小计			92	2036	834		1202	10	14	16	20	20			
素质拓展课程	1	05153	素质拓展1	限选	考试	2.0	32					2						
	2	05153	素质拓展2	限选	考试	2.0	32							2				
	3	05153	素质拓展3	限选	考试	2.0	34							2				
			小计			6	98						2	2	2			
			总计			132	2880	1342		1438	30	30	26	24	20			

注：表中"X+X"表示"理论教学周数+集中性实践教学周数"。

第二部分　园林工程技术专业理论课程标准

1　"园林制图与设计初步"课程标准

适用专业：园林工程技术专业

学　　分：5.0

学　　时：78学时（理论40学时，实践38学时）

一、课程总则

1. 课程性质与任务

"园林制图与设计初步"是园林、风景园林、艺术设计（园林艺术设计）等专业的一门专业基础课，它以"画法几何与透视阴影""美术基础"等课程为基础。学生在这门课程的学习中，主要是通过讲课及反复的作业练习，从掌握基本表现方法开始到自己动手作较大面积的园林设计以及平、立、剖（断）面的线条、色彩渲染图表现，为以后的"园林规划设计""园林建筑设计""园林工程"等课程的图纸表现打好基础。

2. 课程目标

通过本课程的学习，了解园林设计的背景知识，掌握园林制图的基本知识和基本技能，掌握投影在园林制图中的重要作用，掌握园林设计的基本表现手法，培养学生的设计思维。要求学生能熟练地完成从思想到图纸的过程，即能用恰当的方式绘制各类园林设计图。在教学过程中要激发学生的专业兴趣，培养活跃的设计思维，为以后的"园林规划设计""园林建筑设计""园林工程"等课程的图纸表现打好基础。

（1）知识目标。

① 风景园林的基础知识；

② 利用制图工具绘图和徒手绘图的基本知识；

③ 投影在园林制图和设计中的应用；

④ 园林素材的表现技法。

（2）能力目标。

① 具有利用制图工具绘图和徒手绘图的基本能力；

② 具有识图、读图和审图的能力；

③ 具有通过园林表现技法表达出各类园林素材的能力；

④ 具有初步设计思维及设计出简单的园林方案设计图的能力。

（3）素质目标。

① 具有辩证思维的能力；

② 具有严谨的工作作风和敬业爱岗的工作态度；

③ 具有严谨、认真、刻苦的学习态度，以及科学、求真、务实的工作作风；

④ 培养团队合作意识。

3．学时分配

构成	教学内容	学时分配		小计
		理论	实践	
理论教学部分	模块1：园林概述	2	0	2
	模块2：园林制图的基本知识和基本技能	4	2	6
	模块3：投影的基本知识	2	2	4
	模块4：点、线、面和体的投影	6	6	12
	模块5：轴测投影	4	2	6
	模块6：剖面图与断面图	4	4	8
	模块7：透视图	4	4	8
	模块8：园林工程图	6	6	12
	模块9：形态构成设计基础	4	6	10
	模块10：风景园林设计入门	4	6	10
合　计		40	38	78

二、教学内容与要求

1．园林制图与设计初步理论教学部分

模块1：园林概述

教学内容	教学要求			教学形式	建议学时
	知识点	技能点	重难点		
第1讲　风景园林的基础知识及中外园林基本知识（2学时） 风景园林的基础知识 （1）概述。 ① 风景园林释义； ② 风景园林的功能； ③ 风景园林学科的知识构成。 （2）风景园林与社会的关系。 ① 风景园林与生态环境的关系； ② 风景园林与人的关系； ③ 风景园林与城市的关系。 （3）风景园林基本构成要素和布局形式。 2.中外园林基本知识 （1）中国园林简述。 ① 中国古典园林的类型和特点； ② 中国古典园林发展； ③ 中国近代园林。 （2）西方园林简述。 ① 西方古典园林发展； ② 西方近代园林。 （3）中外风景园林建筑简述。 ① 中国园林建筑； ② 西方建筑简述	1.风景园林的功能； 2.风景园林基本构成要素和布局形式； 3.中国古典园林的类型和特点； 4.中国古典园林发展	1.熟悉园林的功能； 2.理解风景园林基本构成要素和布局形式； 3. 理解中国古典园林的类型和特点； 4.熟悉中国古典园林发展	重点： 1.风景园林的功能； 2.风景园林基本构成要素和布局形式； 3.中国古典园林的类型和特点； 4.中国古典园林发展。 难点： 1.风景园林的功能； 2.风景园林基本构成要素和布局形式； 3.中国古典园林发展	学生以小组形式组成团队，各学习单元采用任务驱动方式，根据具体教学内容采用案例教学法、项目教学法	2
教学资源准备： 1.多媒体教室； 2.教学课件					

模块 2：园林制图的基本知识和基本技能

教学内容	教学要求			教学形式	建议学时
	知识点	技能点	重难点		
第 1 讲　园林制图的基本规定（2 学时） 1. 图幅和图标 （1）图幅。 （2）标题栏与会签栏。 2. 图线及其画法 （1）图线。 （2）图线的画法。 第 2 讲　制图工具及其使用方法（1+1 学时） 1. 图板 2. 丁字尺 3. 三角板 4. 比例尺 5. 圆规 6. 分规 7. 铅笔 8. 绘图墨水笔 9. 绘图彩笔 10. 曲线版 11. 模板 12. 擦图片 13. 其他 14. 制图工具的使用训练（1 学时） 第 3 讲　比例、尺寸标注、索引的规定和字体的书写方法（1+1 学时） 1. 比例 （1）比例的含义。 （2）比例的注写。 （3）比例的选用。 2. 尺寸标注和索引 （1）尺寸标注。 （2）索引。 （3）定位轴线。 3. 字体及书写方法 （1）汉字。 （2）数字和字母。 4. 制图基本规定训练（1 学时）	1. 图幅和图标的画法； 2. 图线的线型和线宽； 3. 图线相交的画法； 4. 熟悉各种常用制图工具的使用方法； 5. 比例的含义； 6. 尺寸标注的组成及画法； 7. 长仿宋体字的书写方法	1. 能画好图幅和图标； 2. 能画好图线的线型和线宽； 3. 能掌握图线相交的画法的注意事项； 4. 能正确熟练使用制图工具； 5. 能正确标注尺寸； 6. 会写长仿宋体	重点： 1. 图幅和图标的画法； 2. 图线的线型和线宽； 3. 图线相交的画法； 4. 各种常用制图工具的使用方法； 5. 比例的含义； 6. 尺寸标注的组成及画法； 7. 长仿宋体字的书写方法。 难点： 1. 图幅和图标的画法； 2. 图线的线型和线宽； 3. 图线相交的画法； 4. 各种常用制图工具的使用方法； 5. 尺寸标注的组成及画法； 6. 长仿宋体字的书写方法	学生以小组形式组成团队，各学习单元采用任务驱动方式，根据具体教学内容采用案例教学法、项目教学法	4+2
教学资源准备： 1. 多媒体教室； 2. 教学课件					

模块 3：投影基本知识

教学内容	教学要求			教学形式	建议学时
	知识点	技能点	重难点		
第 1 讲 投影的基本概念及分类（0.5 学时） 1. 投影的概念 2. 投影的分类 第 2 讲 正投影的基本特性（1+0.5 学时） 1. 点、线、面的正投影特性 2. 正投影的基本特性 3. 正投影的基本特性训练（0.5 学时） 第 3 讲 三面正投影（1+1 学时） 1. 三面投影体系的建立 2. 三面投影图的展开 3. 三面投影规律 4. 三面投影规律训练（1 学时）	1. 投影的基本概念及分类； 2. 正投影的基本特性； 3. 三面投影体系的建立； 4. 三面投影图的展开； 5. 三面投影规律	1. 能理解投影的基本概念及分类； 2. 能熟悉正投影的基本特性； 3. 能理解三面正投影图的建立和展开的过程； 4. 能熟练掌握展开后的投影特性	重点： 1. 投影的基本概念及分类； 2. 正投影的基本特性； 3. 三面投影体系的建立； 4. 三面投影图的展开； 5. 三面投影规律。 难点： 1. 正投影的基本特性； 2. 三面投影规律	学生以小组形式组成团队，各学习单元采用任务驱动方式，根据具体教学内容采用案例教学法、项目教学法	2+2
教学资源准备： 1. 多媒体教室； 2. 教学课件					

模块 4：点、线、面和体的投影

教学内容	教学要求			教学形式	建议学时
	知识点	技能点	重难点		
第 1 讲 点的投影(1+1 学时) 1. 点的三面投影 2. 点的三面投影规律 3. 点的坐标 4. 两点的相对位置 5. 点投影训练（1 学时） 第 2 讲 直线的投影(1+1 学时) 1. 直线的投影 2. 直线的投影特性 （1）一般位置直线的投影。 （2）特殊位置直线的投影。 3. 直线上的点的投影 4. 两直线的相对位置 （1）相交两直线。 （2）平行两直线。 （3）相离两直线。 5. 直线投影训练（1 学时） 第 3 讲 平面的投影（1+1 学时） 1. 平面的表示法	1. 点的三面投影规律； 2. 两点的相对位置； 3. 直线的投影特性； 4. 直线上点的投影； 5. 平面的投影特性； 6. 平面上的直线和点； 7. 平面体的投影特性及其表面上的点和线； 8. 曲面体投影特性及其表面上点和线； 9. 组合体投影图的识读	1. 能理解点的三面投影规律； 2. 会判断空间两点的相对位置； 3. 能理解直线的投影特性； 4. 会利用直线上点的投影特点解决相关问题； 5. 能理解平面的投影特性； 6. 会利用平面上的直线和点的特点解决相关问题； 7. 会利用平面体的投影特性求其表面上的点和线投影； 8. 会利用曲面	重点： 1. 点的三面投影规律； 2. 两点的相对位置； 3. 直线的投影特性； 4. 直线上的点的投影； 5. 平面的投影特性； 6. 平面上的直线和点；7. 平面体的投影特性及其表面上的点和线； 8. 曲面体的投影特性及其表面上点和线； 9. 组合体投影图的识读。 难点：	学生以小组形式组成团队，各学习单元采用任务驱动方式，根据具体教学内容采用案例教学法、项目教学法	6+6

教学内容	教学要求			教学形式	建议学时
	知识点	技能点	重难点		
2．平面的投影特性 （1）一般位置平面。 （2）特殊位置平面。 3．平面上的直线和点 4．直线与平面相交 5．平面投影训练（1学时） 第4讲　体的投影(3+3学时) 1．平面体的投影 （1）棱柱体的投影。 （2）棱锥体的投影。 （3）平面体表面上的点和线的投影。 2．曲面体的投影 （1）圆柱体的投影。 （2）圆锥体的投影。 （3）曲面体表面上点和线的投影。 3．组合体的投影 （1）组合体的类型。 （2）组合体投影图的画法。 （3）组合体投影图的识读。 （4）投影图的尺寸标注。 4．形体投影训练（3学时）		体的投影特性求其表面上点和线的投影； 　9．能根据组合体的任意两面投影补画出第三面投影	1．点的三面投影规律； 　2．两点的相对位置； 　3．直线的投影特性； 　4．直线上的点的投影； 　5．平面的投影特性； 　6．平面上的直线和点； 　7．平面体的投影特性及其表面上的点和线； 　8．曲面体的投影特性及其表面上点和线； 　9．组合体投影图的识读		

教学资源准备：
1．多媒体教室；
2．教学课件

模块5：轴测投影

教学内容	教学要求			教学形式	建议学时
	知识点	技能点	重难点		
第1讲　轴测投影的基本知识（2学时） 1．轴测投影的形成 2．轴测投影的分类 3．轴测投影的特性 第2讲　正轴测投影、斜轴测投影和轴测投影的选择（2+2学时） 1．正等轴测 2．正二等轴测 3．正面斜轴测投影 4．水平斜轴测投影 5．选择轴测投影的原则 6．轴测投影图的直观性分析 7．轴测图的画法训练（2学时）	1．轴测投影的形成及分类； 　2．轴测投影的特性； 　3．正等轴测和斜二等轴测的画法； 　4．选择轴测投影的原则	1．轴测投影的形成及分类； 　2．轴测投影的特性； 　3．会正等轴测和斜二等轴测的画法； 　4．会选择轴测投影	重点： 1．轴测投影的形成及分类； 　2．轴测投影的特性； 　3．正等轴测和斜二等轴测的画法； 　4．选择轴测投影的原则。 难点： 1．轴测投影的形成及分类； 　2．轴测投影的特性； 　3．正等轴测和斜二等轴测的画法； 　4．选择轴测投影的原则	学生以小组形式组成团队，各学习单元采用任务驱动方式，根据具体教学内容采用案例教学法、项目教学法	4+2

教学资源准备：
1．多媒体教室；
2．教学课件

模块 6：剖面图与断面图

教学内容	教学要求			教学形式	建议学时
	知识点	技能点	重难点		
第 1 讲　基本概念（0.5 学时） 1. 剖面图的概念 2. 断面图的概念 3. 剖面图与断面图的区别 第 2 讲　剖面图的种类与画法（2+2 学时） 1. 剖面图的种类 （1）全剖面图。 （2）半剖面图。 （3）局部剖面图。 （4）阶梯剖面图。 2. 剖面图的画法 3. 剖面图的画法训练（2 学时） 第 3 讲　断面图的种类与画法（1.5+2 学时） 1. 断面图的种类 （1）移出断面图。 （2）重合断面图。 （3）中断断面图。 2. 断面图的画法 3. 断面图的画法训练（2 学时）	1. 剖面图和断面图的概念； 2. 剖面图与断面图的区别； 3. 剖面图的种类与画法； 4. 断面图的种类与画法	1. 会区分剖面图与断面图； 2. 会画剖面图； 3. 会画断面图	重点： 1. 剖面图和断面图的概念； 2. 剖面图与断面图的区别； 3. 剖面图的种类与画法； 4. 断面图的种类与画法。 难点： 1. 剖面图和断面图的概念； 2. 剖面图与断面图的区别； 3. 剖面图的画法； 4. 断面图的画法	学生以小组形式组成团队，各学习单元采用任务驱动方式，根据具体教学内容采用案例教学法、项目教学法	4+4
教学资源准备： 1. 多媒体教室； 2. 教学课件； 3. 坍落度测定仪、混凝土标准试模以及普通混凝土组成材料					

模块 7：透视图

教学内容	教学要求			教学形式	建议学时
	知识点	技能点	重难点		
第 1 讲　透视图的基本知识（2+2 学时） 1. 透视图中的常用术语及符号 2. 点的透视 3. 直线的透视及消失特征 4. 平面的透视及消失特征 5. 点、线、面的透视训练（2 学时） 第 2 讲　透视图的基本画法（2+2 学时） 1. 透视图的分类 （1）一点透视。 （2）两点透视。 （3）三点透视。	1. 透视图中的常用术语及符号； 2. 点的透视、直线的透视及消失特征、平面的透视及消失特征； 3. 透视图中的常用术语及符号； 4. 点的透视、直线的透视及消失特征、平面的透视及消失特征	1. 会画点的透视； 2. 会画直线的透视； 3. 会画平面的透视； 4. 会一点透视、两点透视、三点透视的画法； 5. 能用视线法求建筑形体的一点透视	重点： 1. 透视图中的常用术语及符号； 2. 点的透视、直线的透视及消失特征、平面的透视及消失特征； 3. 一点透视、两点透视、三点透视的画法； 2. 用视线法求建筑形体的一点透视。 难点： 1. 点的透视、直线的透视、平面的透	学生以小组形式组成团队，各学习单元采用任务驱动方式，根据具体教学内容采用案例教学法、项目教学法	4+4

教学内容	教学要求			教学形式	建议学时
	知识点	技能点	重难点		
2. 视线法 （1）用视线法求建筑形体的一点透视。 （2）用视线法作四角方亭的两点透视。 3. 网格法 4. 体的透视训练（2学时）			视的画法； 2. 一点透视、两点透视、三点透视的画法； 3. 用视线法求建筑形体的一点透视		
教学资源准备： 1. 多媒体教室； 2. 教学课件					

模块8：园林工程图

教学内容	教学要求			教学形式	建议学时
	知识点	技能点	重难点		
第1讲 概述（1学时） 1. 园林工程制图的特点 2. 园林工程制图的种类 （1）规划阶段的主要图纸。 （2）施工设计阶段的常用图纸。 第2讲 园林素材的表现（2+1学时） 1. 植物的表现方法 （1）植物的平面画法。 （2）植物的立面画法。 2. 山石的表现方法 3. 地形、道路和水体的表现方法 （1）地形的表现方法。 （2）水体表现方法。 （3）园路的表现方法。 4. 园林建筑的表现方法 （1）建筑平面图。 （2）建筑立面图。 （3）建筑剖面图。 （4）建筑透视图。 5. 园林制图综合表现 （1）平面图表现。 （2）立面图表现。 （3）剖面图表现。 （4）透视图及鸟瞰图知识。 6. 园林素材表现训练（1学时） 第3讲 园林表现技法（1+1学时） 1. 线条图 （1）工具线条图。	1. 园林工程制图的特点； 2. 园林工程制图的种类； 3. 园林素材的表现方法； 4. 线条图； 5. 钢笔徒手画； 6. 园林竖向设计图的内容、用途及绘制要求； 7. 园林施工图的绘制要求及识读	1. 园林工程制图的特点； 2. 园林工程制图的种类； 3. 能用图例表现园林造园要素； 4. 会画工具线条图和徒手线条图； 5. 会用钢笔线条表现衬景——树木、山石、花草、人物和汽车； 6. 园林竖向设计图的内容、用途及绘制要求； 7. 能理解园林施工图的绘制要求； 8. 能正确识读园林施工图	重点： 1. 园林工程制图的特点； 2. 园林工程制图的种类； 3. 园林素材的表现方法； 4. 线条图； 5. 钢笔徒手画； 6. 园林竖向设计图的内容、用途及绘制要求； 7. 园林施工图的绘制要求及识读。 难点： 1. 园林工程制图的特点； 2. 园林工程制图的种类； 3. 园林素材的表现方法；	学生以小组形式组成团队，各学习单元采用任务驱动方式，根据具体教学内容采用案例教学法、项目教学法	6+6

教学内容	教学要求			教学形式	建议学时
	知识点	技能点	重难点		
（2）徒手线条图。 2．钢笔徒手画 （1）钢笔徒手线条图。 （2）用钢笔线条表现衬景——树木、山石、花草、人物和汽车。 （3）钢笔徒手画表现方法。 3．园林表现技法训练（1学时） 第4讲　园林竖向设计图（1+1学时） 1．内容与用途 2．绘制要求 （1）绘制设计地形的等高线。 （2）标注标高。 （3）用单边箭头标注排水方向。 （4）绘制指北针、注写比例等。 （5）绘制图例及设计说明。 （6）其他。 3．识读园林竖向设计图训练（1学时） 第5讲　园林施工图（1+3学时） 1．园林植物种植设计图 （1）内容与用途。 （2）绘制要求。 2．园林建筑工程施工图 （1）看平面图。 （2）对照平面图看立面、剖面图。 （3）看屋面平面及屋顶仰视图。 （4）看详图。 3．假山工程施工图 （1）看标题栏及说明。 （2）看平面图。 （3）看立面图。 （4）看剖面图。 （5）看基础平面图和基础剖面图。 4．驳岸工程施工图 5．园路工程施工图 （1）地面线。 （2）设计线。 （3）竖曲线。 （4）资料表。 6．识读园林施工图训练（3学时）			4．线条图的画法； 5．钢笔徒手画的画法； 6．园林竖向设计图的内容、用途及绘制要求； 7．园林施工图的绘制要求及识读		
教学资源准备： 1．多媒体教室； 2．教学课件					

模块 9：形态构成设计基础

教学内容	教学要求			教学形式	建议学时
	知识点	技能点	重难点		
第1讲 形态构成基本知识（0.5学时） 1. 形态构成概述 2. 形态构成在风景园林艺术创作中的应用 第2讲 平面构成（1+2学时） 1. 平面构成的基本要素 2. 平面构成的形式法则 3. 平面构成的基本形式 4. 平面构成设计训练（2学时） 第3讲 色彩构成（0.5学时） 1. 色彩构成的基本知识 2. 景观色彩造型特点 3. 色彩与景观塑造 第4讲 立体构成（1+2学时） 1. 立体构成的元素 2. 立体构成的分类 3. 立体构成的技法 4. 立体构成设计训练（2学时） 第5讲 空间构成（1+2学时） 1. 空间构成的类型 2. 空间构成的形态 3. 空间的组合 4. 空间构成训练（2学时）	1. 形态构成的含义与分类； 2. 形态构成在风景园林艺术创作中的应用； 3. 平面构成的基本要素； 4. 平面构成的形式法则和形成规律； 5. 平面构成的基本形式； 6. 色彩构成的基本知识； 7. 景观色彩造型特点； 8. 色彩与景观塑造； 9. 立体构成的元素； 10. 立体构成的分类； 11. 立体构成的技法； 12. 空间构成的类型； 13. 空间构成的形态； 14. 空间的组合	1. 理解形态构成的含义与分类； 2. 掌握形态构成在风景园林艺术创作中的应用； 3. 平面构成的基本要素； 4. 平面构成的形式法则和形成规律； 5. 平面构成的基本形式； 6. 色彩构成的基本知识； 7. 景观色彩造型特点； 8. 色彩与景观塑造； 9. 立体构成的元素； 10. 立体构成的分类； 11. 立体构成的技法； 12. 空间构成的类型； 13. 空间构成的形态； 14. 空间的组合	重点： 1. 形态构成的含义与分类； 2. 形态构成在风景园林艺术创作中的应用； 3. 平面构成的基本要素； 4. 平面构成的形式法则和形成规律； 5. 平面构成的基本形式； 6. 色彩构成的基本知识； 7. 景观色彩造型特点； 8. 色彩与景观塑造； 9. 立体构成的元素； 10. 立体构成的分类； 11. 立体构成的技法； 12. 空间构成的类型； 13. 空间构成的形态； 14. 空间的组合。 难点： 1. 形态构成的含义与分类； 2. 形态构成在风景园林艺术创作中的应用； 3. 平面构成的基本要素； 4. 平面构成的形式法则和形成规律； 5. 平面构成的基本形式； 6. 色彩构成的基本知识； 7. 景观色彩造型特点； 8. 色彩与景观塑造； 9. 立体构成的元素 10. 立体构成的分类； 11. 立体构成的技法； 12. 空间构成的类型； 13. 空间构成的形态； 14. 空间的组合	学生以小组形式组成团队，各学习单元采用任务驱动方式，根据具体教学内容采用案例教学法、项目教学法	4+6
教学资源准备： 1. 多媒体教室； 2. 教学课件					

模块 10：风景园林设计入门

教学内容	教学要求			教学形式	建议学时
	知识点	技能点	重难点		
第1讲　认识风景园林设计（1学时） 1.风景园林设计的内容 2.风景园林设计的实质是空间设计 第2讲　风景园林空间认知（1学时） 1.风景园林空间认知的基本方法 2.风景园林空间认知的内容 第3讲　风景园林方案设计方法（2+6学时） 1.方案任务分析 2.方案的构思推演 3.方案的调整与深入 4.方案设计的表现 5.方案图的设计训练（6学时）	1.风景园林设计的内容； 2.风景园林设计的实质是空间设计； 3.风景园林空间认知的基本方法； 4.风景园林空间认知的内容； 5.风景园林空间认知的基本方法； 6.风景园林空间认知的内容	1.熟悉风景园林设计的内容； 2.理解风景园林设计的实质是空间设计； 3.掌握风景园林空间认知的基本方法； 4.掌握风景园林空间认知的内容； 5.方案任务分析； 6.方案设计的表现	重点： 1.风景园林设计的内容； 2.风景园林设计的实质是空间设计； 3.风景园林空间认知的基本方法； 4.风景园林空间认知的内容； 5.方案任务分析； 6.方案设计的表现。 难点： 1.风景园林设计的实质是空间设计； 2.风景园林空间认知的基本方法与方案设计的表现	学生以小组形式组成团队，各学习单元采用任务驱动方式，根据具体教学内容采用案例教学法、项目教学法	4+6
教学资源准备： 1.多媒体教室； 2.教学课件					

三、考核方式与评价标准

（一）成绩构成

本课程总成绩=理论部分成绩（70%）+实践部分成绩（30%）。

（1）理论部分成绩=期末理论卷面成绩（70%）+平时成绩（30%），平时成绩=出勤（30%）+作业（40%）+课堂表现（30%）。

（2）实践部分成绩=课题训练平均成绩。

（二）考核方式

1. 理论部分

本课程期末理论卷面成绩采用闭卷笔试，期末理论卷面成绩采用百分制，考试时间为120分钟，根据学生答卷和统一的评分标准，集中阅卷确定；理论部分平时成绩由各科任课教师按学生的出勤、作业以及课堂表现，做好记录，按30%、30%、40%的比例综合评定。

2. 实践部分

本课程实践部分采用结合工程实践的模式训练形式，根据学生完成的每一个训练项目效果给出评价结果，将各项目评价结果的平均值作为实践部分成绩。

（三）考核内容及分值分配

成绩构成	考核内容	分值
理论教学部分 （总分值 100 分）	模块 1：园林概述	4
	模块 2：园林制图的基本知识和基本技能	20
	模块 3：投影的基本知识	4
	模块 4：点、线、面和体的投影	30
	模块 5：轴测投影	4
	模块 6：剖面图与断面图	10
	模块 7：透视图	4
	模块 8：园林工程图	10
	模块 9：形态构成设计基础	4
	模块 10：风景园林设计入门	10
实践教学部分 （总分值 100 分）	实践训练一　制图工具的使用训练	5
	实践训练二　制图基本规定训练	5
	实践训练三　正投影的基本特性训练	2
	实践训练四　三面投影规律训练	3
	实践训练五　点投影训练	5
	实践训练六　直线投影训练	5
	实践训练七　平面投影训练	5
	实践训练八　形体投影训练	5
	实践训练九　轴测图的画法训练	5
	实践训练十　剖面图的画法训练	5
	实践训练十一　断面图的画法训练	5
	实践训练十二　点、线、面的透视训练	5
	实践训练十三　体的透视训练	5
	实践训练十四　园林素材表现训练	5
	实践训练十五　园林表现技法训练	5
	实践训练十六　识读园林竖向设计图训练	5
	实践训练十七　识读园林施工图训练	5
	实践训练十八　平面构成设计训练	5
	实践训练十九　立体构成设计训练	5
	实践训练二十　空间构成训练	5
	实践训练二十一　方案图的设计训练	5

四、教材选用建议

1. 选用教材

（1）董南. 园林制图. 北京：高等教育出版社，2012.

（2）刘磊. 园林设计初步. 重庆：重庆大学出版社，2013.

2. 参考教材

（1）周业生. 园林制图. 北京：高等教育出版社，2002.

（2）谷康. 园林制图与识图. 南京：东南大学出版社，2001.

（3）谷康. 园林设计初步. 南京：东南大学出版社，2010.

2 "园林测量"课程标准

适用专业：园林工程技术
学　　分：4.0
学　　时：64学时（理论36学时，实践28学时）

一、课程总则

1. 课程性质与任务

本课程是高职高专教育园林工程技术专业的专业基础课程，以"园林制图""计算机辅助设计"等课程为基础，并且由于其实践性强、应用面宽，所以实习实验环节也是本课程的重点，学生只有掌握了测量仪器的基本操作才能算真正学会了测量。

2. 课程目标

通过本课程的学习，学生应基本掌握水准测量、导线测量和园林工程施工测量相关理论知识，会正确使用水准仪、经纬仪、全站仪、钢尺，具备高差、角度和距离三项观测技能，能熟练完成园林工程高程放样、平面点位放样工作，了解地形图及应用，熟悉土方测算等所必备的专业知识、专业技能和职业能力，培养实际操作技能和岗位的适应能力，提高职业素质和职业能力。

（1）知识目标。

① 具有水准测量、导线测量相关理论知识；

② 了解地形图及应用知识；

③ 具有土方、园路、山石、水景、园桥以及给排水等园林工程的施工测量相关知识。

（2）能力目标。

① 具有正确使用水准仪、经纬仪、全站仪、钢尺，并进行高差、角度、距离观测的基本能力；

② 具有水准路线、导线外业观测和内业数据处理的能力；

③ 具有完成高程放样、平面点位放样工作，会实施园路测量的能力；

④ 具有土方计算的能力；

⑤ 具有能够主动学习新仪器、新技术，不断更新知识且灵活应用于实际工程的能力。

（3）素质目标。

① 具有辩证思维及自学能力；

② 培养学生严谨科学的态度；

③ 培养学生吃苦肯干的精神；

④ 培养学生的安全意识；

⑤ 培养团队合作意识。

3. 学时分配

构成	教学内容	学时分配	小计/学时
理论教学部分	模块1：园林测量的基础知识	4	36
	模块2：园林测量工程的基本技能	16	
	模块3：测量误差的基本知识	2	
	模块4：小地区控制测量原理及方法	8	

构成	教学内容		学时分配	小计
理论教学部分	模块5：工程地形图测绘及应用		4	
	模块6：园林工程施测方法		2	
校内实践教学部分	实践一 水准仪的认识及安置实践		2	22
	实践二 水准仪读数及高差测量实践		4	
	实践三 水准测量线路实践		4	
	实践四 经纬仪的认识及安置实践		4	
	实践五 测回法测水平角测量实践		4	
	实践六 垂直角测量实践		2	
	实践七 钢尺量距与视距测量实践		2	
企业实践部分	实践一 水准测量路线见习		2	6
	实践二 测回法测量水平角见习		2	
	实践三 距离测量及全站仪的使用见习		2	
合 计				64

二、教学内容与要求

1．建筑材料理论教学部分

模块1：园林工程测量的基础知识

教学内容	教学要求			教学形式	建议学时
	知识点	技能点	重难点		
第1讲 园林测量概述（1学时） 1．测量学的概念 （1）测定。测定是指得到一系列测量数据，或将地球表面的地物和地貌缩绘成地形图。 （2）测设。测设是指将设计图纸上规划设计好的建筑物位置，在实地标定出来，作为施工的依据。 第2讲 建筑工程测量的任务（1学时） 1．建筑工程测量的任务 （1）测绘大比例尺地形图。 （2）建筑物的施工测量。 （3）建筑物的变形观测。 2．地球的形状和大小 （1）水准面和水平面。 （2）大地水准面。 （3）铅垂线。 （4）地球椭球体。 第3讲 确定地面点位（1学时） 1．确定地面点位的方法	1．地面点位的确定； 2．测量的基本原则与测量误差； 3．图的类型	1．掌握地面点位置的确定方法； 2．理解大地水准面、水准面、绝对高程、相对高程、比例尺、平面图、地形图、控制测量和碎步测量的概念； 3．了解测量学研究的对象和任务、测量在建筑工程中的作用	重点： 1．测量学的基本概念； 2．地面点位的确定； 3．建筑工程测量的任务。 难点：测量的基本原则与测量误差	学生以小组形式组成团队，各学习单元采用任务驱动方式，根据具体教学内容采用案例教学法、项目教学法	4

教学内容	教学要求			教学形式	建议学时
	知识点	技能点	重难点		
（1）地面点在大地水准面上的投影位置。 （2）地面点的高程。 2.用水平面代替水准面的限度 （1）对距离的影响。 （2）对水平角的影响。 （3）对高程的影响。 第4讲　测量工作概述（1学时） 1.测量的基本工作 （1）水平角测量。 （2）高差测量。 （3）距离测量。 2.测量工作的基本原则 （1）从整体到局部，先控制后碎部。 （2）没有检核不能进行下一步工作。 3.测量工作的基本要求 4.测量的计量单位					
教学资源准备： 1.学生以小组形式组成团队，各学习单元采用任务驱动方式，根据具体教学内容采用案例教学法、项目教学法； 2.教室； 3.教学课件					

模块2：园林测量工程的基本技能

教学内容	教学要求			教学形式	建议学时
	知识点	技能点	重难点		
第1讲　水准测量原理 1.水准测量原理 2.计算未知点高程 （1）高差法。 （2）视线高法。 3.水准测量原理计算案例 第2讲　水准测量的仪器和工具 1.DS3微倾式水准仪的构造 （1）主体结构三部分。 （2）视准轴。 （3）视差矫正。 （4）水准器。 2.水准尺和尺垫 （1）红黑双面尺。 （2）塔尺。 （3）尺垫。 第3讲　水准仪的使用 1.安置仪器方法及程序 （1）粗略整平。 （2）瞄准水准尺。	1.水准测量原理、方法及水准仪使用； 2.水准测量的校核与高程计算； 3.自动安平水准仪和电子水准仪； 4.水准仪的误差； 5.角度测量原理及水平角测量； 6.竖直角测量； 7.电子经纬仪的基本原理及使用； 8.距离测量及直线定向； 9.光电测距仪的功能与优点，光电测距基本原理； 10.直线定向	1.具备利用水准仪测量两点高差并会计算高差与高程的技能； 2.具备对测量成果的路线校核并在表格中进行高程的计算的技能； 3.具备经纬仪的安置测回法测量水平角及手薄的记录计算技能； 4.具备利用公式计算出竖直角及	重点： 1.水准测量原理、方法及水准仪使用； 2.角度测量原理及水平角测量； 3.距离测量及直线定向。 难点： 1.水准测量的成果计算与数据检核； 2.经纬仪的操作； 3.垂直角的测量； 4.光电测	学生以小组形式组成团队，各学习单元采用任务驱动方式，根据具体教学内容采用案例教学法、项目教学法	16

教学内容	教学要求			教学形式	建议学时
	知识点	技能点	重难点		
（3）精确整平。 （4）读数。 2. 课堂演示 第 4 讲　水准测量的方法 1. 相关概念 （1）水准点。 （2）水准路线。 （3）测站。 （4）测段。 2. 水准路线形式及特点 （1）支水准路线。 （2）闭合水准路线。 （3）附合水准路线。 第 5 讲　水准路线检核方法 1. 附合水准路线检核方法 （1）检核原理。 （2）计算方法。 （3）案例。 2. 闭合水准路线检核方法 （1）检核原理。 （2）计算方法。 （3）案例。 3. 支水准路线检核方法 （1）检核原理。 （2）计算方法。 （3）案例。 第 6 讲　水准路线施测方法 1. 分测段测量原理及步骤 （1）测量任务的明确。 （2）踏勘选点及标记。 （3）测量路线方案设计。 （4）分段测量。 ① 建立测站； ② 单站数据的测量； ③ 站内检核； ④ 移动至下一站反复。 （5）测量数据检核。 2. 水准测量的等级及主要技术要求 （1）等外水准路线技术要求。 （2）三、四等路线水准测量技术要求。 第 7 讲　水准测量的成果计算 1. 附合水准路线的计算原理 （1）整理数据。 （2）成果检核计算。 （3）如果数据合格，进行误差改正值计算。 （4）计算改正后高差。		指标差的技能； 　5. 具备用经纬仪测定两个点的竖直角的技能； 　6. 掌握往返丈量精度评定与计算的技能； 　7. 掌握正反方位角的计算	距仪的功能与优点，光电测距基本原理		

教学内容	教学要求			教学形式	建议学时
	知识点	技能点	重难点		
（5）计算各点高程计算。 （6）检核。 　2．闭合水准路线的计算原理 （1）整理数据。 （2）成果检核计算。 （3）如果数据合格，进行误差改正值计算。 （4）计算改正后高差。 （5）计算各点高程计算。 （6）检核。 　3．支水准路线的计算原理 （1）整理数据。 （2）成果检核计算。 （3）如果数据合格，进行误差改正值计算。 （4）计算改正后高差。 （5）计算各点高程计算。 （6）检核。 　第8讲　水准测量的成果计算案例分析 　1．附合水准路线成果计算案例 　2．闭合水准路线成果计算案例 　3．支线水准路线成果计算案例 　第9讲　微倾式水准仪的检验与校正 　1．水准仪应满足的几何条件 　2．水准仪的检验与校正 　3．水准测量误差与注意事项 （1）仪器误差。 （2）观测误差。 （3）外界条件的影响误差。 　4．精密水准仪、自动安平水准仪和电子水准仪 （1）精密水准仪简介。 （2）自动安平水准仪。 （3）电子水准仪简介。 　第10讲　水平角测量原理及经纬仪构造 　1．水平角测量原理 （1）水平角的概念。 （2）水平角测角原理。 　2．水平角计算原理 　3．光学经纬仪的构造 （1)DJ6型光学经纬仪的构造。 （2）读数设备及读数方法。 （3）DJ2型光学经纬仪构造简介。					

教学内容	教学要求			教学形式	建议学时
	知识点	技能点	重难点		
第11讲　经纬仪的使用 1. 经纬仪的架设步骤 （1）安置仪器。 ① 搭设脚架； ② 粗略整平； ③ 对中； ④ 精确整平； ⑤ 检核对中与整平，反复进行。 （2）瞄准目标。 （3）读数。 第12讲　水平角的测量方法 1. 测回法施测步骤 （1）在 O 点架设经纬仪。 （2）盘左瞄准目标方向。 （3）读数置零。 （4）转动到另一方向。 （5）记录读数。 （6）盘右进行下半测回。 2. 方向观测法 3. 课堂演示 第13讲　垂直角的测量方法 1. 垂直角测量原理 2. 竖直度盘构造 3. 垂直角计算公式 4. 竖盘指标差 5. 垂直角观测 6. 课堂演示 第14讲　经纬仪的检验与校正 1. 经纬仪的轴线及各轴线间应满足的几何条件 2. 经纬仪的检验与校正 3. 角度测量误差与注意事项 （1）仪器误差。 （2）观测误差。 （3）外界条件的影响。 第15讲　距离测量方法 1. 距离测量工具介绍 （1）钢尺。 （2）经纬仪。 （3）测钎。 （4）花杆。 （5）皮尺。 （6）测距仪。 2. 钢尺量距方法 （1）直线定线。 （2）钢尺量距的一般方法。 （3）光电测距仪原理及操作方法。					

教学内容	教学要求			教学形式	建议学时
	知识点	技能点	重难点		
① 光电测距原理； ② 光电测距仪及其使用方法； ③ 光电测距的注意事项。 3. 全站仪简介 第16讲 直线定向 1. 标准方向的概念 （1）磁方位角。 （2）真方位角。 （3）坐标方位角。 2. 三种方位角之间的关系 3. 坐标方位角的推算 （1）正反方位角的概念。 （2）方位角推算原理。 （3）方位角的计算。 4. 象限角 （1）象限角的概念。 （2）象限角与方位角的关系。 （3）象限角的推算					
教学资源准备： 1. 学生以小组形式组成团队，各学习单元采用任务驱动方式，根据具体教学内容采用案例教学法、项目教学法； 2. 教室； 3. 教学课件； 4. 仪器、设备					

模块3：测量误差的基本知识

教学内容	教学要求			教学形式	建议学时
	知识点	技能点	重难点		
第1讲 测量误差的基本知识 1. 测量误差概述 2. 测量误差产生的原因 3. 测量误差的分类 4. 偶然误差的特性 5. 衡量精度的标准 第2讲 中误差的概念及计算 1. 中误差的概念 2. 相对中误差 3. 极限误差 4. 中误差的计算 （1）计算方法。 （2）例题。 5. 相对中误差的计算 （1）计算方法。 （2）例题	1. 测量精度的计算方法； 2. 误差传播定律； 3. 量误差的来源和分类及其偶然误差的特性和算术平均值原理	1. 掌握测量精度的计算方法； 2. 理解误差传播定律； 3. 了解测量误差的来源和分类及其偶然误差的特性和算术平均值原理	重点：测量误差产生的原因、分类及特性。 难点：中误差及相对中误差的计算	学生以小组形式组成团队，各学习单元采用任务驱动方式，根据具体教学内容采用案例教学法、项目教学法	2
教学资源准备： 1. 学生以小组形式组成团队，各学习单元采用任务驱动方式，根据具体教学内容采用案例教学法、项目教学法； 2. 教室； 3. 教学课件					

模块 4：小地区控制测量原理及方法

教学内容	教学要求			教学形式	建议学时
	知识点	技能点	重难点		
第 1 讲　小地区控制测量概述 1. 控制测量概述 （1）控制测量的概念。 （2）控制测量的分类。 2. 国家控制网 3. 城市控制网 4. 小地区控制测量 第 2 讲　导线的概念 1. 导线的概念 （1）导线的概念。 （2）导线的类型。 （3）导线的测量方法。 2. 导线的布设形式 （1）附和导线。 （2）闭合导线。 （3）支导线。 第 3 讲　导线测量的外业工作 1. 导线测量的等级与技术要求 2. 图根导线测量的外业工作 （1）踏勘选点。 ① 相邻点间应相互通视良好，地势平坦，便于测角和量距； ② 点位应选在土质坚实，便于安置仪器和保存标志的地方； ③ 导线点应选在视野开阔的地方，便于碎部测量； ④ 导线边长应大致相等，其平均边长应符合技术要求； ⑤ 导线点应有足够的密度，分布均匀，便于控制整个测区。 （2）建立标志。 （3）导线边长测量。 （4）转折角测量。 （5）连接测量。 第 4 讲　导线测量的内业计算原理 1. 坐标计算的基本公式 （1）坐标正算。 ① 坐标正算原理； ② 坐标正算例题。 （2）坐标反算。 ① 坐标反算原理； ② 坐标反算例题。 第 5 讲　闭合导线测量的内业计算一（案例） 1. 准备工作	1. 导线测量的外业工作； 2. 导线测量的内业计算； 3. 高程测量的其他方法	1. 掌握导线测量内业计算原理与方法； 2. 掌握导线测量的外业工作方法； 3. 掌握三角高程测量原理及方法	重点：导线测量的外业工作及内业计算。 难点：三角高程测量原理及方法	学生以小组形式组成团队，各学习单元采用任务驱动方式，根据具体教学内容采用案例教学法、项目教学法	8

教学内容	教学要求			教学形式	建议学时
	知识点	技能点	重难点		
2. 角度闭合差的计算与调整 （1）计算角度闭合差。 （2）计算角度闭合差的容许值。 （3）计算水平角改正数。 （4）计算改正后的水平角。 　第 6 讲　闭合导线测量的内业计算二（案例） 　1. 推算各边的坐标方位角 　2. 坐标增量的计算及其闭合差的调整 （1）计算坐标增量。 （2）计算坐标增量闭合差。 （3）计算导线全长闭合差 *WD* 和导线全长相对闭合差 *WK*。 （4）调整坐标标增量闭合差。 （5）计算改正后的坐标增量。 　3. 计算各导线点的坐标 　第 7 讲　附和导线测量的内业计算（案例） 　1. 准备工作 　2. 角度闭合差的计算与调整 （1）计算角度闭合差。 （2）计算角度闭合差的容许值。 （3）计算水平角改正数。 （4）计算改正后的水平角。 　3. 推算各边的坐标方位角 　4. 坐标增量的计算及其闭合差的调整 （1）计算坐标增量。 （2）计算坐标增量闭合差。 （3）计算导线全长闭合差 *WD* 和导线全长相对闭合差 *WK*。 （4）调整坐标标增量闭合差 （5）计算改正后的坐标增量 　5. 计算各导线点的坐标 　第 8 讲　高程控制测量 　1. 水准测量 （1）等外水准测量。 （2）三、四等水准测量。 　2. 三角高程测量 （1）三角高程测量原理。 （2）三角高程测量的对向观测。 （3）三角高程测量的施测。 　① 将经纬仪安置在测站 *A* 上，量仪器高 *i* 和觇标高 *v*； 　② 用十字丝的中丝瞄准 *B* 点觇标顶端，盘左、盘右观测，读取竖直度盘读数 *L* 和 *R*，					

教学内容	教学要求			教学形式	建议学时
	知识点	技能点	重难点		
计算出垂直角 α； ③ 将经纬仪搬至 B 点，同法对 A 点进行观测。 （4）三角高程测量的计算。 （5）三角高程测量的精度等级。 （6）三角高程控制测量					
教学资源准备： 1．学生以小组形式组成团队，各学习单元采用任务驱动方式，根据具体教学内容采用案例教学法、项目教学法； 2．教室； 3．教学课件； 4．仪器、设备					

模块 5：工程地形图测绘及应用

教学内容	教学要求			教学形式	建议学时
	知识点	技能点	重难点		
第1讲 大比例尺地形图 1．大比例尺地形图的基本知识 （1）地形图的比例尺。 ① 地形图比例尺的概念； ② 比例尺的种类； ③ 地形图按比例尺分类； ④ 比例尺精度。 （2）地形图的图名、图号、图廓及接合图表。 ① 地形图的图名； ② 图号； ③ 图廓和接合图表。 2．地物符号 （1）比例符号。 （2）非比例符号。 （3）半比例符号。 （4）地物注记。 3．地貌符号 （1）等高线的概念。 （2）等高距和等高线平距。 （3）几种基本地貌的等高线。 （4）等高线的分类。 （5）等高线的特性。 第2讲 大比例尺地形图的测绘 1．大比例尺地形图的测绘 （1）测图前的准备工作。 ① 图纸的准备； ② 坐标格网的绘制； ③ 控制点的展绘。 （2）视距测量。 ① 视距测量原理；	1．地形图阅读； 2．电子地图与数字地图； 3．等高线及其相关概念；地形图测绘方法原理； 4．地形图测绘的后续工作； 5．读图用图的基本知识； 6．断面图的绘制； 7．面积的计算方法； 8．道路最短路径设计方法	1．掌握地貌的识别方法； 2．掌握地形图阅读的方法； 3．掌握利用经纬仪测绘地形图的方法； 4．掌握地形图的整饰、清绘与复制、勾绘； 5．掌握有读图用图的基本知识确定汇水面积； 6．掌握面积的计算方法，已知方向断面图的绘制； 7．掌握道路最短路径设计技能	重点： 1．地形图阅读； 2．等高线及其相关概念、地形图测绘方法原理； 3．读图用图的基本知识。 难点： 1．地貌的识别方法； 2．利用经纬仪测绘地形图的方法； 3．面积的计算方法，已知方向断面图的绘制，道路最短路径设计技能	学生以小组形式组成团队，各学习单元采用任务驱动方式，根据具体教学内容采用案例教学法、项目教学法	4

教学内容	教学要求			教学形式	建议学时
	知识点	技能点	重难点		
② 视距测量的施测与计算; ③ 视距测量的误差来源及消减方法。 （3）地形图的测绘。 ① 碎部点的选择; ② 经纬仪测绘法; ③ 增补测站点; ④ 碎部测量的注意事项; ⑤ 地物、地貌的勾绘。 2. 地形图的拼接、检查与整饰 （1）地形图的拼接。 （2）地形图的检查。 （3）地形图的整饰。 第 3 讲　地形图的应用一 1. 地形图的识读 （1）地形图图外注记识读。 （2）地物识读。 （3）地貌识读。 2. 地形图应用的基本内容 （1）在图上确定某点的坐标。 （2）在图上确定两点间的水平距离。 （3）在图上确定某一直线的坐标方位角。 （4）在图上确定任意一点的高程。 （5）在图上确定某一直线的坡度。 第 4 讲　地形图的应用二 1. 绘制已知方向线的纵断面图 2. 按规定坡度选定最短路线 3. 地形图在平整场地中的应用 4. 面积的计算					
教学资源准备: 1. 多媒体教室; 2. 教学课件; 3. 园林工程施工图; 4. 测量仪器及设备					

模块 6：园林工程施测方法

教学内容	教学要求			教学形式	建议学时
	知识点	技能点	重难点		
第 1 讲　测设工作概述 1. 测设的基本工作 （1）已知水平距离、水平角和高程的测设。 ① 已知水平距离的测设; ② 已知水平角的测设; ③ 已知高程的测设。 （2）点的平面位置的测设方法。 ① 直角坐标法; ② 极坐标法; ③ 角度交会法;	1. 地形图阅读; 2. 电子地图与数字地图; 3. 基本测设工作和测设点的基本方法; 4. 曲线和坡度线的测设; 5. 建筑施工测量的概念、特	1. 掌握地貌的识别方法; 2. 掌握地形图的阅读方法; 3. 掌握基本测设工作和测设点的基本方法; 4. 曲线和	重点: 1. 地形图阅读; 2. 基本测设工作和测设点的基本方法; 3. 建筑方格网布设和测设的方法。	学生以小组形式组成团队,各学习单元采用任务驱动方式,根据具体教学内容采用案例教学法、项目教学法	2

教学内容	教学要求			教学形式	建议学时
	知识点	技能点	重难点		
④ 距离交会法。 （3）已知坡度线的测设及案例。 2. 大比例尺地形图的测绘 （1）测图前的准备工作。 ① 图纸的准备； ② 坐标格网的绘制； ③ 控制点的展绘。 （2）视距测量。 ① 视距测量原理； ② 视距测量的施测与计算； ③ 视距测量的误差来源及消减方法。 （3）地形图的测绘。 ① 碎部点的选择； ② 经纬仪测绘法； ③ 增补测站点； ④ 碎部测量的注意事项； ⑤ 地物、地貌的勾绘。 （4）地形图的拼接、检查与整饰。 ① 地形图的拼接； ② 地形图的检查； ③ 地形图的整饰。 第2讲　测设工作概述 1. 园林工程施工测量 （1）施工测量概述。 ① 施工测量概述； ② 施工测量的特点； ③ 施工测量的原则。 （2）建筑施工场地的控制测量。 ① 施工控制网的分类及特点； ② 施工场地的平面控制测量； ③ 施工场地的高程控制测量。 2. 小型园林建筑施工测量 （1）施工测量前的准备工作。 （2）定位和放线。 （3）基础工程施工测量。 （4）墙体施工测量。 （5）建筑物的轴线投测。 （6）建筑物的高程传递	点和原则； 6. 建筑方格网布设和测设的方法； 7. 竣工总平面图的编绘方法	坡度线的测设工作； 5. 了解施工控制网的布设； 6. 掌握建筑方格网布设和测设的方法； 7. 掌握竣工总平面图的编绘技能	难点： 1. 地貌的识别方法； 2. 曲线和坡度线测设的方法； 3. 建筑方格网布设和测设的方法		
教学资源准备： 1. 多媒体教室； 2. 教学课件； 3. 园林工程施工图； 4. 测量仪器及设备					

2. 园林工程测量实践教学部分

1）教学要求和方法

通过园林工程测量实践应达到的目的和要求：掌握园林工程测量实践方法的基本原理；受到园林工程测量实践基本操作技能的训练，获得处理实践数据、分析实践结果、编写实践报告的初步能力；培养严肃认真、实事求是的科学作风。同时，通过实践还可验证和巩固所学的理论知识，熟悉常用园林工程测量的主要技术要求。

测量相关数据所进行的实践，应该根据国家、行业（部）颁布的技术标准进行，其主要过程如下所示。

（1）设计测量方案。测量方案应按技术标准的有关规定进行。线路必须有代表性，使从测量过程中所得出的实践结果，能确切地反映学生的测量水平。实践前须对线路作检查，应特别注意那些可能影响实践结果正确性的特殊测段或者测站，做好记录。

（2）确定测量方法。通过实践所测得的数据，都是按一定线路、一定方法得出的有条件性的数据，测量方法不同，其结果也就不一样。因此，所确定的测量方法必须能尽可能地正确反映真实数据。当有国家、行业颁布的技术标准时，应该采用统一规定的标准实践方法。

（3）进行实践操作。在实践操作过程中，必须使仪器设备、测量方法、检核手段等严格符合既定实践方法中所作的规定，以保证实践条件的统一，获得准确、具有可比性的实践结果。由于测量线路和设备的不同，最终结果不同，所以还必须进行多次测量，借以提高实践结果的精确度。在整个实践操作过程中，还应注意观察出现的各种现象，做好记录，以便分析。

（4）处理实践数据。实践数据计算应与测量的精密度相适应，并遵守有关规定。对于多次测量，应按所得到的数据，进行检核。

（5）分析实践结果。分析实践结果包括以下：分析实践结果的精确程度；说明在目前测量方法下所得成果的精确程度；将实践结果与已知数据相比较，并作出结论。

2）教学内容和要求

实践一　水准仪的认识及安置

[实践目的]

认识水准仪的结构，了解水准仪的功能。掌握水准仪各种螺旋的作用及位置。

[技能目标]

（1）了解水准仪的功能。

（2）掌握水准仪各部件的功能和作用。

（3）掌握水准仪的安置方法。

[实践内容]

（1）操作水准仪，认识其各部件的功能和位置。

（2）水准仪的安置整平。

实践二　水准仪读数及高差测量

[实践目的]

通过对水准仪的操作掌握其读数方法、高差测量及计算方法。

[技能目标]

（1）熟练掌握水准仪的安置与架设。

（2）掌握水准仪的读数方法。

（3）掌握高差的测量和计算方法。

[实践内容]

（1）在指定位置架设水准仪。

（2）水准仪的安置，整平以后进行读数练习。

（3）记录所读数据并进行计算，最后得出预设两点间的高差。

实践三　水准路线测量

[实践目的]

各小组独立完成一条闭合水准路线的观测、记录和计算,满足闭合差容许值要求,各小组成员利用本组观测结果,独立完成水准测量成果的计算工作,求出闭合差、改正数以及各点的高程。

[技能目标]

(1)掌握水准测量路线设计。

(2)掌握各站测量方法及站内检核方法。

(3)掌握数据汇总分析检核方法。

[实践内容]

1. 要点

(1)水准仪安置在离前、后视点距离大致相等处,用中丝读取水准尺上的读数至毫米。

(2)两次仪器高测得的高差之差 Δh 不超过 ± 5 mm,取其平均值作为平均高差。

(3)进行计算检核,即后视读数之和减前视读数之和应等于平均高差之和的两倍。

(4)计算高差闭合差,并对观测成果进行整理,推算出1、2、3点坐标。

2. 流程

在地面上选定 1、2、3 三个点作为待定高程点,BM 为已知高程点。如图 2-1 所示,已知 H_{BM}=50.000 m,要求按等外水准精度要求施测,求点1、2、3的高程。

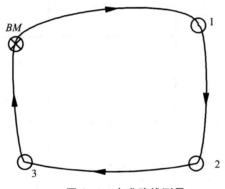

图 2-1　水准路线测量

3. 要求

(1)从一已知水准点 BM 开始,沿各待定高程点1、2、3,进行闭合水准路线测量,高差闭合差的容许值为

$W_{hp} = \pm 12\sqrt{n}$,其中 n 为测站数。

$W_{hp} = \pm 40\sqrt{L}$,其中 L 为水准路线总长。

如观测成果满足精度要求,则对观测成果进行整理,推算出1、2、3点的高程。

(2)每组完成一条由 4 个点组成的闭合水准路线的观测任务。

4. 注意事项

(1)水准尺必须立直。当尺子左、右倾斜时,观测者在望远镜中根据纵丝可以发觉,而尺子的前后倾斜则不易发觉,立尺者应注意。

(2)瞄准目标时,注意消除视差。

(3)仪器迁站时,应保护前视尺垫。在已知高程点和待定高程点上,不能放置尺垫。

5. 应交成果（见表 2-1）

表 2-1　水准测量记录计算手簿

组别：　　　　　　　仪器号码：　　　　　　　　　　　　　年　　　月　　　日

| 测站 | 测点 | 水准尺读数 | | 高差 /m | 平均高差 /m | 改正数 /mm | 改正后高差 /m | 高程 /m | 备注 |
		后视读数 /m	前视读数 /m						
Σ									
计算 检核									

实践四　经纬仪的认识及安置实践

[实践目的]

认识经纬仪的结构，了解经纬仪的功能。掌握经纬仪各种螺旋的作用及位置。

[技能目标]

（1）了解经纬仪的功能。

（2）掌握经纬仪各部件的功能和作用。

（3）掌握经纬仪的安置方法。

[实践内容]

（1）操作经纬仪，认识其各部件的功能和位置。

（2）经纬仪的安置整平。

实践五　测回法测水平角测量实践

[实践目的]

能够掌握用测回法测量水平角的操作方法、记录和计算，精度符合要求。

[技能目标]

（1）掌握测回法测量水平角的操作方法、记录和计算。

（2）每位同学对同一角度观测一测回，上、下半测回角值之差不超过 ±40″。

（3）在地面上选择四点组成四边形，所测四边形的内角之和与 360°之差不超过 $\pm60''\sqrt{4}=\pm120''$。

[实践内容]

任务：每组用测回法完成 4 个水平角的观测任务，如图 2-2 所示。

1. 要点：

（1）测回法测角时的限差要求若超限，则应立即重测。

（2）注意测回法测量的记录格式。

2. 流程

在地面上选择 4 点组成四边形，每位同学用测回法观测一测回。在 A 点整平对中经纬仪→盘左顺时针测→盘右逆时针测。

3. 注意事项

（1）目标不能瞄错，并尽量瞄准目标下端。

（2）立即计算角值，如果超限，则应重测。

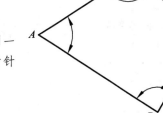

图 2-2　测回法测量水平角

4. 应交成果

测回法水平角观测记录，如表 2-2 所示。

表 2-2　水平角观测手簿

组别：　　　　　　　　　仪器号码：　　　　　　　　　年　　月　　日

测站	竖盘位置	目标	水平度盘读数	半测回角值	一测回角值	各测回平均角值

测站	竖盘位置	目标	水平度盘读数	半测回角值	一测回角值	各测回平均角值

实践六 垂直角测量实践

[实践目的]

能够掌握垂直角观测的方法，会计算竖盘指标差。

[技能目标]

（1）掌握垂直角观测、记录、计算的方法。

（2）了解竖盘指标差的计算。

（3）达到测量精度，同一组所测得的竖盘指标差的互差不得超过±25″。

[实践内容]

任务：每组完成 2 个竖直角的观测任务。

1. 要点

（1）垂直角观测时，注意经纬仪竖盘读数与垂直角的区别。

（2）先观察竖直度盘注记形式并写出垂直角的计算公式。盘左位置将望远镜大致放平，观察竖直度盘读数，然后将望远镜慢慢上仰，观察竖直度盘读数变化情况，观测竖盘读数是增加还是减少：

若读数减少，则 α ＝视线水平时竖盘读数－瞄准目标时竖盘读数。

若读数增加，则 α ＝瞄准目标时竖盘读数－视线水平时竖盘读数。

（3）计算竖盘指标差：$x = \frac{1}{2}(\alpha_R - \alpha_L)$。

（4）计算一测回垂直角：$\alpha = \frac{1}{2}(\alpha_L + \alpha_R)$

2. 流程

在 A 点测 B 点的盘左竖盘读数→在 A 点测 B 点的盘右竖盘读数→计算 A 点至 B 点的竖直角，如图 2-3 所示。

3. 注意事项

（1）对于具有竖盘指标水准管的经纬仪，每次竖盘读数前，必须使竖盘指标水准管气泡居中。具有竖盘指标自动零装置的经纬仪，每次竖盘读数前，必须打开自动补偿器，使竖盘指标居于正确位置。

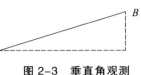

图 2-3 垂直角观测

（2）垂直角观测时，对同一目标应以中丝切准目标顶端（或同一部位）。

（3 ）计算垂直角和指标差时，应注意正、负号。

4. 应交成果

垂直角观测记录 1 份，如表 2-3 所示。

表 2-3　垂直角观测手簿

组别：　　　　　　　仪器号码：　　　　　　　　　　　年　　月　　日

测站	目标	竖盘位置	竖盘读数	半测回竖直角	指标差	一测回垂直角	各测回平均垂直角

实践七　钢尺量距与视距测量

[实践目的]

通过钢尺量距和视距测量掌握测量距离的普通方法。

[技能目标]

（1）掌握目估定线的方法进行钢尺量距技能。

（2）掌握视距测量的方法进行距离丈量技能。

[实践内容]

任务：每组在平坦的地面上，完成一段长 60～100 m 的直线的往返丈量任务，并用经纬仪进行直线定线。

1. 钢尺量距实践步骤

（1）要点：（a）用经纬仪进行直线定线时，有的仪器是成倒像的，有的仪器是成正像的；（b）丈量时，前尺手与后尺手要动作一致，用口令或手势来协调双方的动作。

（2）流程。

往测：在 A 点架仪，瞄准 B 点，在 A、B 之间定点 1、2、3、4，丈量各段距离。

返测：由 B 点向 A 点用同样的方法丈量。

根据往测和返测的总长计算往返差数、相对精度，最后取往、返总长的平均数，如图 2-4 所示。

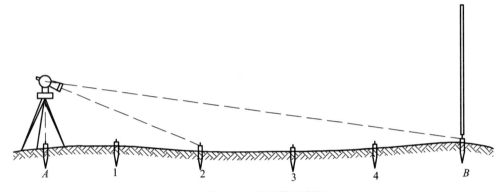

图 2-4 钢尺量距流程

2. 视距测量实践步骤

（1）在测站 A 上安置经纬仪，对中、整平后，量取仪器高 i（精确到厘米），设测站点地面高程为 H_A。

（2）在 B 点上立水准尺，读取上、下丝读数 a、b，中丝读数 v（可取与仪器高相等，即 v＝i），竖盘读数 L 并分别记入视距测量手簿。竖盘读数时，竖盘指标水准管气泡应居中。

（3）倾斜距离 $L = kl\cos a$。

水平距离 $D = kl\cos^2 a$。

高差 $h = D \cdot \tan a + i - v$。

B 点的高程 $H_B = H_A + h$，式中 k=100，l=a-b，a 为垂直角。

3. 注意事项

（1）钢尺量距的原理简单，但在操作上容易出错，要做到三清。

零点看清——尺子零点不一定在尺端，有些尺子零点前还有一段分划，必须看清；读数认清——尺上读数要认清 m，dm，cm 的注字和 mm 的分划数；尺段记清——尺段较多时，容易发生少记一个尺段的错误。

（2）钢尺容易损坏，为维护钢尺，应做到四不：不扭，不折，不压，不拖。用毕要擦净后才可卷入尺盒内。

4. 应交成果

距离测量簿如表 2-4 所示，视距测量记录如表 2-5 所示。

表 2-4 距离测量簿

组别：　　　　　　　　仪器号码：　　　　　　　　年　　月　　日

测量起止点	测量方向	整尺长/m	整尺数	余长/m	水平距离/m	往返较差/m	平均距离/m	精度

表 2-5 视距测量记录

组别：　　　　　　　　仪器号码：　　　　　　仪器高 $i=$　　　　　　年　　月　　日

测站（高程）仪器高	目标	下丝读数 上丝读数 视距间隔	中丝读数	竖盘读数	垂直角	水平距离	高差	高程

三、考核方式与评价标准

（一）成绩构成

本课程总成绩=理论部分成绩（60%）+校内实践部分成绩（30%）+企业实践部分成绩（10%）。

（1）理论部分成绩=期末理论卷面成绩（70%）+平时成绩（30%），平时成绩=出勤（30%）+作业（30%）+课堂表现（40%）。

（2）校内实践部分成绩=实践平均成绩=各实践得分总和/实践个数。

（3）企业实践部分成绩=企业实践平均成绩=各次企业实践得分总和/实践次数。

（二）考核方式

1. 理论部分

本课程期末理论卷面成绩采用闭卷笔试，期末理论卷面成绩采用百分制，考试时间为120分钟，根据学生答卷和统一的评分标准，集中阅卷确定；理论部分平时成绩由各科任教师按学生的出勤、作业以及课堂表现，做好记录，按30%、30%、40%的比例综合评定。

2. 校内实践部分

本课程校内实践部分采用实操形式，以一个实践为单位（百分制），按出勤及纪律情况（10%）、认真态度（10%）、操作能力（30%）、实践报告中处理实践数据的准确度和结果判定（50%）等进行评分，依据相关考试指标，给出每个实践的分值，算出学期各个实践的平均分，作为校内实践部分成绩。

3. 企业实践部分

本课程企业实践部分采用观摩形式，以一次实践为单位（百分制），按出勤、纪律情况、表现态度由实践课教师综合评定，算出学期企业实践平均分，作为企业实践部分成绩。

（三）考核指标体系

1. 考核内容及分值分配

成绩构成	考核内容	分值
理论教学部分（总分值100分）	模块1：园林测量的基础知识	11
	模块2：园林测量工程的基本技能	44
	模块3：测量误差的基本知识	6
	模块4：小地区控制测量原理及方法	22
	模块5：工程地形图测绘及应用	11
	模块6：园林工程施测方法	6
校内实践教学部分（总分值100分）	实践一 水准仪的认识及安置实践	9
	实践二 水准仪读数及高差测量实践	18
	实践三 水准测量线路实践	18
	实践四 经纬仪的认识及安置实践	18
	实践五 测回法测水平角测量实践	18
	实践六 垂直角测量实践	9
	实践七 钢尺量距与视距测量实践	10
企业实践教学部分（总分值100分）	实践一 水准测量路线见习	40
	实践二 测回法测量水平角见习	30
	实践三 距离测量及全站仪的使用见习	30

2. 实践过程考核标准体系

（1）出勤及纪律情况考核。

出勤、纪律情况考核	遵守课堂纪律，不迟到，不早退，听从教师指导	遵守课堂纪律，有迟到或早退现象，能听从教师指导	课堂纪律较差，有迟到或早退现象、能听从老师指导	课堂纪律差，旷课或不听老师指导
得分（总分10分）	8～10分	6～7分	4～5分	0～3分

（2）认真态度考核。

认真态度	实践目的明确，课前预习充分，实践卫生好	实践目的较明确，课前有预习，实践卫生较好	实践目的较明确，课前预习不充分，实践卫生一般	实践目的不明确，课前未预习充分，实践卫生差
得分（总分10分）	8～10分	6～7分	4～5分	0～3分

（3）实践操作考核。

实践操作	在规定的时间内正确使用仪器，独立操作，方法、步骤正确，符合实践操作规定	基本上在规定时间内正确使用仪器，基本能独立操作、基本符合实践操作规程	在老师指导下能正确使用仪器，基本能完成实践，但时间较长	在老师指导下不能勉强独立操作，不能在规定时间内完成实践
得分（总分30分）	25～30分	15～24分	10～14分	0～9分

（4）实践报告中处理实践数据能力考核。

实践报告中处理实践数据	实践报告书写清晰、工整，完成及时，实践数据准确，数据分析和判定合理正确	实践报告书写较清晰、较工整，完成及时，实践数据较准确，数据分析和判定合理正确	实践报告书写较清晰、较工整，基本能按时完成，实践数据有误差，数据分析合理，能作出技术判定	基本能完成实践报告，欠工整，实践数据误差大或错误，不能进行数据分析和技术
得分（总分50分）	45～50分	35～44分	20～34分	0～19分

四、教材选用建议

1. 选用教材

（1）陈彩军. 园林测量. 北京：科学出版社，2011.

2. 参考教材

（1）韩学颖. 工程测量技术. 郑州：黄河水利出版社，2012.

（2）陈涛. 园林测量. 北京：中国林业出版社，2014.

（3）谷达华. 园林工程测量（第2版）. 重庆：重庆大学出版社，2015.

3 "园林绘画"课程标准

适用专业：园林工程技术专业

学　　分：3.0

学　　时：52 学时（理论 28，实践 24）

一、课程总则

1. 课程性质与任务

本课程是高职高专教育园林工程技术专业的专业基础课程，以"园林制图""园林初步"等课程为基础，并且由于其实践性强，应用面宽，所以实习实践环节也是本课程的重点，只有使学生掌握了常见表现的方法技能才能以此为其他专业课程和就业能力奠定相关基础。

2. 课程目标

通过本课程的学习，学生主要掌握园林方案草图和效果图绘制的相关理论知识；能熟练掌握形体及其结构、形体比例、透视原理三项绘画基础技能；能熟练掌握平面构成、构图审美等绘画基本原理；熟练掌握各种表现的草图绘制技能、熟悉马克笔、彩铅等常见表现表现的表现技能，培养实际操作技能和岗位的适应能力，提高职业素质和职业能力。

（1）知识目标。

① 了解绘画和素描学的基本知识；

② 掌握园林绘画的基础知识、钢笔画、色彩学等部分基础理论；

③ 掌握方案草图和效果图绘制知识，了解相关表现工具的基本运用知识。

（2）能力目标。

① 具有能对一般园林景观进行几何体般概括描绘的基本能力；

② 具有对一般园林景观进行创意装饰表现的能力；

③ 具有运用素描的方式进行园林绘画的能力；

④ 具有运用钢笔画的基础技法进行园林写生和绘画的能力；

⑤ 具有运用色彩学的知识能力进行园林景观写生和绘画的能力；

⑥ 具有欣赏园林绘画与园林设计等作品的能力。

（3）素质目标。

① 具有良好的职业道德和遵守行业行为规范的准则；

② 具有严谨的工作态度和实事求是的工作作风；

③ 具有吃苦耐劳的精神和克服困难的能力；

④ 具有良好的计划组织和团队协助能力。

3. 学时分配

构成	教学内容	学时分配	小计
理论教学部分	模块 1：园林绘画料课程概述	4	28
	模块 2：景观设计表现图形的分类	3	
	模块 3：景观手绘表现的基础训练	2	
	模块 4：景观手绘表现常用的材料与工具	5	

构成	教学内容	学时分配	小计
理论教学部分	模块5：景观设计徒手表现分类技法	7	
	模块6：景观设计徒手表现景物分类画法要点	7	
校内实践教学部分	实践一 黑白线稿表现实践	2	18
	实践二 平面图的表现实践	2	
	实践三 立、剖面图的表现实践	2	
	实践四 一点透视的表现实践	4	
	实践五 二点透视的表现实践	4	
	实践六 鸟瞰图表现实践	4	
企业实践部分	实践一 草图方案快速表达见习	2	6
	实践二 效果图表现见习	2	
	实践三 手绘与电脑联合表达见习	2	
合　计			52

二、教学内容与要求

1. 园林绘画理论教学部分

模块1：园林绘画课程概述

教学内容	教学要求			教学形式	建议学时
	知识点	技能点	重难点		
第1讲　园林绘画的概述 1. 概述 （1）概念。 （2）可视性。 （3）观赏性。 2. 与其他学科的关系 （1）建筑设计。 （2）城市规划设计。 第2讲　景观设计需要艺术表现 1. 设计师驾驭景观设计的过程 2. 设计师的图示语汇的内容 （1）制图学规范。 （2）形态构成的点、线、面、体与空间。 （3）约定俗成的图形制式。 （4）随意发挥的个性色彩。 （5）生动画面的形象展示。 （6）条理严谨的文字描述。 （7）电脑操作方式。 （8）纯徒手的自在漫画表达。 第3讲　景观徒手表现的特点	1. 园林绘画的概念； 2. 设计师的图示语汇的内容； 3. 徒手绘制表现图的优势	1. 掌握本门课与其他学科的关系； 2. 掌握概念性三维的透视表现草图表现特点	重点： 1. 设计师的图示语汇的内容； 2. 徒手绘制表现图的优势。 难点：掌握设计师驾驭景观设计过程的正确方法	学生以小组形式组成团队，各学习单元采用任务驱动方式，根据具体教学内容采用案例教学法、项目教学法	4

教学内容	教学要求			教学形式	建议学时
	知识点	技能点	重难点		
（1）直接产生于设计师之手。 （2）最能直接形成思维与形式之间的对话。 （3）更准确地表达其设计构思与效果。 （4）贯穿于设计的各个阶段。 （5）根据不同阶段的需要，满足适可而止的深度和精度。 （6）可根据设计内容的主次和环境气氛的要求对画面进行取舍，强化或削弱。 第4讲　利用徒手表现草图进行设计 1. 概念性三维的透视表现草图 （1）有利于设计师的自我对话。 （2）便于与他人（包括设计群体或业主）进行交流和沟通。 2. 工具 （1）软铅笔。 （2）墨线笔。 （3）彩铅、马克笔、水彩					
教学资源准备： 1. 学生以小组形式组成团队，各学习单元采用任务驱动方式，根据具体教学内容采用案例教学法、项目教学法； 2. 教室； 3. 教学课件					

模块 2：景观设计表现图形的分类

教学内容	教学要求			教学形式	建议学时
	知识点	技能点	重难点		
第1讲　二维图形表现 1. 景观设计的平面草图表现 （1）总平面图。 （2）局部平面图。 （3）比例。 （4）着色。 2. 景观设计的立面草图表现 3. 景观设计的剖面草图表现 （1）任何物体的表面形式必须依托于内部结构关系。 （2)剖面图一般结合立面图来画。 （3）立面图或剖面图均可适当着色。 （4）必要的文字说明交代。	1. 总平面图的概念； 2. 比例尺的概念； 3. 景观设计的剖面草图表现的表现要点； 4. 平面曲线轴测图作法； 5. 徒手和电脑制图的比较	1. 掌握直线条绘制的技能； 2. 掌握特殊线条绘制的技能	重点：景观设计的剖面草图表现的技能。 难点：徒手画和电脑制图的比较	学生以小组形式组成团队，各学习单元采用任务驱动方式，根据具体教学内容采用案例教学法、项目教学法	3

教学内容	教学要求			教学形式	建议学时
	知识点	技能点	重难点		
第2讲 三维轴测图形表现 1. 平面曲线轴测图作法 2. 较简单的园林景观小品水平面斜等测图作法 3. 轴测图基本作图步骤 （1）根据选定的轴测形式、变形系数和角度，用铅笔作出轴向线。 （2）沿各轴线相应的变形系数量取尺寸。 （3）作平行于轴的直线，将相应的点连接起来，完成轴测平面。 （4）沿 OZ 轴量得各点高度，并将相应的点连接起来。 （5）根据前后关系，擦去被挡的图线和底线，用钢笔加深看得见的图线，完成轴测图。 （6）在此基础上可深入刻画、表现景物的形状、明暗和色彩，增强艺术感染力。 第3讲 三维透视图形表现 1. 电脑绘制的透视图 （1）绘图程序简介。 （2）电脑效果的目前的作品优劣。 2. 徒手绘制的透视效果图 （1）历史简介。 （2）巨大魅力的原因。 （3）和电脑制图的比较。 3. 复合式透视效果图 （1）绘图程序简介。 （2）复合图的特点					
教学资源准备： 1. 学生以小组形式组成团队，各学习单元采用任务驱动方式，根据具体教学内容采用案例教学法、项目教学法； 2. 教室； 3. 教学课件； 4. 作图工具					

模块3：景观手绘表现的基础训练

教学内容	教学要求			教学形式	建议学时
	知识点	技能点	重难点		
第1讲 结构素描（含速写）练习 1. 几何形体写生练习 （1）正方形体写生。 （2）圆盘或圆柱形体的写生。 （3）圆球体的写生。 （4）锤状形体的写生。	1. 结构素描要点； 2. 静物写生要点； 3. 色彩表现要点	1. 掌握结构素描的绘制技能； 2. 掌握静物写生的表现技能； 3. 掌握色	重点： 1. 几何形体写生表达的基本技能； 2. 静物写生表达的基本技能。	学生以小组形式组成团队，各学习单元采用任务驱动方式，根据具体教学内容采用	2

教学内容	教学要求			教学形式	建议学时
	知识点	技能点	重难点		
（5）复合形状的几何形体的写生。 （6）写生过程完成所绘图形是关键。 （7）默画。 2. 静物（含工业产品）写生练习要点 （1）结构素描强调以线条为主的表现形式，物体色彩明度的变化不必过于精准。 （2）物体质感的表达主要区分其表面效果的粗糙与光滑、坚硬与柔软等基本特征。 （3）一般情况下不必画背景颜色。 （4）适当地区分光影明暗有助于物体体积和质感的表达。 （5）对物体质感的表达可尽量发挥绘画工具和材料的特性。 （6）画工业产品的优点。 （7）过渡性的练习。 3. 建筑环境及风景写生练习要点 （1）画面上的视平线与灭点概念的强化是画好大尺度环境的首要前提。 （2）首先必须从整体出发。 （3）树木与花草写生时须寻找反映内在因素的枝干关系。 （4）塑造生机盎然的植物群。 （5）以情写景。 （6）讲究构图的形式美。 第2讲　色彩写生练习 1. 风景写生的构图形式 2. 画面要有一个趣味中心 3. 描绘景物的铅笔轮廓线画法 4. 着色仍遵循"先浅后深，先远后近"的程序 5. 画面色彩的布置须注意对比与调和 6. 风景场面的颜色维持画面色彩的统一、协调 7. 光线的强弱变化可以调节画面景物的主次与虚实 8. 画面景物要体现大自然中生命的灵性		彩表现的表现技能	难点：色彩表现的基本技能	案例教学法、项目教学法	
教学资源准备： 1. 学生以小组形式组成团队，各学习单元采用任务驱动方式，根据具体教学内容采用案例教学法、项目教学法； 2. 教室； 3. 教学课件； 4. 作图工具					

模块 4：景观手绘表现常用材料与工具

教学内容	教学要求			教学形式	建议学时
	知识点	技能点	重难点		
第1讲　讲纸 1. 素描纸 2. 水彩纸 3. 水粉纸 4. 绘图纸 5. 铜版纸 6. 马克笔纸 7. 色纸 8. 卡纸、书面纸、牛皮纸 9. 描图纸 10. 宣纸 第2讲　笔（不含带颜料的笔） 1. 铅笔 2. 钢笔、签字笔、针管笔、美工笔、蘸水钢笔 3. 水彩笔、水粉笔、油画笔 4. 排刷、底纹笔 5. 描笔、衣纹笔、叶筋笔、红毛笔等中国画笔 6. 喷笔 第3讲　笔（含颜料的笔） 1. 彩色铅笔 2. 马克笔 3. 泡沫尖水彩笔 4. 色粉笔 5. 油画棒、蜡笔 第4讲　颜料 1. 水彩颜料 2. 透明幻灯（照相）水色 3. 水粉颜料 4. 丙烯颜料 5. 喷笔画颜料 6. 中国画颜料 第5讲　其他辅助绘画工作 1. 画直线用的丁字尺、三角尺、直尺、靠尺 2. 画曲线用的曲线尺、蛇形尺、圆规 3. 测算长度比例的比例尺（多为三棱形，又叫三棱尺） 4. 量角度的量角器(多为半圆形透明尺) 5. 绘制平面图形的各类专用图形模板 6. 调和颜料用的调色盒、调色碟、洗笔桶 7. 橡皮擦、削笔刀、剪刀、胶带、胶水、擦图片、电吹风等辅助工具 8. 根据图幅大小，选择不同规格的专业绘图板以及供室外写生练习用的写生画袋、速写夹、收折座凳和洗笔盛水容器	1. 绘图纸的基本知识； 2. 绘图笔的基本知识； 3. 绘图颜料的基本知识； 4. 其他绘图工具的基本知识	1. 掌握各种绘图纸的表现性能； 2. 掌握各种绘图笔的表现性能； 3. 掌握各种颜料的表现性能； 4. 掌握其他绘图工具的表现性能	重点： 1. 各种绘图纸的表现性能； 2. 各种绘图纸的表现性能。 难点：各种颜料的表现性能	学生以小组形式组成团队，各学习单元采用任务驱动方式，根据具体教学内容采用案例教学法、项目教学法	5

教学资源准备：

1. 学生以小组形式组成团队，各学习单元采用任务驱动方式，根据具体教学内容采用案例教学法、项目教学法；

2. 教室；

3. 教学课件；

4. 作图工具

模块 5：景观设计徒手表现分类技法

教学内容	教学要求			教学形式	建议学时
	知识点	技能点	重难点		
第1讲　钢笔画技法 1. 表现工具 2. 西方绘画模式的钢笔画技法 （1）依靠不同线型的疏密排列。 （2）依靠同线型交叉组合。 （3）变换钢笔线条的粗细、长短。 （4）手指运笔的力度。 3. 以单线造型为主的钢笔画 4. 钢笔画绘图顺序及要点 （1）先用中软铅笔作轮廓底稿。 （2）不要在某一局部重复多遍。 （3）绘画过程要随时预见钢笔线与其他辅助上色工具结合后的明暗与色调效果。 第2讲　彩色铅笔画技法 1. 彩色铅笔概述 2. 彩色铅笔的运笔手法 （1）描绘。 （2）刻画。 （3）平抹。 （4）涂擦。 3. 彩铅的一般表现要点 （1）注意保持由浅渐深比较稳妥的画法步骤。 （2）草图阶段，用笔不必过于拘束。 （3）选择恰当的颜色涂一遍即可。 （4）面对比较精致的设计表现效果图则须讲究一下用笔的技法和着色技巧。 （5）对于画面整体色彩的对比与协调的艺术处理以及局部色彩的过渡与渐变，可以采用不同彩色线条的交叉排列、叠加组合。 4. 彩铅的线条分类 （1）纯粹的徒手线。 （2）借助工具的徒手线。 第3讲　马克笔画技法 1. 马克笔的概述及特点 （1）色泽剔透。 （2）着色简便。 （3）色彩丰富。 （4）笔触清晰。 （5）风格豪放。 （6）表现力强。 2. 马克笔的表现要点 （1）由浅入深。 （2）色彩丰富。 （3）颜色不宜反复叠加和过多涂改。 （4）可以将马克笔与彩铅、透明水色或水彩颜料结合使用，从而获得更	1. 钢笔画技法的基础知识； 2. 彩色铅笔的特点； 3. 马克笔的特点； 4. 水彩的特点； 5. 水粉画的特点； 6. 彩色粉笔的及特点； 7. 喷笔的特点； 8. 综合性技法的特点	1. 掌握钢笔画表现的基本技法； 2. 掌握彩铅表现的基本技法； 3. 掌握马克笔表现的基本技法； 4. 掌握水彩画表现的基本技法； 5. 掌握水粉画表现的基本技法； 6. 掌握彩色粉笔表现的基本技法； 7. 掌握喷笔表现的基本技法； 8. 掌握综合表现的基本技法	重点： 1. 钢笔表现的基本技法； 2. 彩铅表现的基本技法； 3. 马克笔表现的基本技法。 难点：马克笔表现的技法	学生以小组形式组成团队，各学习单元采用任务驱动方式，根据具体教学内容采用案例教学法、项目教学法	7

54

教学内容	教学要求			教学形式	建议学时
	知识点	技能点	重难点		
多的色彩。 3. 废弃马克笔的再利用 （1）取下已干透水性的马克笔笔头，抽出笔芯置于清水中浸泡，洗净后注入自配的透明水色，若笔头已纯，可用刀片适当切削整形，重新装回便可再用。 （2）洗净后的笔芯注入清水，专门用来减淡画得过深的颜色或作为退晕处理的工具。 （3）马克笔颜料半干状态时用来画枯枝、干草、木纹等特殊肌理，具有极好的效果。 第4讲　水彩画技法 1. 水彩技法概述 2. 水彩画的一般技法要点 （1）颜色艳度和饱和度较高。 （2）用水与笔触的变化，不必受墨线轮廓的约束。 （3）可以用色彩和笔触进一步刻画形象。 （4）依赖墨线轮廓或明暗素描底稿为基础。 （5）着色大多以淡雅、调和的色彩关系为主。 （6）笔触也都整块而均匀，不强调以色彩和笔触去刻画物体。 （7）水墨渲染技法。 ① 平涂； ② 叠加； ③ 退晕。 第5讲　水粉画技法 1. 水粉画的概述及特点 （1）不透明或半透明性。 （2）具有较强的覆盖性。 （3）水粉颜料的粉质特点。 （4）色彩明快，对比强烈。 （5）一般用铅笔或颜色起稿。 （6）强调用笔触造型。 2. 水粉画表现的一般要点 （1）干画。 （2）湿画。 （3）干湿混合 第6讲　彩色粉笔画技法 1. 彩色粉笔的概述及特点 （1）颜料成分以细腻的粉质为主。					

教学内容	教学要求			教学形式	建议学时
	知识点	技能点	重难点		
（2）色彩淡雅。 （3）对比柔和。 （4）色彩种类丰富。 （5）缺少深色。 （6）多结合木炭铅笔或马克笔一道使用。 2.彩色粉笔的表现技法要点 （1）先用木炭铅笔或马克笔画出景观场面的素描明暗效果。 （2）第一次上色粉不宜过厚，大面积色彩变化可用手指或布头抹匀。 （3）精细部位则可用纸擦笔涂抹。 （4）画面的大效果出来后只需在局部用彩色粉笔提高光或反光。 （5）构思气氛选用彩色底纸作图。 （6）彩色粉笔画宜选表面较粗糙而且质地较厚实的色纸作图。 （7）图完成后最好用固定液（定型剂）喷罩表面，以便保存。 第7讲 喷笔画技法 1.喷笔的概述及特点 （1）图面细腻。 （2）色彩变化微妙。 （3）明暗过渡柔和。 （4）表现效果逼真。 （5）适宜表现大面积色彩的均匀变化。 （6）表现曲面和球体明暗的自然过渡，表现光感。 （7）对玻璃，金属、皮革、丝绸的质感表现也得心应手。 （8）表现环境中的天空云彩，水面、路面、倒影以及朦胧景色的表达均能充分发挥其特长。 2.喷笔表现技法要点 （1）须依靠覆盖和遮挡来绘制形象。 （2）先浅后深，留浅喷深。 （3）先喷大面，后加细节。 （4）画面上一次性喷绘颜料宜少、宜淡。 （5）画纸上颜料表面出现反光即表示过头，色彩可能发腻、板结					

教学资源准备：

1.学生以小组形式组成团队，各学习单元采用任务驱动方式，根据具体教学内容采用案例教学法、项目教学法；

2.教室；

3.教学课件；

4.作图工具

模块6：景观设计的景物分类徒手表现

教学内容	教学要求			教学形式	建议学时
	知识点	技能点	重难点		
第1讲　天空 1. 天空表现的概述 （1）影响画面色调的主要因素。 （2）影响环境氛围的营造。 （3）常常用来衬托主体，平衡画面构图。 2. 表现要点 （1）天空着色可先可后。 （2）天空着色的形状。 （3）天空云彩的钢笔线条表现可分为写实型和写意型。 （4）不宜过分渲染。 第2讲　地面 1. 地面的表现概述 （1）涵盖范围。 （2）画上静物的艺术形象带来很大的影响。 （3）广义的地面。 2. 表现要点 （1）可分别根据自然与人工形态特征来用笔。 （2）"近大远小""近宽远窄"。 （3）绝大多数情形下地面色彩呈现浅色甚至白色。 （4）地面色彩受天空光照的影响，其色彩也都呈现阳光或天空的颜色。 （5）远处的地面与天空几乎是一种颜色。 第3讲　山石 1. 山石的表现概述 （1）山石极具对比性和表现性。 （2）"山"由于体量较大，因此往往处于背景地位。 （3）石头、石块场景中的主要角色。 （4）自然形状的石头。 （5）人工石料及其构筑物。 2. 表现要点 （1）坚硬石材表现的线条和笔触。 （2）圆滑卵石的表现。 （3）线条排列与笔触。 （4）石料上的黑点。 （5）画面上的石材颜色。	1. 天空表现的特点； 2. 地面表现的特点； 3. 山石表现的特点； 4. 水景表现的特点； 5. 植物表现的特点； 6. 建筑小品及设施表现的特点； 7. 交通工具和人物的表现特点	1. 掌握天空表现的技能； 2. 掌握地面表现的技能； 3. 掌握山石表现的技能； 4. 掌握水景表现的技能； 5. 掌握植物表现的技能； 6. 掌握建筑小品表现的技能； 7. 掌握交通工具和人物的表现技能	重点： 1. 天空表现基本技能； 2. 水景表现的基本技能； 3. 植物表现的基本技能； 4. 建筑小品表现的基本技能； 难点： 1. 水景表现的基本技能； 2. 建筑小品表现的基本技能； 3. 人物表现的基本技能	学生以小组形式组成团队，各学习单元采用任务驱动方式，根据具体教学内容采用案例教学法、项目教学法	7

教学内容	教学要求			教学形式	建议学时
	知识点	技能点	重难点		
第4讲　水景 1. 水景表现的概述 （1）"仁者乐山、智者乐水"。 （2）"水"象征着生命与活力。 （3）"水"显示着智慧与灵性。 （4）各种水的形态，均是景观设计不可缺少的重要元素。 （5）景观设计表现分类。 ① 动态； ② 静态。 2. 水景表现要点 （1）平静的水面的表现。 （2）岸边景物的倒影。 （3）倒影不能简单对称。 （4）水面涟漪的表现。 （5）水面颜色更多地反映天空的色彩，颜色近处比远处深。 （6）倒影的颜色则更多地反映湖水的固有色彩。 （7）水彩马克笔表现水面要预留反光。 （8）激流与瀑布的表现。 （9）水与岸交界表达，浪花的表达。 （10）喷泉、涌泉不妨借助直尺画出有力的线条。 **第5讲　植物** 1. 植物表现的概述 （1）常以主角身份出现在画面之中。 （2）姿态优美，打动人心。 （3）四季变化有景。 （4）自身优美的姿态打动人心。 （5）"乔""灌""草"基本形态差异甚大。 2. 植物表现要点 （1）乔木的线描表现。 （2）树枝的表现。 （3）树叶的表现。 （4）乔木的线描表现。 （5）稍小的树枝的明暗表现。 （6）树叶密集时的表现。 （7）树形变化的表现。 （8）乔木的色彩表现。					

教学内容	教学要求			教学形式	建议学时
	知识点	技能点	重难点		
① 树叶的四季色彩表现； ② 表现图要从中概括一个着色规律，在统一中求变化； （9）灌木的表现。 ① 亚热带灌木宜用线描的形式勾勒； ② 草坪、草丛表现； ③ 自然坡地草丛多作为背景，用笔应简练而生动； ④ 草坪、草坡面向天空，亮度高，宜选用轻快的颜色。 　第6讲　建筑小品与环境设施 　1. 建筑小品与环境设施的表现概述 （1）常以景观设计主体出现。 （2）造型细节的刻画，体现设计主题的风格与特征。 （3）造型细节对各种艺术表现效果的追求。 　2. 表现要点 （1）透视与比例的准确性是描绘建筑小品的关键。 （2）确定建筑物与场地的地理关系。 （3）屋面的表象特征。 （4）园林绘画质感的表达力。 （5）门窗主材是玻璃的表现。 （6）玻璃窗的色彩表现。 （7）位置以及与主体景物之间的关系。 （8）设施表现恰如其分，避免喧宾夺主。 　第7讲　交通工具与人物 　1. 交通工具与人物的表现概述 （1）交通工具的表现概述。 ① 交通工具和游人则为动态； ② 活跃画面，烘托场景气氛，增添环境情趣； （2）人物的表现概述。 ① "以人为本"是景观设计的根本原则； ② 景观设计的场景是有人则"活"；					

教学内容	教学要求			教学形式	建议学时
	知识点	技能点	重难点		
③ 视觉中心，画龙点睛的作用。 2. 交通工具和人物的表现要点 （1）交通工具表现要点。 ① 要求画面用笔简练、流畅； ② 辅助线的绘制； ③ 高光、反光的表现； ④ 交通工具与周边物体的联合表达； ⑤ 轻描淡写，明暗与色彩也就点到为止。 （2）人物表现要点。 ① 人物的身份、年龄和行为要与画面场景相匹配； ② 画面上的人还具有判定尺度与比例的功能。 ③ 人物多为中景、远景，一般不必过细刻画； ④ 画上所有的人要处于一个平面； ⑤ 鸟瞰图人物的表达					
教学资源准备： 1. 学生以小组形式组成团队，各学习单元采用任务驱动方式，根据具体教学内容采用案例教学法、项目教学法； 2. 教室； 3. 教学课件； 4. 作图工具					

2. 园林绘画实践教学部分

1）教学要求和方法

本课程是针对艺术设计专业设置的专业课。目的是通过建筑空间表达及设计训练和理论的讲解，掌握建筑空间小品的制图和识图以及设计表达和表现，了解景观建筑设计的基本步骤、内容和方法。初步掌握分析和解决建筑功能及其环境问题的方法和能力，在设计方案构思与老师交流的过程中，学习综合运用各学科知识融合进设计当中去，并进一步提高设计的表达方法和变现技能。

园林绘画所进行的实践，应该根据企业现行要求进行，其主要过程如下。

（1）选取实践范例。范例必须有代表性，能确切地反映学生对各种表现技法的掌握能力。实践前须对范例作检查和登记。

（2）确定表达工具。表达方法和工具不同，其表现效果也就不一样。因此，所确定的表达工具和方法必须能正确地反映学生的真实能力，并且难度适中。

（3）进行实践操作。在实践操作过程中，必须使表现工具、实践范例等严格按照实践要求管理，以保证实践秩序和学习的效果。由于表达工具较多，所以还必须对所借出工具进行事先的统一的编号，借以方便管理。在整个实践操作过程中，还应注意观察学生出现的各种问题，现场解答。

（4）分析实践结果，包括分析实践的最终结果。说明在既定实践目标下所完成的情况以及完成的质量。将学生作品与标准范例相比较，并作出结论。

2）教学内容和要求

实践一　黑白线稿表现实训

[实践目的]

练习黑白线稿的表达方法，巩固线条、造型、构图等表现基础。

[技能目标]

（1）能够按要求绘制线条。

（2）能够合理构图。

（3）能够准确造型。

[实践内容]

（1）线条的表达。

（2）画面构图。

（3）景观造型训练。

实践二　平面图的表现实训

[实践目的]

练习平面图表达方法，巩固平面构图、线条表达、色彩运用等表现技能。

[技能目标]

（1）能够按要求绘制黑白平面图。

（2）能够合理构图。

（3）能够合理上色。

[实践内容]

（1）平面图的临摹绘制。

（2）线条的准确绘制。

（3）合理添加颜色。

实践三　立、剖面图的表现实训

[实践目的]

练习立面、剖面图表达方法，熟悉立面构图、剖面构图、按比例制图等表现技能。

[技能目标]

（1）能够按要求绘制黑白立面图、剖面图。

（2）能够合理构图。

（3）能够熟练进行线条表达。

（4）颜色添加合理。

[实践内容]

（1）立面图、剖面图的临摹绘制。

（2）整个画面构图练习。

（3）按比例绘制图形。

（4）钢笔线条表达。

（5）采用一种上色工具上色。

实践四 一点透视的表现实训

[实践目的]

练习一点透视表达方法，能够按照一点透视的要求合理构图。

[技能目标]

（1）能够按要求绘制黑白线稿图。

（2）掌握一点透视理论。

（3）掌握一点透视的绘图步骤。

[实践内容]

（1）一点透视图的临摹绘制。

（2）按照一点透视理论构图。

（3）按比例绘制图形。

（4）钢笔线条表达。

（5）采用一种上色工具上色。

实践五 两点透视的表现实训

[实践目的]

练习两点透视表达方法，能够按照两点透视的要求合理构图。

[技能目标]

（1）能够按要求绘制黑白线稿图。

（2）掌握两点透视理论。

（3）掌握两点透视的绘图步骤。

[实践内容]

（1）两点透视图的临摹绘制。

（2）按照两点透视理论构图。

（3）按比例绘制图形。

（4）钢笔线条表达

实践六 鸟瞰图透视的表现实训

[实践目的]

练习鸟瞰图透视表达方法，能够按照鸟瞰图透视的要求合理构图。

[技能目标]

（1）能够按要求绘制黑白线稿图。

（2）掌握鸟瞰图透视理论。

（3）掌握鸟瞰图透视的绘图步骤。

[实践内容]

（1）鸟瞰图透视图的临摹绘制。

（2）按照鸟瞰图透视理论构图。

（3）按比例绘制图形。

（4）钢笔线条表达。

三、考核方式与评价标准

（一）成绩构成

本课程总成绩=理论部分成绩（60%）+校内实践部分成绩（30%）+企业实践部分成绩（10%）。

（1）理论部分成绩=期末理论卷面成绩（70%）+平时成绩（30%），平时成绩=出勤（30%）+作业（30%）+课堂表现（40%）。

（2）校内实践部分成绩=实践平均成绩=各实践得分总和/实践个数。

（3）企业实践部分成绩=企业实践平均成绩=各次企业实践得分总和/实践次数。

（二）考核方式

1. 理论部分

本课程期末理论卷面成绩采用闭卷笔试，期末理论卷面成绩采用百分制，考试时间为120分钟，根据学生答卷和统一的评分标准，集中阅卷确定；理论部分平时成绩由各科任教师按学生的出勤、作业以及课堂表现，做好记录，按30%、30%、40%的比例综合评定。

2. 校内实践部分

本课程校内实践部分采用实操形式，以一个实践为单位（百分制），按出勤及纪律情况（10%）、认真态度（10%）、操作能力（30%）、试验报告中处理试验数据的准确度和结果判定（50%）等进行评分，依据相关考试指标，给出每个实践的分值，算出学期各个实践的平均分，作为校内实践部分成绩。

3. 企业实践部分

本课程企业实践部分采用观摩形式，以一次实践为单位（百分制），按出勤、纪律情况、表现态度由实践课教师综合评定，算出学期企业实践平均分，作为企业实践部分成绩。

（三）考核指标体系

1. 考核内容及分值分配

成绩构成	考核内容	分值
理论教学部分 （总分值100分）	模块1：园林绘画课程概述	14
	模块2：景观设计表现图形的分类	11
	模块3：景观手绘表现的基础训练	7
	模块4：景观手绘表现常用的材料与工具	18
	模块5：景观设计徒手表现分类技法	25
	模块6：景观设计徒手表现景物分类画法要点	25
校内实践教学部分 （总分值100分）	实践一 黑白线稿表现实践	11
	实践二 平面图的表现实践	11
	实践三 立、剖面图的表现实践	12
	实践四 一点透视的表现实践	22
	实践五 二点透视的表现实践	22
	实践六 鸟瞰图表现实践	22
企业实践教学部分 （总分值100分）	实践一 草图方案快速表达见习	30
	实践二 效果图表现见习	30
	实践三 手绘与电脑联合表达见习	40

2. 实践过程考核标准体系

（1）出勤及纪律情况考核。

出勤、纪律情况考核	遵守课堂纪律，不迟到，不早退，听从教师指导	遵守课堂纪律，有迟到或早退现象，能听从教师指导	课堂纪律较差，有迟到或早退现象，能听从老师指导	课堂纪律差，旷课或不听老师指导
得分（总分10分）	8~10分	6~7分	4~5分	0~3分

（2）认真态度考核。

认真态度	实践目的明确，课前预习充分，实践卫生好	实践目的较明确，课前有预习，实践卫生较好	实践目的较明确，课前预习不充分，实践卫生一般	实践目的不明确，课前未预习充分，实践卫生差
得分（总分10分）	8~10分	6~7分	4~5分	0~3分

（3）实践操作考核。

实践操作	在规定的时间内正确使用表现，独立操作，方法、步骤正确符合实践操作规定	基本上在规定时间内正确使用仪器，基本能独立操作，基本符合实践操作规程	在老师指导下能正确使用表现，基本能完成实践，但时间较长	在老师指导下不能勉强独立操作，不能在规定时间内完成实践
得分（总分30分）	25~30分	15~24分	10~14分	0~9分

（4）实践报告和实践作业考核。

实践报告和实践作业	实践报告书写清晰、工整，完成及时，实践作业质量高，数据分析和判定合理正确	实践报告书写较清晰、较工整，完成及时，实践作业质量较高，工具运用合理	实践报告书写较清晰、较工整，基本能按时完成，实践作业质量一般，能够工具制图	基本能完成实践报告，欠工整，实践作业质量低，不能合理利用相关工具绘图
得分（总分50分）	45~50分	35~44分	20~34分	0~19分

四、教材选用建议

1. 选用教材

赵航. 景观. 建筑手绘效果图表现技法. 北京：中国青年出版社，2010.

2. 参考教材

（1）（德）普林斯，（德）迈那波肯著，赵巍岩译. 建筑思维的草图表达. 上海：上海人民美术出版社，2004.

（2）张汉平. 设计与表达. 北京：中国计划出版社，2004.

（3）陈新生. 建筑钢笔表现（第3版）. 上海：同济大学出版社，2007.

4 "园林植物"课程标准

适用专业：园林工程技术专业

学　　分：3.0

学　　时：48学时（理论22学时，实践26学时）

一、课程总则

1. 课程性质与任务

园林绿化的主体是园林植物，园林植物是城市园林景观的骨架，尤其在推崇生态设计理念的今天，植物造景更成为园林建设的主流。本课程通过讲授园林植物的种类、生态习性、观赏特性、城市园林树种选择及其配植等内容，使学生了解园林植物在城市绿化建设中的重要作用，掌握常见、常用园林植物的形态特征、生态习性、观赏特性及应用。在此基础上，基本能够独立进行城市园林植物的选择、规划、配植应用等既具科学性又具艺术性的一系列专业技能，为城市园林绿化事业作贡献。学会利用文献资料和工具书鉴定植物的基本技能。园林植物课程是园林工程技术专业的专业核心课程。

2. 课程目标

通过本门课程的教学，学生应认识植物的细胞、组织、器官的形态结构特征以及功能，系统掌握种子植物的形态结构、生长发育和生殖规律，以及园林植物的种类、生态习性、观赏特性、城市园林树种选择及其配植。掌握被子植物分类的一般知识和重要科、属、种的特征，认识当地常见代表植物。通过实验和实习教学，学生应掌握显微镜的使用、生物绘图等方法和技能，学会采集和制作植物标本的方法。通过本课程的学习，园林工程技术专业的学生应具备从事园林植物的识别、园林植物栽植、苗圃管理、景观园林植物应用等所必备的专业知识、专业技能和职业能力，培养实际操作技能和岗位的适应能力，提高的职业素质和职业能力。教学培养学生辩证唯物主义思想、严肃认真的科学工作态度、分析问题和解决问题的能力。

（1）知识目标。

① 具有园林植物应用基本知识；

② 学会园林植物分类；

③ 识别常见园林植物；

④ 具有园林植物栽植和苗圃管理的基本知识。

（2）能力目标。

① 具有灵活应用园林植物的基本能力；

② 具有识别常见园林植物的能力；

③ 具有熟悉园林植物生活习性并为园林植物造景服务的能力。

（3）素质目标。

① 具有辩证思维的能力；

② 具有严谨的工作作风和敬业爱岗的工作态度；

③ 具有严谨、认真、刻苦的学习态度，科学、求真、务实的工作作风；

④ 能遵纪守法，遵守职业道德和行业规范。

3．学时分配

构成	教学内容	学时分配	小计
理论教学部分	模块1：绪论 —— 园林植物课程概述	2	22
	模块2：园林植物的应用	4	
	模块3：园林植物的分类	4	
	模块4：木本园林植物	8	
	模块5：园林花卉	2	
	模块6：其他园林植物	2	
校内实践教学部分	实验一　植物花的识别与解剖	4	16
	实验二　植物叶、茎、根的形态结构特点与解剖	4	
	实验三　园林植物的主要类群识别	4	
	实验四　常见校园园林植物的认识	4	
企业实践教学部分	实践一　遂宁观音文化园植物认识	6	10
	实践二　遂宁湿地公园植物认识	4	
合　计			48

二、教学内容与要求

1．园林艺术理论教学部分

模块1：绪论 —— 园林植物课程概述

教学内容	教学要求			教学形式	建议学时
	知识点	技能点	重难点		
第1讲　园林植物概述 1．课程在本专业课程中的地位 2．园林植物概念 3．园林植物与植物的关系 4．园林植物与人类的关系 第2讲　园林植物在园林建设中的地位和作用 1．美化环境 2．改善环境 3．直接产生经济效益 第3讲　我国园林植物资源分布 1．我国园林植物资源 2．园林植物特性 3．园林植物分布 第4讲　园林植物学习方法	1．园林植物概念； 3．我国园林植物资源分布	1．园林植物概念； 2．园林植物在园林建设中的地位和作用	重点： 1．园林植物概念园林植物在园林建设中地位和作用； 2．园林艺术与园林规划设计的关系。 难点：我国园林植物资源分布	学生以小组形式组成团队，各学习单元采用任务驱动方式，根据具体教学内容采用案例教学法、项目教学法	2
教学资源准备： 1．多媒体教室； 2．教学课件					

模块 2：园林植物的应用

教学内容	教学要求			教学形式	建议学时
	知识点	技能点	重难点		
第 1 讲　园林植物中树木的应用 1. 园林树木的选择与配置原则 2. 配置形式 第 2 讲　花卉在园林绿化中的应用 1. 花坛 2. 花境 3. 花台 4. 花丛 5. 花池 6. 花钵 7. 篱垣 8. 棚架 第 3 讲　水生植物在园林绿化中的应用 1. 水生植物的类型 2. 水生植物栽植设计	1. 园林树木的选择与配置原则； 2. 配置形式； 3. 花卉在园林绿化中的应用； 4. 水生植物的类型； 5. 水生植物栽植设计	1. 园林树木的选择与配置； 2. 花卉在园林绿化中的应用； 3. 水生植物栽植设计	重点： 1. 园林树木的选择与配置原则、配置形式； 2. 花卉在园林绿化中的应用； 3. 水生植物栽植设计。 难点： 1. 园林树木的选择与配置原则、配置形式； 2. 花卉在园林绿化中的应用； 3. 水生植物栽植设计	学生以小组形式组成团队，各学习单元采用任务驱动方式，根据具体教学内容采用案例教学法、项目教学法	4
教学资源准备： 1. 多媒体教室； 2. 教学课件					

模块 3：园林植物的分类

教学内容	教学要求			教学形式	建议学时
	知识点	技能点	重难点		
第 1 讲　植物的分类与命名 1. 植物分类 2. 植物命名 第 2 讲　园林植物的分类依据及分类检索表 1. 植物的分类检索表的类别 2. 植物的分类检索表的使用 3. 植物的分类检索表的使用的注意事项 第 3 讲　常见园林植物所示类群主要特征 1. 蕨类、种子植物门的主要特征 2. 常见园林植物类群的主要特征与园林用途	1. 植物分类； 2. 植物命名； 3. 植物的分类检索表的类别； 4. 植物的分类检索表的使用； 5. 蕨类、种子植物门的主要特征； 6. 常见园林植物类群的主要特征与园林用途	1. 植物分类与命名； 2. 植物的分类检索表的使用； 3. 蕨类、种子植物门的主要特征； 4. 常见园林植物类群的主要特征与园林用途	重点： 1. 植物分类与命名； 2. 植物的分类检索表的使用； 3. 蕨类、种子植物门的主要特征。 难点： 1. 植物的分类检索表的使用； 2. 蕨类、种子植物门的主要特征； 3. 常见园林植物类群的主要特征与园林用途	学生以小组形式组成团队，各学习单元采用任务驱动方式，根据具体教学内容采用案例教学法、项目教学法	4
教学资源准备： 1. 多媒体教室； 2. 教学课件					

模块4：木本园林植物

教学内容	教学要求			教学形式	建议学时
	知识点	技能点	重难点		
第1讲 针叶树类（落叶类） 1. 针叶树概念 2. 常见落叶类木本针叶树的识别 3. 常见落叶类木本针叶树的园林用途 第2讲 针叶树类（常绿类） 1. 常见常绿类木本针叶树的识别 2. 常见常绿类木本针叶树的园林用途 第3讲 阔叶类（落叶类） 1. 常见落叶类木本阔叶类树的识别 2. 常见落叶类木本阔叶类树的园林用途 第4讲 阔叶类（常绿类） 1. 常见常绿类木本阔叶树的识别 2. 常见常绿类木本阔叶树的园林用途 第5讲 阔叶类灌木（落叶类） 1. 常见落叶类木本灌木的识别 2. 常见落叶类木本灌木的园林用途 第6讲 阔叶树灌木（常绿类） 1. 常见常绿类木本阔叶灌木的识别 2. 常见常绿类木本阔叶灌木的园林用途。 第7讲 藤本植物 1. 常见藤本植物的识别要点 2. 常见藤本植物的园林用途 第8讲 竹类植物 1. 竹类植物的特征 2. 常见竹类植物的识别 3. 常见竹类植物的园林用途	1. 针叶树概念； 2. 常见常绿类木本针叶树的识别； 3. 常见落叶类木本阔叶类树的识别与园林用途； 4. 常见常绿类木本阔叶树的识别与园林用途； 5. 常见落叶类木本灌木的识别与园林用途； 6. 常见常绿类木本阔叶灌木的识别与园林用途； 7. 常见藤本植物的识别要点； 8. 常见藤本植物的园林用途； 9. 竹类植物的特征； 10.常见竹类植物的识别与园林用途	1. 常见常绿类木本针叶树的识别； 2. 常见落叶类木本阔叶类树的识别； 3. 常见常绿类木本阔叶树的识别； 4. 常见落叶类木本灌木的识别； 5. 常见常绿类木本阔叶灌木的识别； 6. 常见藤本植物的识别与园林用途； 7. 常见竹类植物的识别	重点： 1. 常见常绿类木本针叶树的识别； 2. 常见落叶类木本阔叶类树的识别； 3. 常见常绿类木本阔叶树的识别； 4. 常见落叶类木本灌木的识别； 5. 常见常绿类木本阔叶灌木的识别； 6. 常见藤本植物的识别与园林用途； 7. 常见竹类植物的识别。 难点：园林植物的识别与园林用途	学生以小组形式组成团队，各学习单元采用任务驱动方式，根据具体教学内容采用案例教学法、项目教学法	8
教学资源准备： 1. 多媒体教室； 2. 教学课件					

模块5：园林花卉

教学内容	教学要求			教学形式	建议学时
	知识点	技能点	重难点		
第1讲 一二年生草本花卉 红廖到第103种鹃泪草等。 第2讲 宿根花卉 地榆到第124种花叶芒等。 第3讲 球根花卉 银莲花到第34种大花美人蕉等。	1. 第1种红廖到第103种鹃泪草的识别与园林用途； 2. 第1种地榆到第124种花叶芒的宿根花卉识别与园林用途； 3. 第1种银莲花到第34种大花美	1. 花卉第1种红廖到103种鹃泪草的识别； 2. 第1种地榆到第124种花叶芒的宿根花卉识别；	重点： 1. 第1种红廖到103种鹃泪草的识别； 2. 第1种地榆到第124种花叶芒的宿根花卉识别； 3. 第1种银莲	学生以小组形式组成团队，各学习单元采用任务驱动方式，根据具体教学内容采用案例教学法、项目教学法	2

教学内容	教学要求			教学形式	建议学时
	知识点	技能点	重难点		
	人蕉等的球根花卉识别与园林用途	3. 第 1 种银莲花到第 34 种大花美人蕉等的球根花卉识别	花到第34种大花美人蕉等的球根花卉识别。 难点： 1. 一二年生草本花卉 2. 宿根花卉； 3. 球根花卉		

教学资源准备：
1. 多媒体教室；
2. 教学课件；
3. 校园园林植物与市政景观园林植物

模块6：其他园林植物

教学内容	教学要求			教学形式	建议学时
	知识点	技能点	重难点		
第1讲　水生园林植物 常见水生园林植物：荷花、睡莲、王莲、水葱等23种。 第2讲　蕨类植物 常见蕨类植物：石松、卷柏、翠云草等14种常见蕨类植物。 第3讲　多浆及仙人掌类植物 常见多浆及仙人掌类植物：金琥、仙人球、仙人掌等34种。 第4讲　草坪与地被植物 常见草坪与地被植物：蛇莓、黑麦草、吉祥草等31种	1. 水生园林植物； 2. 石松、卷柏、翠云草等14种常见蕨类植物； 3. 金琥、仙人球、仙人掌等34种多浆及仙人掌类植物； 4. 蛇莓、黑麦草、吉祥草等31种草坪与地被植物	1. 水生园林植物； 2. 石松、卷柏、翠云草等14种常见蕨类植物； 3. 多浆及仙人掌类植物金琥、仙人球、仙人掌等34种； 4. 草坪与地被植物蛇莓、黑麦草、吉祥草等31种草坪与地被植物	重点： 1. 水生园林植物； 2. 常见蕨类植物； 3. 金琥、仙人球、仙人掌等多浆及仙人掌类植物； 4. 蛇莓、黑麦草、吉祥草等31种草坪与地被植物。 难点： 1. 水生园林植物； 2. 常见蕨类植物； 3. 金琥、仙人球、仙人掌等多浆及仙人掌类植物； 4. 蛇莓、黑麦草、吉祥草等31种草坪与地被植物	学生以小组形式组成团队，各学习单元采用任务驱动方式，根据具体教学内容采用案例教学法、项目教学法	2

教学资源准备：
1. 多媒体教室；
2. 教学课

2. 园林植物实践教学部分

1）教学要求和方法

通过园林植物试验应达到的目的和要求：掌握花的基本结构；受到园林植物解剖基本操作技能的训练，获得园林植物绘图、分析试验结果、编写试验报告的初步能力；培养严肃认真、实事求是的科学作风。同时，通过试验还可验证和巩固所学的理论知识，熟悉常用园林植物解剖与识别的主要技术要求。

花、根、茎、叶的解剖试验，应该根据不同生长时期的生物标本进行，其主要过程如下。

（1）选取生物标本。选取标本应根据每种园林植物的生长时期和结构进行。可在学院校园植物里选择，也可以到园艺市场去购买。

（2）确定试验方法。通过试验所观察得到的结果，要与标本的结构特点一致。

（3）进行试验操作。在试验操作过程中，必须正确使用仪器设备，如解剖镜、放大镜等，获得准确、可靠性强的试验结果。在整个试验操作过程中，还应注意观察各种结构绘草图，以便于分析。

（4）分析试验结果。将试验观察到的植物各个结构进行分析，总结出园林植物的识别要点和园林用途。

2）教学内容和要求

实验一　植物花的识别与解剖

[实验目的]

不同的园林植物的花的基本结构是不同的，花是园林植物分类的重要依据，通过实验，让学生学会观察方法，学会使用解剖镜、放大镜的方法。

[技能目标]

（1）能进行园林植物花的观察。

（2）会进行花结构的解剖，会进行生物绘图。

[实验内容]

1. 园林植物花的观察

（1）标本：按照植物类群，根据植物开花情况，选取花材，作为解剖标本。

（2）观察：每小组分别对标本进行仔细解剖、观察，记录花的生长状态、颜色、花各部分数目、排列方式、子房与花被间关系等。

（3）绘草图：一边观察，一边绘花部图。

（4）记录：花瓣的数目、花萼的数目、子房与花被间关系等，都应记录下来。

2. 分析与绘图

（1）分析：将记录的结果，如花瓣的数目、花萼的数目、子房与花被间关系等，与教材理论讲述的内容对照，总结出不同科植物的花的基本结构，从而对植物结构的科特征有更深的认识和理解。

（2）绘草图：将绘的花部草图作为基础，再对照花本身生长状态，结合教材图示相关内容，绘出园林植物花的结构图，并标注各部结构。

（3）完成实验报告：根据（1）、（2）内容，书写实验报告。

实验二　植物叶、茎、根的形态结构特点与解剖

[实验目的]

通过实验认识不同类别植物叶、根、茎的形态结构特点，掌握生物分类依据。

[技能目标]

（1）会解剖花。

（2）能进行叶、根、茎的形态结构的观察。

（3）会进行生物分类。

[实验内容]

（1）标本选取：根据实验要求，到校园植物园区采集实验标本。

（2）实验器材准备选取：解剖镜、解剖针、放大镜、铅笔、实验报告纸等。

① 学习使用解剖镜和放大镜的方法；

② 利用解剖镜、解剖针观察叶脉、根部结构，肉眼观察茎的形态与结构，对于较小的结构，可用放大镜观察。

3. 结果与分析

（1）绘出所观察的不同类别植物叶、根、茎的形态结构图。

（2）标注各部结构名称。

（3）比较所观察实验材料的结构特点，总结出不同种类植物在叶、根、茎上的区别与联系，从而掌握各个种类的特点。

实验三　园林植物的主要类群识别

[实验目的]

掌握园林主要类群的基本结构特点，了解各个类群区别的方法，认识园林植物。

[技能目标]

（1）能使用解剖镜、解剖针、放大镜仪器。

（2）根据观察记录，能进行园林植物的分大类群。

[实验内容]

1. 利用解剖镜观察苔藓植物

2. 利用解剖镜观察地衣植物

3. 利用显微镜观察藻类植物

4. 利用放大镜观察蕨类植物

5. 肉眼观察种子植物

6. 比较各个类群结构特点

实验四　常见校园园林植物的认识

[实验目的]

根据园林植物生长季节特点，选取一定时间，到校园园林植物生长区域现场观察植物，达到认识园林植物的目的。

[技能目标]

（1）能利用植物的花、根、茎、叶或者果实的特点识别植物。

（2）会书写实验报告。

[实验内容]

1. 到校园园林植物生长区域现场观察植物生长状况

（1）花的结构，花部排列方式。

（2）叶的形态、颜色，叶脉的生长方式，叶柄有无等。

（3）茎的形态、大小、结构，尤其树皮有无。

（4）根系的情况，主根、侧根、须根等。

（5）是否有结果，果的种类。

（6）植株生长状态。

2. 撰写野外实验报告

校外实践一　遂宁观音文化园植物认识

[实验目的]

观音文化园植物种类多，园林景观效果好，根据园内植物生长特点，选取课余时间，到观音文化园观察植物，达到认识园林植物的目的。

[技能目标]

（1）能利用植物的花、根、茎、叶或者果实的特点识别植物。

（2）会书写实践报告。

[实验内容]

1. 到观音文化园区现场观察植物生长状况

（1）花的结构，花部排列方式。

（2）叶的形态、颜色、叶脉的生长方式、叶柄有无等。

（3）茎的形态、大小、结构，尤其树皮有无。

（4）根系的情况，主根、侧根、须根等。

（5）是否有结果，果的种类。

（6）植株生长状态。

2. 撰写野外实验报告

校外实践二　遂宁湿地公园植物认识

[实验目的]

遂宁湿地公园是遂宁重要的科普学习基地，尤其是水生植物种类较多，通过到现场观察和学习，达到识别植物的目的。

[技能目标]

（1）能利用植物的花、根、茎、叶或者果实的特点识别植物。

（2）会书写实践报告。

[实验内容]

1. 到遂宁湿地公园现场观察植物生长状况

（1）花的结构，花部排列方式。

（2）叶的形态、颜色、叶脉的生长方式，叶柄有无等。

（3）茎的形态、大小、结构，尤其树皮有无。

（4）根系的情况，主根、侧根、须根等。

（5）是否有结果，果的种类。

（6）植株生长状态。

2. 撰写野外实验报告

三、考核方式与评价标准

（一）成绩构成

本课程总成绩=理论部分成绩（60%）+校内实践部分成绩（30%）+校外实践总分成绩（10%）。

（1）理论部分成绩=期末理论卷面成绩（70%）+平时成绩（30%），平时成绩=出勤（30%）+作业（30%）+课堂表现（40%）。

（2）校内实践部分成绩=实验平均成绩=各实验得分总和/实验个数。

（3）企业实践部分成绩=校外实践平均成绩=各次校外实践得分总和/实践次数。

（二）考核方式

1. 理论部分

本课程期末理论卷面成绩采用闭卷笔试，期末理论卷面成绩采用百分制，考试时间为 120 分钟，根据学生答卷和统一的评分标准，集中阅卷确定；理论部分平时成绩由各科任教师按学生的出勤、作业以及课堂表现，做好记录，按 30%、30%、40%的比例综合评定。

2. 校内实践部分

本课程校内实践部分采用实操形式，以一个实验为单位(百分制)，按出勤及纪律情况（10%）、认真态度（10%）、操作能力（30%）、试验报告中绘图效果和结果判定（50%）等进行评分，依据相关考试指标，给出每个实验的分值，算出学期各个实验的平均分，作为校内实践部分成绩。

3. 企业实践部分

本课程校外实践部分采用现场教学形式，以一次实践为单位（百分制），按出勤、纪律情况、表现态度由实践课教师综合评定，算出校外各次实践平均分，作为企业实践部分成绩。

（三）考核指标体系

1. 考核内容及分值分配

成绩构成	考核内容	分值
理论教学部分 （总分值100分）	模块1：绪论——园林植物课程概述	4
	模块2：园林植物的应用	20
	模块3：园林植物的分类	14
	模块4：木本园林植物	30
	模块5：园林花卉	20
	模块6：其他园林植物	12
校内实践教学部分 （总分值100分）	实验一 植物花的识别与解剖	20
	实验二 植物叶、茎、根的形态结构特点与解剖	20
	实验三 园林植物的主要类群识别	20
	实验四 常见校园园林植物的认识	40
企业实践教学部分 （总分值100分）	实践一 遂宁观音文化园植物认识	50
	实践二 遂宁湿地公园植物认识	50

2. 实践过程考核标准体系

（1）出勤及纪律情况考核。

出勤、纪律 情况考核	遵守课堂纪律，不迟到，不早退，听从教师指导	遵守课堂纪律，有迟到或早退现象，能听从教师指导	课堂纪律较差，有迟到或早退现象，能听从老师指导	课堂纪律差，旷课或不听老师指导
得分（总分10分）	8～10分	6～7分	4～5分	0～3分

（2）认真态度考核。

认真态度	实验目的明确，课前预习充分，实验卫生好	实验目的较明确，课前有预习，实验卫生较好	实验目的较明确，课前预习不充分，实验卫生一般	实验目的不明确，课前未预习充分，实验卫生差
得分（总分10分）	8～10分	6～7分	4～5分	0～3分

（3）实验操作考核。

实验操作	在规定的时间内正确使用仪器，独立操作，方法、步骤正确，符合实验操作规定	基本上在规定时间内正确使用仪器，基本能独立操作，基本符合实验操作规程	在老师指导下能正确使用仪器，基本能完成实验，但时间较长	在老师指导下不能勉强独立操作，不能在规定时间内完成实验
得分（总分30分）	25～30分	15～24分	10～14分	0～9分

（4）实验报告中处理实验数据能力考核。

实验报告图示结构准确，图美观	实验报告书写清晰、工整、完成及时，图示结构准确，生物绘图较为美观	实验报告书写清晰、工整、完成及时，图示结构较准确，生物绘图较为美观	实验报告书写清晰、工整、完成及时，图示结构有误，生物绘图效果一般	实验报告书写清晰、工整、完成及时，图示结构错误较多，生物绘图效果较差
得分（总分50分）	45～50分	35～44分	20～34分	0～19分

四、教材选用建议

1. 选用教材

方彦. 园林植物. 北京：高等教育出版社，2013.

2. 参考教材

（1）庄雪影. 园林树木学（华南本）（第2版）. 广州：华南理工大学出版社，2006.

（2）陈植. 观赏植物学. 北京：中国林业出版社，1984.

（3）苏雪痕. 植物造景. 北京：中国林业出版社，2000.

（4）中国植物志编委会. 中国植物志. 北京：科学出版社，1959—1997.

（5）中国科学院植物研究所. 中国高等植物图鉴（1～5册）. 北京：科学出版社，1972—1985.

3. 学习网站

（1）中国风景园林网 http：//www. chla. com. cn/。

（2）土木景观网 http：//www. turenscape. com/homepage. asp。

（3）中国景观在线 http：//www. scapeonline. com/index2. htm。

（4）景观设计网 http：//www. landdesign. com/。

5 "插花与花艺设计"课程标准

适用专业：园林工程技术专业

学　　分：2.0

学　　时：32 学时（理论 16，实践 16）

一、课程总则

1. 课程性质与任务

本课程是高职高专园林工程技术专业的必修专业拓展课，培养学生插花与花艺设计能力，直接为专业学生考取中级插花员和中级花卉工服务。本课程主要讲授插花艺术的基本原理及造型技法，主要内容包括插花艺术的定义与范畴，花卉装饰的意义、方式、规律，插花艺术的特点及效果，插花的艺术流派及其风格特点，插花的原理、基本造型，花材和花器的选择，花材的整理加工和保养、造型技法，东方插花艺术的表现方法与要求，西方插花艺术的技法与要求，现代插花艺术及插花艺术作品的鉴赏及评判以及前卫另类插花等，仿真花的插作等，并辅以动手实践，使学生能掌握插花艺术的基本原理以及初步具备插花艺术造型的技能。

2. 课程目标

通过本课程系统的学习，培养学生具有扎实的插花与花艺设计的基本理论知识，能熟练插作东西方各种基本花型，能熟练设计并插作各类礼仪插花、装饰插花，并培养学生具有自我发展、创作高水平创意插花的能力。同时注重培养学生具有自我发展、创作高水平创意插花的能力。同时注重培养学生良好的职业素质，为学生毕业后在插花与花艺设计岗位顶岗工作，能在实际工作中不断提高插花与花艺设计水平打下坚实的基础。

（1）知识目标。

① 掌握插花造型的基本知识；

② 掌握花艺作品制作方法的知识；

③ 掌握插花艺术作品的鉴赏的知识。

（2）能力目标。

① 能熟练使用插花工具；

② 会东方传统插花基本花型制作；

③ 会西方传统插花基本花型制作；

④ 会现代插花基本花型制作；

⑤ 能对插花艺术作品进行鉴赏。

（3）素质目标。

① 具有良好的计划组织和团队协助能力；

② 具有较强的责任感和严谨的工作作风；

③ 有良好的行业规范和职业道德；

④ 具有良好的心理素质和克服困难的能力。

3. 学时分配

构 成	教学内容	学时分配	小计/分
理论教学部分	模块1：插花造型的基本知识	2	16
	模块2：东方传统插花艺术	4	
	模块3：西方传统插花艺术	4	
	模块4：现代插花艺术	4	
	模块5：插花艺术作品的鉴赏与评比	2	
校内实践教学部分	实践1：插花材料的调查、识别及选择	1	12
	实践2：插花材料的修剪、造型与固定	1	
	实践3：东方式瓶插制作	1	
	实践4：东方式盆插制作	2	
	实践5：西方式单面观插花制作	1	
	实践6：西方式四面观插花制作	2	
	实践7：丝带花和胸花的制作	1	
	实践8：礼仪花束的插作	1	
	实践9：学生自由创作	2	
企业实践部分	实践1：花卉市场见习	2	4
	实践2：花店见习	2	
合　计			32

二、教学内容与要求

1. 建筑材料理论教学部分

模块1：插花造型的基本知识

教学内容	教学要求			教学形式	建议学时
	知识点	技能点	重难点		
第1讲　插花艺术概述 1. 插花的概念与分类 （1）插花艺术的定义与范畴。 （2）插花艺术的特点与作用。 （3）插花艺术的类别。 2. 插花艺术基本知识 （1）插花器具。 （2）花材的基本知识。 3. 插花造型的基本理论 （1）造型的基本要素。 （2）造型的基本原理。 4. 插花艺术发简史 （1）插花艺术的起源。 （2）中国插花艺术发展简史。	1. 插花的概念与分类； 2. 花材与花器； 3. 花材的处理技巧； 4. 插花造型的基本理论； 5 插花艺术发简史； 6. 插花创作的步骤	1. 插花的概念与分类； 2. 花材与花器； 3. 花材的处理技巧； 4. 插花造型的基本理论； 5 插花艺术发简史； 6. 插花创作的步骤	重点： 1. 花材的处理技巧； 2. 插花创作的步骤。 难点： 1. 花材的处理技巧； 2. 插花创作的步骤	学生以小组形式组成团队，各学习单元采用任务驱动方式，根据具体教学内容采用案例教学法、项目教学法	2

| （3）日本插花艺术发展简史。
（4）西方插花艺术发展简史。
（5）插花艺术现状。
第2讲　插花技能
1. 花材的处理技巧
2. 插花的基本技能
3. 学习插花的方法与步骤 | | | | | |
| 教学资源准备：
1. 多媒体教室；
2. 教学课件 | | | | | |

模块2：东方传统插花艺术

教学内容	教学要求			教学形式	建议学时
	知识点	技能点	重难点		
1. 东方传统插花艺术的特点与风格 2. 东方传统插花艺术的创作理念与法则 3. 写景式插花的表现技法 4. 东方式传统插花的基本花型 5. 中国古典插花的花型及意念 6. 日本传统插花的主要花型及表现技法 7. 东方式传统插花的基本花型插作示例 8. 东方式插花实践	1. 东方式传统插花的基本花型插作； 2. 中国古典插花的花型及意念； 3. 日本传统插花的主要花型及表现技法； 4 东方式传统插花的基本花型插作	1. 东方式传统插花的基本花型插作； 2. 中国古典插花的花型及意念； 3. 日本传统插花的主要花型及表现技法； 4 东方式传统插花的基本花型插作	重点： 1. 东方插花艺术发展简史、风格与特点、掌握七个基本花型的插作方法； 2. 东方式插花制作要领。 难点： 1. 掌握七个基本花型的插作方法； 2. 东方式插花制作要领	学生以小组形式组成团队，各学习单元采用任务驱动方式，根据具体教学内容采用案例教学法、项目教学法	4
教学资源准备： 1. 多媒体教室； 2. 教学课件					

模块3：西方传统插花艺术

教学内容	教学要求			教学形式	建议学时
	知识点	技能点	重难点		
1. 西方传统插花艺术的风格和特点 2. 西方传统插花艺术造型设计要求 3. 插花对花材的要求、对花器和花枝长度的要求、对花型的要求、对色彩的要求 4. 西方式基本花型	1. 西方传统插花艺术的风格和特点； 2. 西方传统插花艺术造型设计要求； 3. 西方式基本花型	1. 西方传统插花艺术造型设计要求； 2. 西方式基本花型； 3. 西方式插花基本花型制作	重点： 1. 西方式基本花型； 2. 西方式插花基本花型制作。 难点： 1. 西方式基本花型； 2. 西方式插花基本花型制作	学生以小组形式组成团队，各学习单元采用任务驱动方式，根据具体教学内容采用案例教学法、项目教学法	4
教学资源准备： 1. 多媒体教室 2. 教学课件					

模块 4：现代插花艺术

教学内容	教学要求			教学形式	建议学时
	知识点	技能点	重难点		
1. 现代插花艺术的特点 2. 现代插花艺术的设计技巧 3. 东西式结合的现代插花风格 4. 自由造型的现代插花风格 5. 各式花篮插花的制作及特点 6. 小品花、微型花、敷花、浮花、壁挂花等各类自由式插花、手扎花束（单面花束、四面花束、有骨架的花束）与包装、人体花饰（新娘捧花、头花、胸花、肩花、腕花）的特点及制作方法 7. 丝带花（双波浪结、绣球结、法国结、8字结、花球结法）等的制作 8. 花车的制作、人造花与干花的插制。	1. 现代插花艺术的设计技巧； 2. 各式现代插花的制作及特点	1. 现代插花艺术的设计技巧； 2. 各式现代插花的制作	重点：各式现代插花的制作及特点。 难点：各式现代插花的制作及特点	学生以小组形式组成团队，各学习单元采用任务驱动方式，根据具体教学内容采用案例教学法、项目教学法	4
教学资源准备： 1. 多媒体教室； 2. 教学课件					

模块 5：插花艺术作品的鉴赏与评比

教学内容	教学要求			教学形式	建议学时
	知识点	技能点	重难点		
第 1 讲　插花艺术作品的鉴赏与评比 1. 插花艺术作品的鉴赏 2. 插花花艺比赛的项目 3. 插花作品的评比条件	1. 插花艺术作品的鉴赏； 2. 插花花艺比赛的项目； 3. 插花作品的评比条件	插花艺术作品的鉴赏	重点：插花艺术作品的鉴赏。 难点：插花艺术作品的鉴赏	学生以小组形式组成团队，各学习单元采用任务驱动方式，根据具体教学内容采用案例教学法、项目教学法	2
教学资源准备： 1. 多媒体教室； 2. 教学课件； 3. 坍落度测定仪、混凝土标准试模以及普通混凝土组成材料					

2. 建筑材料实践教学部分

1）教学要求和方法

通过插花实践应达到的目的和要求：使学生在有一定的理性认识基础上，进行感性教学，使课程知识真正成为学生所掌握的一门学科技术，运用于实际生活中。通过实践教学，要求学生能进行东方式插花、西方式插花、现代自由式插花、其他插花装饰品的制作。

2）教学内容和要求

实践一：插花材料的调查、识别及选择

[实践目的]

掌握插花材料的识别、选择要求、修剪技巧，为正确插作艺术插花作品打下基础。

[技能目标]

（1）能对各种插花材料进行识别和正确选择。

（2）会对各种花材进行修剪。

[实践内容]

1. 实践用具或材料

（1）材料：没有剥过的月季花、未开的康乃馨、非洲菊、百合、唐菖蒲、棕榈叶（或其他叶材）、银芽柳等常用鲜切花材料。

（2）工具：剪刀、刀。

2. 实践步骤及方法

（1）花材种类及品种的识别。

记录不同种及同种不同品种鲜切花的形态特征,填写种名或品种名称并描写鲜切花花茎的形状、质地、有无附属物等，叶的形状、着生方式、质地等花的形状、色彩、大小等。通过这些特征的描写、记录，掌握常用鲜切花的主要识别特征，如表 5-1 所示。

表 5-1　花材各类及品种的识别

品种名称	茎	叶	花

（2）人造花的种类及识别。

记录不同种人造花的地质、色泽及形状、大小，通过这些特征的描写、记录，掌握常用人造花的主要识别特征，如表 5-2 所示。

表 5-2　人造花的种类及识别

品种名称	质　地	花　色

（3）花材新鲜程度识别。

为了使插花作品有较长的观赏期，选择新鲜的花材来进行插花是很重要的。选择时应注意以下几点。

① 看切口，切口新鲜、无变色、无异味和不发黏；

② 看花的枝茎，新鲜的花茎挺拔有力，用手捏有弹性感；

③ 看叶片，叶色翠绿为好；

④ 看花朵，如唐菖蒲、金鱼草以下部刚开 3/5、中间部分开放 1/2、上部的待开为好，月季以整朵花开放 1/3 为好。

记录不同种及同种不同品种鲜切花的形态特征并评价其新鲜程度。掌握评价鲜切花新鲜程度的方法，如表 5-3 所示。

表 5-3　花材新鲜程度评价

花材名称	花茎	叶片	花朵	剪切状况	评价

3．思考题

（1）记录花材品种的识别、人造花的识别和花材新鲜度的识别。

（2）写出 3 家以上调查的花店名称。

实践二　插花材料的修剪、造型与固定

[实践目的]

掌握插花材料的修剪、造型、固定技巧，为正确插作艺术作品打下基础。

[技能目标]

（1）会用刀或剪刀对鲜切花整形修剪。

（2）能进行枝条的弯曲造型及花头的造型。

（3）会进行叶片的弯曲造型及花泥固定

[实践内容]

1．实践用具或材料

（1）材料：月季花、康乃馨、非洲菊、松枝、常春藤叶、巴西木叶、睡莲等。

（2）用具：剪刀、绿铁丝、绿胶带、订书机、回形针。

2．基本内容

（1）整形修剪。掌握用刀或剪刀对鲜切花整形修剪的基本要领。

① 对未开放的月季、康乃馨进行处理，使其开放；

② 用刀对草本花卉、较细的木本花材削截；

③ 对没有修整的月季进行修剪整形（除去棘刺、过多的叶片、花部修饰）；

④ 对没有经过修剪的棕榈叶（或其他叶材）进行修剪造型。

（2）枝条的弯曲造型技法。松枝的弯曲造型、睡莲的弯曲造型。

（3）茎枝的其他造型技法。

① 用缠绕铁丝法延长月季花花枝的长度；

② 用插入茎干法把康乃馨的茎插入马蹄莲茎段，增粗或延长康乃馨的花枝。

（4）花头的造型。

① 用竖插法固定非洲菊的花头；

② 用缠绕法固定康乃馨的花头。

（5）叶片的弯曲造型。

① 卷叶法；

② 圈叶法；

③ 修叶变形法；

④ 支撑定形法；

⑤ 叶片拉丝法；

⑥ 枝叶打结法。

（6）花泥的固定。

花泥大小和形状的确定及花泥的吸水，学习在花泥上插放睡莲、康乃馨等花材。

3．思考题

对实践全操作过程进行分析、比较和总结。

实践三　东方式瓶插制作

[实践目的]

掌握东方插花的要点，使学生理解东方式瓶花的构思要求，了解东方式瓶插的基本创作过程，掌握制作技巧、花材处理技巧、花材固定技巧。在老师的指导下完成一件东方式瓶插作品。

[技能目标]

（1）会东方式瓶插的制作技巧。

（2）会东方式瓶插的花材处理技巧。

（3）会东方式瓶插的花材固定技巧。

[实践内容]

1．实践用具或材料

（1）容器材料：瓶器。

（2）花材：创作所需的时令花材，包括线条花（如银柳、唐菖蒲及其他木本枝条）、焦点花（如百合、月季、非洲菊等）、补充花（如小菊、情人草、勿忘我等散状花）、叶材（如肾蕨、龟背竹等）。

（3）其他用具：铁丝、绿胶布、剪刀、花泥。

2．操作方法

（1）教师示范。

步骤一：运用固定技巧制作瓶口固定架；

步骤二：按顺序插线条花、焦点花、补充花、叶材等花材；

步骤三：整理、加水等。

（2）学生模仿：按操作顺序进行插作。

3．评分标准

序号	评分标准	分值	备注
1	立意准确，构思合理，具有意境美	20	
2	花材选择合理	15	
3	色彩配置合理	10	
4	花器选择正确	10	
5	花材修剪合理，方法正确，技术熟练	10	
6	花材造型处理准确，熟练，不露痕迹	10	
7	花材固定位置准确，方法正确，技术熟练	10	
8	命名贴切，符合主题	10	
9	现场清理干净，用具摆放整齐	5	
总计		100	

4. 思考题

对东方式瓶花插花全过程进行分析、比较和总结。

实践四　东方式盆插制作

[实践目的]

掌握东方式插花的要点，使学生理解东方式盆花的构思要求，了解东方式盆插的基本创作过程，掌握制作技巧、花材处理技巧、花材固定技巧。在老师的指导下完成一件东方式盆插作品。

[技能目标]

（1）会东方式盆插的制作技巧。

（2）会东方式盆插的花材处理技巧。

（3）会东方式盆插的花材固定技巧。

[实践内容]

1. 实践用具或材料

（1）容器材料：浅盆花器。

（2）花材：创作所需的时令花材，包括线条花（如银柳、唐菖蒲及其他木本枝条）、焦点花（如百合、月季、非洲菊等）、补充花（如小菊、情人草、勿忘我等散状花）、叶材（如肾蕨、龟背竹等）。

（3）其他用具：铁丝、绿胶布、剪刀、花泥。

2. 操作方法

（1）教师示范。

步骤一：运用固定技巧制作固定材料；

步骤二：按顺序插线条花、焦点花、补充花、叶材等花材；

步骤三：整理、加水等。

（2）学生模仿：按操作顺序进行插作。

3. 评分标准

序号	评分标准	分值	备注
1	立意准确，构思合理，具有意境美	20	
2	花材选择合理	15	
3	色彩配置合理	10	
4	花器选择正确	10	
5	花材修剪合理，方法正确，技术熟练	10	
6	花材造型处理准确，熟练，不露痕迹	10	
7	花材固定位置准确，方法正确，技术熟练	10	
8	命名贴切，符合主题	10	
9	现场清理干净，用具摆放整齐	5	
总计		100	

4. 思考题

对东方式盆花插作全过程进行分析、比较和总结。

实践五　西方式单面观插花制作

[实践目的]

为了更好地掌握西方式插花的要点，通过西方式单面观插花的实践，使学生理解西方式插花的构思要求，了解西方式单面观插花的基本创作过程，掌握制作技巧、花材处理技巧、花材固定技巧。在老师的指导下完成一件西方式单面观插花作品。

[技能目标]

（1）会西方式单面观插花的制作技巧。

（2）会西方式单面观插花的花材处理技巧。

（3）会西方式单面观插花的花材固定技巧。

[实践内容]

1. 实践用具或材料

（1）容器材料：塑料高脚花器。

（2）花材：创作所需的时令花材，包括（线条花，如银柳、唐菖蒲及其他木本枝条）、焦点花（如百合、月季、菊花、非洲菊等）、补充花（如小菊、情人草、康乃馨、勿忘我等散状花）、叶材（如肾蕨、龟背竹、黄瑛等）。

（3）其他用具：铁丝、绿胶布、剪刀、花泥、订书机。

2. 操作方法

（1）教师示范。

步骤一：将花泥固定在花器中；

步骤二：利用线条花插成单面观插花作品的框架，然后按顺序插入焦点花、补充花、叶材等花材；

步骤三：整理、加水等。

（2）学生模仿：按操作顺序进行插作。

3. 评分标准

序号	评分标准	分值	备注
1	构思合理，新颖	15	
2	花材选择合理	15	
3	色彩配置合理	10	
4	花器选择正确	10	
5	花材修剪合理，方法正确，技术熟练	15	
6	花材造型处理准确，熟练，不露痕迹	15	
7	花材固定位置准确，方法正确，技术熟练	15	
8	现场清理干净，用具摆放整齐	5	
总计		100	

4. 思考题

对西方式单面观插花全过程进行分析、比较和总结。

实践六　西方式四面观插花制作

[实践目的]

为了更好地掌握西方式插花的要点，通过西方式四面观插花的实践，使学生理解西方式插花的构思要求，了解西方式四面观插花的基本创作过程，掌握制作技巧、花材处理技巧、花材固定技巧。在老师的指导下完成一件西方式四面观插花作品。

[技能目标]

（1）会西方式四面观插花的制作技巧。

（2）会西方式四面观插花的花材处理技巧。

（3）会西方式四面观插花的花材固定技巧。

[实践内容]

1. 实践用具或材料

（1）容器材料：塑料盆。

（2）花材：创作所需的时令花材，包括线条花（如银柳、唐菖蒲及其他木本枝条）、焦点花（如百合、月季、菊花、非洲菊等）、补充花（如小菊、情人草、康乃馨、勿忘我等散状花）、叶材（如肾蕨、龟背竹等）。

2. 操作方法

（1）教师示范。

步骤一：将花泥固定在花器中；

步骤二：利用线条花插成四面观造型的框架，然后按顺序插入焦点花、补充花、叶材等花材；

步骤三：整理、加水等 。

（2）学生模仿：按操作顺序进行插作。

3. 评分标准

序号	评分标准	分值	备注
1	构思合理，新颖	15	
2	花材选择合理	15	
3	色彩配置合理	10	
4	花器选择正确	10	
5	花材修剪合理，方法正确，技术熟练	15	
6	花材造型处理准确，熟练，不露痕迹	15	
7	花材固定位置准确，方法正确，技术熟练	15	
8	现场清理干净，用具摆放整齐	5	
总计		100	

4. 思考题

对西方式四面观插花全过程进行分析、比较和总结。

实践七　丝带花和胸花的制作

[实践目的]

掌握丝带花和胸花的制作要点。丝带花是现代礼仪插花中不可缺少的装饰部分，胸花也是现代礼仪插花的一个部分。了解丝带花和胸花的基本制作过程，掌握丝带花和胸花的制作技巧。在老师的指导下完成两种丝带花的制作过程和一件胸花作品。

[技能目标]

（1）能进行丝带花制作。

（2）能进行胸花制作。

[实践内容]

1. 实践用具或材料

（1）丝带。

（2）花材：百合、月季花、非洲菊、康乃馨、小菊、情人草、满天星、肾蕨等。

（3）辅助材料：绿铁丝、绿胶布。

（4）插花工具：剪刀。

2. 操作方法

（1）教师示范。

① 球形丝带花的制作；

② 单面"8"字形丝带花的制作；

③ 胸花的制作；

（2）学生模仿。

① 按老师示范的制作过程制作两种不同的丝带花；

② 按老师示范的制作过程制作胸花。

3. 评价标准

（1）构思要求：独特有创意。

（2）色彩要求：新颖而赏心悦目。

（3）造型要求：符合胸花的造型要求。

（4）固定要求：整体作品及花材固定均要求牢固。

（5）包扎要求：花柄不外露，用胶布包扎整齐。

（6）佩带要求：佩带时服帖。

4. 思考题

对两种丝带花和一种胸花制作全操作过程进行分析、比较和总结。

实践八　礼仪花束的插作

[实践目的]

掌握礼仪花束插作的要点，使学生理解礼仪花束的构图要求，了解礼仪花束的基本创作过程，掌握礼仪花束的制作技巧、花材处理技巧、花材固定技巧及花束包装技巧。在老师的指导下完成一件礼仪花束作品。

[技能目标]

（1）会礼仪花束的制作。

（2）会礼仪花束的花材处理。

（3）能对礼仪花束的花材进行固定及对花束进行包装。

[实践内容]

1. 实践用具或材料

（1）花材：创作所需的时令花材，包括线条花（如鸢尾、菖蒲等）、焦点花（如百合、菊花、月季、非洲菊等团状花）、补充花（如小菊、情人草、满天星等散状花）、叶材（如龟背竹、肾蕨、黄瑛等）。

（2）固定材料：花泥。

（3）辅助材料：包装纸若干张、铁丝、胶布、丝带等。

（4）插花工具：剪刀等。

2. 操作方法

（1）教师师范。

步骤一：利用线条花在手中扎成高低错落的造型，然后按顺序循环插入手中焦点花、补充花、叶材等花材；

步骤二：将包装纸根据造型包在花束的外面扎紧；

步骤三：制作一个丝带花扎在花束握手处的上方；

步骤四：整理、加水等。

（2）学生模仿：按操作顺序进行制作。

3. 评价标准

（1）花材的放置要层次分明，各花材之间不能松散不一，要均匀整齐。

（2）花束绑扎位置合理，松紧适度。

（3）花材整体感强，色彩安排合理。

4. 思考题

对礼仪花束全制作过程进行分析、比较和总结。

实践九　学生自由创作

[实践目的]

学生结合本学期所学课程，自行创作一个作品，通过本次实践，能系统掌握本课程的内容。

[技能目标]

能进行插花作品的自由创作。

[实践内容]

1. 实践用具或材料

（1）容器材料：花器。

（2）花材：创作所需的时令花材，包括线条花（如银柳、唐菖蒲及其他木本枝条）、焦点花（如百合、月季、菊花、非洲菊等）、补充花（如小菊、情人草、康乃馨、勿忘我等散状花）、叶材（如肾蕨、龟背竹等）。

（3）其他用具：铁丝、绿胶布、剪刀、花泥、订书机。

2. 操作方法

学生自由创作。

3. 评分标准

项目	评分标准	分值	备注
色彩配置	整体协调	20	
	视觉感染力		
	烘托主题		
	色彩平衡		
技巧与做工	稳定性	25	
	遮盖与整洁		
	花材处理		
	现场清理		
	花材的经济性		

项目	评分标准		分值	备注
造型与设计	焦点		30	
	造型			
	平衡			
	体量与比例			
	组群设计			
	线条与韵律			
创意与主题	独创性		25	
	感染力			
	主题表达			
	花材选择			
	风格			
合　计			100	

4. 思考题

结合所学知识对创作的作品进行分析、比较和总结。

三、考核方式与评价标准

（一）成绩构成

本课程总成绩=理论部分成绩（60%）+校内实践部分成绩（30%）+企业实践总分成绩（10%）。

（1）理论部分成绩=期末理论卷面成绩（70%）+平时成绩（30%），平时成绩=出勤（30%）+作业（30%）+课堂表现（40%）。

（2）校内实践部分成绩=实践平均成绩=各实践得分总和/实践个数。

（3）企业实践部分成绩=企业实践平均成绩=各次企业实践得分总和/实践次数。

（二）考核方式

1. 理论部分

本课程期末理论卷面成绩采用闭卷笔试，期末理论卷面成绩采用百分制，考试时间为120分钟，根据学生答卷和统一的评分标准，集中阅卷确定；理论部分平时成绩由各科任教师按学生的出勤、作业以及课堂表现，做好记录，按30%、30%、40%的比例综合评定。

2. 校内实践部分

本课程校内实践部分采用实操形式，以一个实践为单位（百分制），按出勤及纪律情况（10%）、认真态度（10%）、操作能力（30%），实践报告中处理实践数据的准确度和结果判定（50%）等进行评分，依据相关考试指标，给出每个实践的分值，算出学期各个实践的平均分，作为校内实践部分成绩。

3. 企业实践部分

本课程企业实践部分采用观摩形式，以一次实践为单位（百分制），按出勤、纪律情况、表现态度由实践课教师综合评定，算出学期企业实践平均分，作为企业实践部分成绩。

（三）考核指标体系

1. 考核内容及分值分配

成绩构成	考核内容	分值
理论教学部分 （总分值100分）	模块1：插花造型的基本知识	10
	模块2：东方传统插花艺术	10
	模块3：西方传统插花艺术	10
	模块4：现代插花艺术	10
	模块5：插花艺术作品的鉴赏与评比	10
校内实践教学部分 （总分值100分）	实践1：插花材料的调查、识别及选择	10
	实践2：插花材料的修剪、造型与固定	10
	实践3：东方式瓶插制作	10
	实践4：东方式盆插制作	10
	实践5：西方式单面观插花制作	10
	实践6：西方式四面观插花制作	10
	实践7：丝带花和胸花的制作	10
	实践8：礼仪花束的插作	10
	实践9：学生自由创作	20
企业实践教学部分 （总分值100分）	实践1：花卉市场见习	50
	实践2：花店见习	50

2. 实践过程考核标准体系

（1）出勤及纪律情况考核。

出勤、纪律情况考核	遵守课堂纪律，不迟到，不早退，听从教师指导	遵守课堂纪律，有迟到或早退现象，能听从教师指导	课堂纪律较差，有迟到或早退现象，能听从老师指导	课堂纪律差，旷课或不听老师指导
得分 （总分10分）	8~10分	6~7分	4~5分	0~3分

（2）认真态度考核。

认真态度	实践目的明确，课前预习充分，实践卫生好	实践目的较明确，课前有预习，实践卫生较好	实践目的较明确，课前预习不充分，实践卫生一般	实践目的不明确，课前未预习充分，实践卫生差
得分（总分10分）	8~10分	6~7分	4~5分	0~3分

（3）实践操作考核。

实践操作	在规定的时间内正确使用插花工具，独立制作插花作品，方法、步骤正确，符合实践操作规定	基本上在规定时间内正确使用插花工具，基本能独立制作插花作品、基本符合实践操作规程	在老师指导下能正确插花工具，基本能完成插花作品，但时间较长	在老师指导下不能勉强独立操作，不能在规定时间内完成实践
得分（总分30分）	25~30分	15~24分	10~14分	0~9分

（4）实践报告中处理实践数据考核。

实践报告中处理实践数据	实践报告书写清晰、工整、完成及时，实践数据准确，数据分析和判定合理正确	实践报告书写较清晰、较工整、完成及时，实践数据较准确，数据分析和判定合理正确	实践报告书写较清晰、较工整、基本能按时完成，实践数据有误差，数据分析合理，能作出技术判定	基本能完成实践报告，欠工整，实践数据误差大或有错误，不能进行数据分析和技术判定
得分（总分50分）	45～50分	35～44分	20～34分	0～19分

四、教材选用建议

1. 选用教材

（1）黎佩霞. 插花艺术基础. 北京：中国农业出版社，2012.

2. 参考教材

（1）刘惠芳. 花之韵 —— 东方插花与电脑创意. 北京：中国建筑工业出版社，2003.

（2）王莲英. 插花员（高级技师）. 北京：中国劳动社会保障出版社，2005.

（3）中田虹葩. 日式插花教程. 海口：南海出版公司，2005.

（4）林庆新. 实用插花秀（干花教程）. 广州：广东经济出版社，2004.

（5）刘飞鸣. 礼仪插花. 南京：江苏科学技术出版社，2002.

3. 参考杂志

（1）《中国花卉园艺》杂志。

（2）《花卉》杂志。

（3）《中国花卉盆景》杂志。

4. 相关网址

（1）陈村花卉世界网 http：//www. flowerworld. com. cn.

（2）中国种苗信息网 http：//www. china-seedling. com.

（3）园艺花卉网 http：//www. yyhh. com.

（4）中国99昆明世界园艺博览会 http：//www. expo99km. gov. cn.

（5）中国花卉信息网 http：//www. agri. gov. cn/flower.

（6）中国风景园林 http：//www. china landscape. com.

（7）http：//www. hebly. gov. cn/hbhh/scjs/jbzs/cb/cb1. htm.

（8）http：//www. bfus. com. cn/product_knowledge. asp.

（9）中国花卉网 http：//www. china-flower. com.

（10）中国园艺网 http：//www. rose-china. com.

6 "园林计算机辅助设计Ⅰ"课程标准

适用专业：园林工程技术专业

学　　分：4.0

学　　时：64学时（理论32学时，实践32学时）

一、课程总则

1. 课程性质与任务

本课程是园林工程技术专业的专业课程，是研究图形画法的课程，是园林类专业的重要专业基础课程，是工程技术人员不可缺少的工具。本课程的学习，可为学生将来从事园林工程的计量、计价、施工、设计等工作打下必要的基础，并能为学生将来继续学习、拓展专业领域提供一定的支持。本课程是一门实践性强的课程，主要侧重于培养学生的实践技能，培养学生自主学习能力和知识拓展能力。

2. 课程目标

通过对本课程的学习，园林工程技术专业学生应具备快速、准确、规范地使用 AutoCAD 软件绘图的能力，培养和锻炼利用计算机绘图软件在园林工程中的应用的能力，提高计算机应用水平，迅速掌握常用计算机绘图应用软件的使用方法和有关操作技巧，为今后的工程计量、计价打下良好的基础。

（1）知识目标。

① 掌握 AutoCAD 软件的界面和绘图环境，了解其发展历程；

② 掌握 AutoCAD 软件的基本绘图命令和基本技巧；

③ 掌握二维编辑命令的使用和基本技巧；

④ 掌握高级绘图命令和编辑技巧；

⑤ 了解三维图形的绘制和编辑；

⑥ 掌握园林工程图的绘制步骤和绘制技巧。

（2）能力目标。

① 培养学生基本绘图命令使用能力，培养学生灵活应用命令的能力；

② 培养学生灵活使用编辑命令的能力，掌握使用技巧；

③ 培养学生灵活应用知识的能力，自主主动获取新的知识的能力；

④ 培养学生独立解决问题的能力，初步具备本科目的拓展能力；

⑤ 培养学生的绘图安全和团队意识。

（3）素质目标。

① 培养学生吃苦耐劳、艰苦奋斗、勇于探索、不断创新的职业精神；

② 培养学生诚恳、虚心、勤奋好学的学习态度和科学严谨、实事求是、爱岗敬业、团结协作的工作作风；

③ 培养学生良好的职业道德、公共道德、健康的心理和乐观的人生态度、遵纪守法和社会责任感；

④ 培养学生树立质量意识、安全意识、标准和规范意识以满足专业岗位的要求；

⑤ 培养学生自主学习和拓展知识的能力。

3．学时分配

构成	教学内容		学时分配	小计
理论教学部分	模块1：园林基础绘图命令的应用		6	32
	模块2：园林建筑平面图的绘制		5	
	模块3：园林平面施工图的绘制		4	
	模块4：园林景观立面施工图的绘制		3	
	模块5：园林景观剖面图的绘制		4	
	模块6：园林施工详图的绘制		3	
	模块7：园林施工说明及图纸目录的编制		2	
	模块8：图形输出		2	
	模块9：天正绘图软件简介		3	
校内实践教学部分	实践1：绘制简单园林平面图样（无标注）		4	26
	实践2：绘制园林平面图		4	
	实践3：绘制园林立面图		4	
	实践4：绘制园林剖面图		4	
	实践5：绘制园林详图		4	
	实践6：编制园林施工说明及图纸目录		2	
	实践7：图纸布局、输出、打印		2	
	实践8：天正建筑软件绘制园林建筑施工图		2	
企业实践部分	实践1：园林企业电脑制图流程见习		2	6
	实践2：园林企业制图常用命令见习		2	
	实践3：园林企业工程出图见习		2	
合　计				64

二、教学内容与要求

1．建筑材料理论教学部分

模块1：园林基础绘图命令的应用

教学内容	教学要求			教学形式	建议学时
	知识点	技能点	重难点		
第1讲　对绘图软件工作环境的认识 1.AutoCAD的历史 （1）经典版本AutoCADR14。 （2）CAD2000版。 （3）CAD2004版（目前版本）。 2.AutoCAD的版本介绍 3.AutoCAD的应用领域 （1）机械。 （2）建筑。	1. 对CAD界面的认识； 2. 直线命令； 3. 矩形命令； 4. 多边形命令； 5. 圆形命令； 6. 椭圆命令； 7. 多段线、样条曲线等命令； 8. 删除、复制、镜像、偏移、阵列等修	1. 能熟悉AutoCAD的基本操作； 2. 能进行文件的管理操作； 3. 能应用直线、矩形等基础绘图命令； 4. 能应用	重点： 1. AutoCAD的基本操作及文件管理； 2. 绘图及修改命令的操作技巧及应用。 难点：绘图及修改命令的操作技巧及应用	学生以小组形式组成团队，各学习单元采用任务驱动方式，根据具体教学内容采用案例教学法、项目教学法	6

教学内容	教学要求			教学形式	建议学时
	知识点	技能点	重难点		
（3）各种工程制图。 4. AutoCAD 的绘图习惯 （1）从手工制图谈起。 （2）电脑绘图的崛起。 （3）传统手工制图和电脑制图的对比，各自特点。 5. 认识 AutoCAD 的绘图界面 　第2讲　园林基础绘图命令之一 1. 直线命令 （1）直线命令的调用方法。 ① 命令行调用； ② 快捷按钮调用； ③ 菜单栏调用。 （2）直线命令操作及技巧。 （3）直线命令运用举例。 2. 矩形命令 （1）矩形命令的调用方法。 ① 命令行调用； ② 快捷按钮调用； ③ 菜单栏调用。 （2）矩形命令操作及技巧。 （3）矩形命令运用举例。 　第3讲　园林基础绘图命令之二 1. 多边形命令 （1）多边形命令的调用方法。 ① 命令行调用； ② 快捷按钮调用； ③ 菜单栏调用。 （2）多边形命令操作及技巧。 （3）多边形命令运用举例。 2. 圆形命令 （1）圆形命令的调用方法。 ① 命令行调用； ② 快捷按钮调用； ③ 菜单栏调用。 （2）圆形命令操作及技巧。 （3）圆形命令运用举例。 　第4讲　园林基础绘图命令之三 1. 椭圆命令 （1）椭圆命令的调用方法。	改命令； 　9. 移动、旋转、缩放、拉伸、拉长等修改命令； 　10. 修剪、延伸、打断等修改命令； 　11. 合并、倒角、圆角、分解等修改命令	删除、倒角、延伸等基础修改命令			

教学内容	教学要求			教学形式	建议学时
	知识点	技能点	重难点		
① 命令行调用； ② 快捷按钮调用； ③ 菜单栏调用。 （2）椭圆命令操作及技巧。 （3）椭圆命令运用举例。 2. 多段线、样条曲线等命令 （1）多段线、样条曲线等基础绘图命令的调用方法。 ① 命令行调用； ② 快捷按钮调用； ③ 菜单栏调用。 （2）多段线、样条曲线等基础绘图命令操作及技巧。 （3）多段线、样条曲线等基础绘图命令运用举例。 　第5讲　园林基础修改命令之一 　1. 删除、复制、镜像、偏移、阵列命令 （1）删除、复制、镜像、偏移、阵列命令的调用方法。 ① 命令行调用； ② 快捷按钮调用； ③ 菜单栏调用。 （2）删除、复制、镜像、偏移、阵列命令操作及技巧。 （3）删除、复制、镜像、偏移、阵列命令运用举例。 　2. 移动、旋转、缩放、拉伸、拉长命令 （1）移动、旋转、缩放、拉伸、拉长命令的调用方法。 ① 命令行调用； ② 快捷按钮调用； ③ 菜单栏调用。 （2）移动、旋转、缩放、拉伸、拉长命令操作及技巧。 （3）移动、旋转、缩放、拉伸、拉长命令运用举例。 　第6讲　园林基础修改命令之二 　1. 修剪、延伸、打断命令 （1）修剪、延伸、打断命令的调用方法。					

教学内容	教学要求			教学形式	建议学时
	知识点	技能点	重难点		
① 命令行调用； ② 快捷按钮调用； ③ 菜单栏调用。 （2）修剪、延伸、打断命令操作及技巧。 （3）修剪、延伸、打断命令运用举例。 2. 合并、倒角、圆角、分解命令 （1）合并、倒角、圆角、分解命令的调用方法。 ① 命令行调用； ② 快捷按钮调用； ③ 菜单栏调用。 （2）合并、倒角、圆角、分解命令操作及技巧。 （3）合并、倒角、圆角、分解命令运用举例					
教学资源准备： 1. 专业绘图机房、AutoCAD 软件； 2. 教学课件、教案					

教学形式主要有：讲授、演示、理实一体、讨论、实践等。

模块 2：园林建筑平面图的绘制

教学内容	教学要求			教学形式	建议学时
	知识点	技能点	重难点		
第 1 讲 绘制一间平房一层平面图（无门窗、无文本、无尺寸） （1）AutoCAD 的简介。 （2）AutoCAD 的基本操作。 （3）AutoCAD 的文件管理。 （4）AutoCAD 的绘图辅助知识。 （5）绘制一层平面图（只有轴线和内外墙线）。 第 2 讲 绘制某住宅楼一层平面图（无文本、无尺寸标注、无家具） （1）绘制一间平房一层平面图。 （2）绘制两间平房一层平面图。	1. 直线命令； 2. 删除命令； 3. 视窗缩放和平移； 4. 工具栏（特性、查询）； 5. 菜单栏（工具（选项-显示）、格式（图形界限））； 6. 状态栏（正交、草图设置）； 7. 上述 AutoCAD 知识； 8. 绘图命令（多线、圆弧）； 9. 修改命令（修剪、移动、复制、镜像、分解、延伸、拉伸、圆角、	1. 能 熟 悉 AutoCAD 的基本操作； 2. 能进行文件的管理操作； 3. 能应用所学绘图及修改命令绘制一间平房的一层平面图； 4. 能应用绘图命令绘制园林建筑平面图； 5. 能应用修改命令修改和编辑图形； 6. 能应用绘	重点： 1. AutoCAD 的基本操作及文件管理； 2. 绘图及修改命令的操作技巧及应用； 3. 园林建筑制图规范知识在 AutoCAD 中的应用； 4. 绘图及修改命令的操作技巧及应用； 5. 园林建筑制图规范知识在 AutoCAD 中	各学习单元采用任务驱动方式，根据具体教学内容采用案例教学法、项目教学法	5

教学内容	教学要求			教学形式	建议学时
	知识点	技能点	重难点		
（3）绘制园林建筑一层平面图。 第3讲 绘制某住宅楼标准层平面图（无文本、无尺寸标注、无家具） （1）绘图前的准备工作（矩形、椭圆、图案填充、偏移命令）。 （2）绘制园林建筑标准层平面图。 第4讲 绘制某住宅楼屋顶平面图（无文本、无尺寸标注） （1）绘图前的准备（多段线、正多边形、缩放、打断命令）。 （2）绘制园林建筑屋顶平面图	倒角、旋转）； 10. 上述 AutoCAD 知识； 11. 绘图命令（矩形、椭圆、图案填充）； 12. 修改命令（偏移命令）； 13. 标准层平面图的绘制步骤； 14. 上述 AutoCAD 知识； 15. 绘图命令（多段线、正多边形命令）； 16. 修改命令（缩放、打断命令）； 17. 标准层平面图的绘制步骤	图及修改命令绘制标准层平面图； 7. 能正确地将园林建筑制图相关规范知识应用到 AutoCAD 制图中； 8. 能应用绘图及修改命令绘制屋顶平面图； 9. 能正确地将园林建筑制图相关规范知识应用到 AutoCAD 制图中	的应用； 6. 绘图及修改命令的操作技巧及应用； 7. 园林建筑制图规范知识在 AutoCAD 中的应用； 难点： 1. 直线命令的操作技巧及应用； 2. 绘图及修改命令的操作技巧及应用		
教学资源准备： 1. 专业绘图机房、AutoCAD 软件； 2. 教学课件、教案； 3. 单层平房一层平面图、某住宅楼标准层平面图及某住宅楼屋顶平面图的 DWF 格式文件					

模块3：园林平面施工图的绘制

教学内容	教学要求			教学形式	建议学时
	知识点	技能点	重难点		
第1讲 运用图层、图块绘制园林施工平面图 （1）图层的设置方法及技巧。 （2）图块的创建、保存、插入。 第2讲 园林平面图尺寸与文字编辑 （1）标注与编辑园林平面图文本。 （2）标注与编辑园林平面图尺寸。 （3）绘制园林平面施工图。 第3讲 图幅、图框、图标的绘制 （1）绘图前的准备——编辑多段线。 （2）绘制工程图纸的图框、图标	1. 上述 AutoCAD 知识； 2. 图层命令； 3. 图块的创建； 4. 图块的保存； 5. 图块的插入； 6. 文字的输入与编辑； 7. 特殊符号的输入； 8. 文字样式的设置； 9. 尺寸标注样式的设置； 10. 编辑多段线； 11. 设置绘图界限； 12. 绘制图幅线、标	1. 能应用图层命令正确设置图层的颜色、线型、线宽； 2. 能熟练操作和编辑图层； 3. 能熟练操作和应用图块相关命令； 4. 能熟练绘制园林平面施工图； 5. 能熟练绘制园林图纸的各类图框和图标； 6. 能应用文字命令输入和编辑	重点： 1. 图层命令在制图过程中的应用； 2. 图块相关命令在制图过程中的应用； 3. 文字样式的设置及特殊符号的输入； 4. 标注样式的设置； 5. 图框的绘制方法及	学习单元采用任务驱动方式，根据具体教学内容采用案例教学法、项目教学法	4

教学内容	教学要求			教学形式	建议学时
	知识点	技能点	重难点		
	题栏、会签栏	文字及特殊符号； 7. 能正确设置尺寸标注样式并严格按照园林制图规范标注园林平面图的尺寸； 8. 能正确绘制各种类型的图框	其技巧。 难点： 1. 图层的设置及其在制图过程中的操作技巧； 2. 标注的设置及应用； 3. 图框各种线宽的正确设置		

教学资源准备：

1. 专业绘图机房、AutoCAD 软件；

2. 教学课件、教案；

3. 园林平面施工图（含文字及尺寸标注）、A0～A4 的各种类型图框的 DWF 格式文件

模块 4：园林景观立面施工图的绘制

教学内容	教学要求			教学形式	建议学时
	知识点	技能点	重难点		
第 1 讲 绘图前的准备 （1）阵列命令。 （2）相关专业知识。 第 2 讲 园林景观立面图的绘制 （1）园林景观正立面图的绘制。 （2）园林景观背立面图的绘制	1. 阵列命令； 2. 园林景观立面图相关专业知识； 3. 各种绘图命令修改命令； 4. 园林景观立面图的相关专业知识	1. 能应用阵列命令绘制门窗等园林景观构件； 2. 掌握园林景观立面图相关专业知识，正确绘制园林景观立面图； 3. 能应用园林景观立面图相关专业知识正确绘制园林景观立面图	重点： 1. 阵列命令的应用； 2. 园林景观立面图与园林景观平面图的关系； 3. 园林景观立面图的相关规范要求； 4. 园林景观立面图的绘制技巧； 5. 园林景观立面图的相关规范要求。 难点： 1. 园林景观立面图与园林景观平面图的关系； 2. 园林景观立面图的相关规范要求； 3. 园林景观立面图的绘制技巧	学习单元采用任务驱动方式，根据具体教学内容采用案例教学法、项目教学法	3

教学资源准备：

1. 专业绘图机房、AutoCAD 软件；

2. 教学课件、教案；

3. 园林景观正立面图和园林景观背立面图的 DWF 格式文件

模块 5：园林景观剖面图的绘制

教学内容	教学要求			教学形式	建议学时
	知识点	技能点	重难点		
第1讲　园林建筑不带楼梯剖面施工图的绘制 （1）绘图设置。 （2）绘图步骤及方法技巧。 （3）园林建筑剖面图相关规范知识。 第2讲　园林建筑带楼梯剖面施工图的绘制 （1）绘图设置。 （2）绘图步骤及方法技巧。 （3）园林建筑剖面图相关规范知识	1.各种绘图命令及修改命令的应用； 2.园林建筑剖面图相关专业知识； 3.园林建筑剖面图与园林建筑平面图、园林建筑立面图的关系； 4.各种绘图命令及修改命令； 5.园林建筑立面图的相关专业知识	1.能应用各种绘图命令及修改命令绘制园林建筑剖面图； 2.掌握园林建筑剖面图相关专业知识，正确绘制园林建筑剖面图； 3.能应用园林建筑立面图相关专业知识正确绘制园林建筑立面图	重点： 1.园林建筑剖面图与园林建筑平面图、园林建筑立面图的关系； 2.园林建筑剖面图相关专业知识； 3.园林建筑立面图的绘制技巧； 4.园林建筑立面图的相关规范要求。 难点： 1.各种绘图命令及修改命令的应用技巧； 2.园林建筑剖面图与园林建筑平面图、园林建筑立面图的关系； 3.园林建筑立面图的绘制技巧	学习单元采用任务驱动方式，根据具体教学内容采用案例教学法、项目教学法	4
教学资源准备： 1.专业绘图机房、AutoCAD 软件； 2.教学课件、教案； 3.园林建筑不带楼梯剖面和园林建筑带楼梯剖面的 DWF 格式文件					

模块 6：园林施工详图的绘制

教学内容	教学要求			教学形式	建议学时
	知识点	技能点	重难点		
第1讲　园林施工楼梯详图的绘制 1.绘图步骤及方法技巧 2.楼梯详图相关规范知识 第2讲　墙体大样图的绘制 1.绘图步骤及方法技巧 2.墙体大样图相关规范知识	1.各种绘图命令及修改命令的应用； 2.园林施工详图相关专业知识； 3.园林施工详图与园林施工平面图、园林施工立面图、园林施工剖面图的关系； 4.各种绘图命令修改命令； 5.园林施工墙体大样图的相关专业知识	1.能应用各种绘图命令及修改命令绘制园林施工详图； 2.掌握园林施工详图相关专业知识正确绘制园林施工剖面图； 3.能应用园林施工墙体大样图相关专业知识正确绘制园林施工墙体大样图	重点： 1.园林施工详图相关专业知识； 2.园林施工墙体大样图的绘制技巧； 3.园林施工墙体大样图的相关规范要求。 难点： 1.各种绘图命令及修改命令的应用技巧； 2.园林施工详图与园林施工平面图、园林施工立面图、园林施工详图的关系； 3.不同比例的图形在同一张图纸内的绘制方法及技巧； 4.园林施工墙体大样图的绘制技巧	学习单元采用任务驱动方式，根据具体教学内容采用案例教学法、项目教学法	3
教学资源准备： 1.专业绘图机房、AutoCAD 软件； 2.教学课件、教案； 3.园林施工详图和园林施工墙体大样图的 DWF 格式文件					

模块 7：园林施工说明及图纸目录的编制

教学内容	教学要求			教学形式	建议学时
	知识点	技能点	重难点		
第 1 讲 园林施工图施工说明的编制 第 2 讲 园林施工图图纸目录的编制 （1）利用 CAD 软件编制表格。 （2）将电子表格导入 CAD	1. 正确编制园林图纸施工说明； 2. 文字字体、字号、字宽比的设置； 3. 文字的修改及编辑技巧； 4. 正确编制园林图纸目录； 5. 表格的设置及其编辑； 6. 电子表格的导入	1. 能应用 Word 文档编制施工说明； 2. 能应用 AutoCAD 文字编写框编制施工说明； 3. 应用表格命令编制图纸目录； 4. 能应用 Excel 软件编制图纸目录并转换到 CAD 中去	重点： 1. 文字字体，字号、字宽比的设置； 2. 文字的修改及编辑技巧； 3. 园林施工说明的编制内容； 4. 应用 Excel 软件编制表格并转换到 CAD 中去。 难点：应用 Excel 软件编制表格并转换到 CAD 中去	学习单元采用任务驱动方式，根据具体教学内容采用案例教学法、项目教学法	2
教学资源准备： 1. 专业绘图机房、AutoCAD 软件； 2. 教学课件、教案； 3. 园林施工图施工说明和园林施工图图纸目录的 DWF 格式文件					

模块 8：图形输出

教学内容	教学要求			教学形式	建议学时
	知识点	技能点	重难点		
第 1 讲 配置打印机 第 2 讲 打印样式 （1）创建打印样式。 （2）为图形对象指定打印样式。 （3）打印图形文件	1. 正确创建打印样式； 2. 为图形对象指定打印样式； 3. 打印图形文件	1. 能正确配置打印机，打印各种类型的图形文件； 2. 能正确创建打印样式； 3. 能为图形对象指定打印样式； 4. 能正确打印图形文件	重点：打印机的配置。 难点：打印机的配置	学习单元采用任务驱动方式，根据具体教学内容采用案例教学法、项目教学法	2
教学资源准备： 1. 专业绘图机房、AutoCAD 软件； 2. 教学课件、教案					

模块 9：天正绘图软件简介

教学内容	教学要求			教学形式	建议学时
	知识点	技能点	重难点		
第 1 讲 天正软件的简介及主要功能介绍 第 2 讲 利用天正软件绘制园林平面图 1. 图形初始化设置	1. 了解天正软件的主要功能； 2. 正确设置各种参数； 3. 利用轴网命令绘制轴线网格； 4. 标注轴网； 5. 根据轴网布置墙体；	1. 能利用天正软件绘制园林平面图； 2. 能利用天正软件绘制园林立面图；	重点： 1. 各种参数的设置； 2. 各种绘图工具的应用。 难点： 1. 各种参数	学习单元采用任务驱动方式，根据具体教学内容采用案例教学法、项目教学法	3

教学内容	教学要求			教学形式	建议学时
	知识点	技能点	重难点		
2. 轴网生成 3. 轴网标注 4. 布置墙体 5. 插入门窗 6. 插入楼梯 　第3讲　利用天正软件绘制园林立面图 　第4讲　利用天正软件绘制园林剖面图 　第5讲　利用天正软件绘制园林详图	6. 设置门窗参数，插入门窗； 　7. 设置楼梯参数，插入楼梯； 　8. 调入平面图，换立面门窗，插入标准层，生成地坪，绘制屋顶，连续标高和标注； 　9. 绘制剖面轴线； 10. 画双墙线； 11. 墙线复制； 12. 剖面楼板； 13. 剖面门窗； 14. 剖面楼梯。 15. 矩形剪裁； 16. 厨卫； 17. 布置洁具； 18. 图案填充	3. 能利用天正软件绘制园林剖面图； 　4. 能利用天正软件绘制详图	的设置； 　2. 各种绘图工具的应用		
教学资源准备： 1. 专业绘图机房、AutoCAD、天正软件； 2. 教学课件、教案					

2. 园林计算机辅助设计实践教学部分

1）教学要求和方法

通过园林计算机辅助设计的实践应达到的目的和要求：掌握园林计算机辅助设计绘图的基本方法；受到园林计算机辅助设计实践基本操作技能的训练，获得绘制各类园林施工图的初步能力；培养严肃认真、实事求是的科学作风。同时，通过实践还可验证和巩固所学的理论知识，熟悉园林绘图的规范要求。

园林计算机辅助设计所进行的实践操作，应该根据国家、行业（部）颁布的规范标准进行，其主要过程如下。

（1）建立图形样板文件。① 设置单位为 mm，设置精度为（0）。② 设置字体样式为仿宋体（或黑体）。③ 设置点样式：格式—点样式—选大的点—确定。④ 设置标注样式：根据图纸比例设置标注样式。

（2）设置图层。不同的园林构件应该设置不同的图层，不同的线型、线宽应该设置不同的图层，通过图层的设置，确定每个图层的线型、线宽、颜色。

（3）绘制轴线网格。轴线网格的绘制在整个绘图过程中不可或缺。只有在轴网的基础上，我们才能给墙、柱等园林构件进行精确定位。

（4）绘制墙线。在轴网的基础上，利用多线命令绘制墙线，并进行修改编辑。

（5）确定门窗洞口的位置。墙体绘制完成后，需要确定门窗洞口的位置，并进行修剪编辑，预留出门窗洞口，便于下一步操作。

（6）绘制门窗。不同类型的门窗有不同的表达方式，绘制门窗时应特别注意线宽的变化，善于利用 CAD 软件里面的修改及编辑命令，快速、准确地绘制门窗。

（7）标注。标注包括尺寸标注和文字标注，作尺寸标注时，应严格按照出图比例进行标注设置，包括尺寸线、尺寸界线、尺寸起止符号、尺寸数据的设置，都应严格执行园林绘图国家统一标准；作文字标注时，应选择国标规定的字体样式，设置好字号、宽度比。

（8）插入/绘制图框。图形绘制完成后，应将其放入图框内，根据图形和比例的大小，选择不同图幅的图框，并对标题栏和会签栏的信息进行编辑和修改。

2）教学内容和要求

实践一　绘制简单园林平面图样（无标注）

[实践目的]

进一步熟悉前面课程所学绘图命令及其编辑命令，初步了解园林平面图样的绘制步骤、方法及技巧。

[技能目标]

（1）能根据图形大小及其绘图比例设置绘图环境。

（2）能熟练使用所学绘图及编辑命令。

（3）利用所学绘图及编辑命令绘制简单的园林平面图样。

[实践内容]

1. 设置绘图环境

（1）设置图形界限：根据图形的大小设置合适的图形界限。

（2）设置十字光标大小、图形文件保存格式等。

2. 绘制轴网

应用直线、偏移等命令绘制轴线网格。

3. 绘制墙体

利用多线命令绘制墙体，并进行编辑。

4. 确定门窗洞口的位置

利用修剪、偏移等命令，确定门窗洞口的位置。

5. 绘制门窗

利用直线、圆弧、修剪等命令绘制门窗。

实践二　绘制园林平面图

[实践目的]

熟悉前面课程所学绘图命令及其编辑命令，进一步掌握园林平面图样的绘制步骤、方法及技巧。

[技能目标]

（1）能够正确设置图层：图层应根据园林构件的不同、线形的不同、线宽的不同机型设置，数量以适用为度；正确设置各个图层的颜色、线形、线宽。

（2）能够快速、准确地绘制轴线网格。

（3）能根据轴网绘制墙体并确定出门窗洞口位置。

（4）能掌握门窗绘制的方法技巧窗及作图规范。

（5）能够正确设置文字字体样式及字号、宽度比。

（6）文字的字高及字宽比严格按照制图规范执行。

（7）能严格按照比例及国家制图规范执行设置标注样式。

[实践内容]

1. 绘图环境的设置

（1）设置绘图界限。

（2）设置图层。

① 设置图层颜色；

② 设置图层线形；

③ 设置图层线宽。

2. 绘制轴线网格

（1）按照图形尺寸分别在 X 轴、Y 轴方向绘制一条轴线。

（2）利用偏移命令按照定位轴线之间的距离完成轴线网格的绘制。

3. 绘制墙线并确定门窗洞口的位置及尺寸

（1）根据轴线网格利用多线命令绘制墙线，作出园林的大致布局。

（2）确定出门窗洞口的位置。

4. 绘制门窗

5. 文字标注、尺寸标注、插入图框

（1）文字字体样式的设置。

（2）标注样式的设置。

（3）插入图框。

实践三 绘制园林立面图

[实践目的]

熟悉前面课程所学绘图命令及其编辑命令，掌握园林立面图样的绘制步骤、方法及技巧。

[技能目标]

（1）能够正确设置图层：图层应根据园林构件的不同、线形的不同、线宽的不同机型设置，数量以适用为度；正确设置各个图层的颜色、线形、线宽。

（2）能够快速、准确地绘制轴线网格。

（3）能根据轴网及其园林平面图确定出门窗洞口位置。

（4）能掌握园林立面图门窗绘制的方法技巧及作图规范

（5）能够正确设置文字字体样式及字号、宽度比。

（6）文字的字高及字宽比严格按照制图规范执行。

（7）能严格按照比例及国家制图规范执行设置标注样式。

[实践内容]

1. 绘图环境的设置

（1）设置绘图界限。

（2）设置图层。

① 设置图层颜色；

② 设置图层线形；

③ 设置图层线宽。

2. 绘制轴线

（1）按照图形尺寸分别在 X 轴、Y 轴方向绘制一条轴线。

（2）利用偏移命令完成园林立面图长度方向和高度方向的总体轮廓的绘制。

（3）确定室内外地平线的位置和门窗洞口的位置及层高。

3．绘制室内外地平线、园林外轮廓线及其他投影轮廓线

4．绘制门窗及阳台

5．文字标注、尺寸标注、插入图框

（1）文字字体样式的设置。

（2）标注样式的设置。

（3）插入图框。

实践四　绘制园林剖面图

[实践目的]

熟悉前面课程所学绘图命令及其编辑命令，掌握园林剖面图的绘制步骤、方法及技巧。

[技能目标]

（1）能够正确设置图层：图层应根据园林构件的不同、线形的不同、线宽的不同机型设置，数量以适用为度；正确设置各个图层的颜色、线形、线宽。

（2）能够参照园林平面图和园林立面图，确定出被剖部分以及投影部分的长度及高度尺寸

（3）学会观察园林平面图中剖切符号的位置，确定哪些园林构件被剖到，哪些建筑构件时能够看到但没有被剖到。

（4）学会参照建筑平面图和建筑立面图，确定出被剖部分以及投影部分的门窗的尺寸及位置。

（5）文字标注、尺寸标注、插入图框。

① 文字字体样式的设置；

② 标注样式的设置；

③ 插入图框。

[实践内容]

1．绘图环境的设置

（1）设置绘图界限。

（2）设置图层。

① 设置图层颜色；

② 设置图层线形；

③ 设置图层线宽。

2．绘制轴线

（1）按照图形尺寸分别在 X 轴、Y 轴方向绘制一条轴线。

（2）利用偏移命令完成园林剖面图长度方向和高度方向的总体轮廓的绘制。

（3）确定室内外地平线的位置和门窗洞口的位置及层高　　。

3．绘制室内外地平线、被剖到的墙体、楼层线等

4．绘制门窗及阳台

5．文字标注、尺寸标注、插入图框

（1）文字字体样式的设置。

（2）标注样式的设置。

（3）插入图框。

实践五　绘制园林详图

[实践目的]

熟悉前面课程所学绘图命令及其编辑命令，掌握园林详图的绘制步骤、方法及技巧。

[技能目标]

（1）能够正确设置图层：图层应根据园林构件的不同、线形的不同、线宽的不同机型设置，数量以适用为度；正确设置各个图层的颜色、线形、线宽。

（2）能够参照园林平面图、园林立面图及剖面图，确定园林详图所表达的位置及尺寸大小。

（3）学会在同一张图纸内绘制不同比例图形的方法和技巧。

[实践内容]

1. 绘图环境的设置

（1）设置绘图界限。

（2）设置图层。

① 设置图层颜色；

② 设置图层线形；

③ 设置图层线宽。

2. 绘制轴线

（1）按照图形尺寸分别在 X 轴、Y 轴方向绘制一条轴线。

（2）利用偏移命令完成楼梯剖面图长度方向和高度方向的总体轮廓的绘制。

（3）利用偏移命令确定楼梯平面图长度方向和宽度方向的尺寸。

（4）确定室内外地平线的位置和门窗洞口的位置及层高

3. 绘制室内外地平线、楼梯梯步、栏杆扶手、楼板、门窗等

4. 绘制楼梯平面图及其他构件详图

5. 文字标注、尺寸标注、插入图框

（1）文字字体样式的设置。

（2）标注样式的设置。

（3）插入图框。

实践六　编制园林施工说明及图纸目录

[实践目的]

熟悉前面课程所学绘图命令及其编辑命令，掌握编制园林施工说明的步骤、方法及技巧。

[技能目标]

（1）能够使用文字命令对文字内容进行编辑和修改。

（2）能够使用表格命令编辑图纸目录和门窗列表。

[实验内容]

1. 输入园林施工说明

2. 绘制及编辑门窗列表

3. 绘制及编辑图纸目录

实践七　图纸布局、输出、打印

[实践目的]

将绘制好的图形进行合理的布局，进行输出、打印设置。

[技能目标]

（1）能够对图纸进行合理的布局，并能够对布局进行编辑和管理。

（2）能够对图纸进行打印输出。

[实践内容]

1. 创建新布局
2. 编辑和管理布局
3. 建立和编辑视口
4. 使用系统打印机出图
5. 电子打印

实践八　天正园林软件绘制园林施工图

[实践目的]

利用天正园林软件绘制园林施工图。

[技能目标]

（1）能够合理对图层、尺寸样式、文字样式、比例等进行设置。

（2）学会使用各种命令快速、准确地绘制园林施工图。

（3）能够利用天正园林软件科学管理图纸。

[实践内容]

1. 利用天正园林绘制园林平面图
2. 利用天正园林绘制园林立面图
3. 利用天正园林绘制园林剖面图
4. 利用天正园林绘制园林详图
5. 利用天正园林编辑施工说明及图纸目录

三、考核方式与评价标准

（一）成绩构成

本课程总成绩=理论部分成绩（50%）+校内实践部分成绩（50%）。

（1）理论部分成绩=期末理论卷面成绩（70%）+平时成绩（30%），平时成绩=出勤（30%）+作业（30%）+课堂表现（40%）。

（2）校内实践部分成绩=实验平均成绩=各实验得分总和/实践个数。

（二）考核方式

1. 理论部分

本课程期末理论卷面成绩采用机考现场作图方式，成绩采用百分制，考试时间为120分钟，根据学生作图效果和统一的评分标准，由任课教师阅卷确定；理论部分平时成绩由各科任教师按学生的出勤、作业以及课堂表现，做好记录，按30%、30%、40%的比例综合评定。

2. 校内实践部分

本课程校内实践部分采用实操形式，以一个实践为单位（百分制），按出勤及纪律情况（10%）、认真态度（10%）、操作能力（30%），实践结果的准确度和规范度判定占50%，依据相关考试指标，给出每个实践的分值，算出学期各个实践的平均分，作为校内实践部分成绩。

3. 企业实践部分

本课程校外实践部分采用现场教学形式，以一次实践为单位（百分制），按出勤、纪律情况、表现态度由实践课教师综合评定，算出校外各次实践平均分，作为企业实践部分成绩。

（三）考核指标体系

1. 考核内容及分值分配

成绩构成	考核内容	分值
理论教学部分 （总分值 100 分）	模块 1：园林基础绘图命令的应用	19
	模块 2：园林建筑平面图的绘制	16
	模块 3：园林平面施工图的绘制	13
	模块 4：园林景观立面施工图的绘制	9
	模块 5：园林景观剖面图的绘制	13
	模块 6：园林施工详图的绘制	9
	模块 7：园林施工说明及图纸目录的编制	6
	模块 8：图形输出	6
	模块 9：天正绘图软件简介	9
校内实践教学部分 （总分值 100 分）	实践 1：绘制简单园林平面图样（无标注）	15
	实践 2：绘制园林平面图	15
	实践 3：绘制园林立面图	15
	实践 4：绘制园林剖面图	15
	实践 5：绘制园林详图	15
	实践 6：编制园林施工说明及图纸目录	8
	实践 7：图纸布局、输出、打印	8
	实践 8：天正建筑软件绘制园林建筑施工图	9
企业实践教学部分 （总分值 100 分）	实践一　园林企业电脑制图流程见习	30
	实践二　园林企业制图常用命令见习	40
	实践三　园林企业工程出图见习	30

2. 实践过程考核标准体系

（1）出勤及纪律情况考核。

出勤、纪律 情况考核	遵守课堂纪律，不迟到，不早退，听从老师指导	遵守课堂纪律，有迟到或早退现象，能听从老师指导	课堂纪律较差，有迟到或早退现象，能听从老师指导	课堂纪律差，旷课或不听老师指导
得分（总分 10 分）	8～10 分	6～7 分	4～5 分	0～3 分

（2）认真态度考核。

认真态度	实践目的明确，课前预习充分，实践卫生好	实践目的较明确，课前有预习，实践卫生较好	实践目的较明确，课前预习不充分，实践卫生一般	实践目的不明确，课前未预习充分，实践卫生差
得分（总分 10 分）	8～10 分	6～7 分	4～5 分	0～3 分

（3）实践操作考核。

实践操作	在规定的时间内正确使用电脑，独立操作，方法、步骤正确，符合实践操作规定	基本上在规定时间内正确使用电脑，基本能独立操作，基本符合实践操作规程	在老师指导下能正确使用电脑，基本能完成试实践，但时间较长	在老师指导下不能勉强独立操作，不能在规定时间内完成实践
得分（总分 30 分）	25～30 分	15～24 分	10～14 分	0～9 分

（4）实践报告和实践成果

实践结果的准确度和规范度	图纸绘制准确规范，完成及时	图纸绘制比较准确规范，完成及时	图纸绘制比较准确规范，基本能按时完成	图纸绘制欠准确规范，未能按时完成
得分（总分 50 分）	45～50 分	35～44 分	20～34 分	0～19 分

四、教材选用建议

1. 选用教材

张余. 中文版 AutoCAD 2008 从入门到精通. 北京：清华大学出版社.

2. 参考教材

（1）谭荣伟. 园林景观 CAD 绘图技巧快速提高. 北京：化学工业出版社.

（2）张静. 园林工程 CAD 设计必读. 天津：天津大学出版社.

7 "园林计算机辅助设计Ⅱ"课程标准

适用专业：园林工程技术专业
学　　分：4.0
学　　时：60学时（理论39学时，实践21学时）

一、课程总则

1.课程性质与任务

"园林计算机辅助设计Ⅱ"是园林工程技术专业的主干课程。本课程是一门实践性和创造性极强的课程，课程既要学习计算机辅助设计软件的相关技术和方法，又要结合园林制图的理论和方法，还要将这些技术和方法应用于设计实践，是一门多学科交叉的复合结构的课程。同时本课程涵盖专业面广，知识量大，要针对本专业的学生特点，重点突出与本专业有关的内容，选择适合于本校学生学习的部分，有取舍地进行课程教学。

通过本课程的学习,学生应了解如何利用AutoCAD和Photoshop两个软件绘制各类园林图纸,掌握计算机辅助设计的相关理论知识，具备基本的园林类图纸的电脑辅助绘图技能，能较熟练地完成园林规划设计平面图、施工图及彩平图的绘制及园林效果图的后期制作与处理。结合园林制图、园林规划设计、园林工程设计等课程，为学生毕业后能胜任园林施工员、设计员等工作奠定良好的职业岗位能力。

2.课程目标

1）知识目标

通过对本课程的学习，要求重点掌握 AutoCAD 基本知识、园林建筑小品图的绘制、园林规划设计图的绘制、Photoshop 简单图形制作与处理、园林彩平图的绘制及园林效果图后期制作与处理六个部分的基础知识。

2）能力目标

（1）能掌握 AutoCAD、Photoshop 软件绘图的方法和步骤。

（2）能够运用 AutoCAD 软件进行园林建筑小品图、园林规划设计平面图与分项平面图的绘制。

（3）能够运用 Photoshop 软件进行园林文本的设计包装制作。

（4）能够运用 Photoshop 软件绘制园林彩平图，对园林效果图进行后期效果制作。

（5）能够对图片进行简单的编辑和修改。

（6）能达到两个制图软件交叉使用、相互渗透的能力。

3）素质目标

在达到知识目标与能力目标的同时，我们更希望通过本课程的学习，能收获更多。

（1）培养学生科学、理性的思维，实事求是、公平公正的工作态度。

（2）增强学生的自治、自立、自信、自强的能力，并能创造性地发挥自己的才能。

（3）培养学生自觉、自愿学习的习惯，并依托网络的力量锻炼学生的自学能力。

（4）培养学生的实践动手能力，并培养良好的职业道德。

3．学时分配

构成	教学内容	学时分配/学时	小计
理论教学部分	模块1：绘制平面规划设计图	4	26
	模块2：Photoshop软件操作	6	
	模块3：绘制平面效果图	6	
	模块4：绘制三维建模图	6	
	模块5：绘制鸟瞰效果图和局部效果图	2	
	模块6：综合案例绘制	2	
校内实践教学部分	实训一：川职院校园广场平面图绘制	10	34
	实训二：川职院校园广场施工图绘制	10	
	实训三：川职院校园广场建模绘制	10	
	实训四：川职院校园广场渲染绘制	4	
合　计			60

二、教学内容与要求

1．理论教学部分

模块1：绘制平面规划设计图

教学内容	教学要求			教学形式	建议学时
	知识点	技能点	重难点		
第1讲　设置绘图环境 第2讲　绘图及编辑命令的使用 第3讲　图块的定义及编辑 第4讲　文字样式设置及编辑	1．园林制图基本知识； 2．园林规划设计基础知识	1．能看懂方案设计图； 2．会使用CAD操作命令	重点： 1．园林制图基本知识； 2．园林规划设计基础知识。 难点：建设工程交易中心的性质与作用	学生以小组形式组成团队，各学习单元采用任务驱动方式，根据具体教学内容采用案例教学法、项目教学法	4
教学资源准备： 1．配备制图软件的机房； 2．教学课件					

模块2：Photoshop软件操作

教学内容	教学要求			教学形式	建议学时
	知识点	技能点	重难点		
第1讲　图形图像处理软件的意义，Photoshop软件的安装、启动和退出，Photoshop中的基本概念，软件界面的熟练 第2讲　选区工具组，套索	掌握图像文件的基本操作方法，基本技巧	1．掌握创建和编辑各地区，以及对选区的一些基本操作和方法； 2．掌握图层的使用方法	重点： 掌握图像文件的基本操作方法，基本技巧。 难点： 1．掌握创建	学生以小组形式组成团队，各学习单元采用任务驱动方式，根据具体教学内容	6

教学内容	教学要求			教学形式	建议学时
	知识点	技能点	重难点		
工具组，使用魔术棒工具建立选区，使用选择颜色范围建立选区，控制选取范围，载入和保存选取范围 第3讲 创建和应用图层组、图层样式			和编辑各地区，以及对选区的一些基本操作和方法： 2.掌握图层的使用方法	采用案例教学法、项目教学法	

教学资源准备：
1. 配备制图软件的机房；
2. 教学课件

模块3：绘制平面效果图

教学内容	教学要求			教学形式	建议学时
	知识点	技能点	重难点		
第1讲 描绘小游园 第2讲 单位绿地平面设计 第3讲 钟楼立面图绘制 第4讲 城市广场平面设计	1.园林美学基本知识； 2.规划设计基本知识	1.能进行平面效果图绘制 2.学会Photoshop基本操作	重点： 1.园林美学基本知识； 2.规划设计基本知识。 难点： 1.能进行平面效果图绘制； 2.学会Photoshop基本操作	学生以小组形式组成团队，各学习单元采用任务驱动方式，根据具体教学内容采用案例教学法、项目教学法	6

教学资源准备：
1. 配备制图软件的机房；
2. 教学课件

模块4：绘制三维建模图

教学内容	教学要求			教学形式	建议学时
	知识点	技能点	重难点		
第1讲 布尔运算 第2讲 放样 第3讲 挤出 第4讲 倒角 第5讲 倒角剖面 第6讲 车削 第7讲 编辑多边形	1.3DS Max制图基本知识； 2.美学基本知识； 3.规划设计基本知识	1.能对平面图纸进行三维分析； 2.会进行各种图形的三维建模依据和原则； 3.了解投标技巧的实际应用情况，以及投标文件的提交	重点： 1.3DS Max制图基本知识； 2.美学基本知识； 3.规划设计基本知识。 难点： 1.能对平面图纸进行三维分析； 2.会进行各种图形的三维建模依据和原则； 3.了解投标技巧的实际应用情况，以及投标文件的提交	学生以小组形式组成团队，各学习单元采用任务驱动方式，根据具体教学内容采用案例教学法、项目教学法	6

教学资源准备：
1. 配备制图软件的机房；
2. 教学课件

模块 5：绘制鸟瞰效果图和局部效果图

教学内容	教学要求			教学形式	建议学时
	知识点	技能点	重难点		
第 1 讲　3DS Max 9 基础知识 1. 3DS Max 9 的工作界面 2. 工具栏 3. 命令面板 4. 状态栏 5. 视图区 6. 视图控制区与动画控制区 7. 3DS Max 9 坐标系	1. 三个制图软件基本知识； 2. 园林制图基本知识	1. 能进行鸟瞰效果图的绘制； 2. 能进行局部透视效果图的绘制	重点： 1. 三个制图软件基本知识； 2. 园林制图基本知识。 难点： 1. 能进行鸟瞰效果图的绘制； 2. 能进行局部透视效果图的绘制	学生以小组形式组成团队，各学习单元采用任务驱动方式，根据具体教学内容采用案例教学法、项目教学法	2
教学资源准备： 1. 配备制图软件的机房； 2. 教学课件					

模块 6：综合案例绘制

教学内容	教学要求			教学形式	建议学时
	知识点	技能点	重难点		
CAD、Photoshop、3DS Max 三个软件相互配合制图	1. 三个制图软件基本知识； 2. 园林制图基本知识	1. 能进行园林方案图的绘制； 2. 熟练掌握三个软件的操作	重点： 1. 三个制图软件基本知识； 2. 园林制图基本知识。 难点： 1. 能进行园林方案图的绘制； 2. 熟练掌握三个软件的操作	学生以小组形式组成团队，各学习单元采用任务驱动方式，根据具体教学内容采用案例教学法、项目教学法	2
教学资源准备： 1. 配备制图软件的机房； 2. 教学课件					

2. 实践教学部分

1）教学要求和方法

根据课程需要分为若干园林项目。该项目的设计覆盖了园林设计文件中的所有环节，与课程知识紧密结合。在实施过程中，由设计人员给学生提供设计方案草图，根据相关的行业规范和企业标准，对学生的每一项操作严格规范，通过逐个进行项目，最后使学生绘制出成套的园林设计文件（CAD 平面图、CAD 施工图、Photoshop 平面效果图、3D 模型、Photoshop 鸟瞰效果图）。

2）教学内容和要求

单元标题	主要教学内容	作业形式
导学	了解三个软件的应用及其相互间的联系	
四川职业技术学院校园 广场平面图绘制	分析图纸，了解绘图的一般流程	图纸
	设置绘图环境	
	绘图及编辑命令的使用	

单元标题	主要教学内容	作业形式
四川职业技术学院校园 广场平面图绘制	绘图及编辑命令的使用	图纸
	绘图及编辑命令的使用	
	绘图及编辑命令的使用	
	图块的定义及编辑	
	文字样式设置及编辑	
四川职业技术学院校园广场 施工图绘制——园路	分析设计方案，设置绘图环境	图纸
	绘图及编辑命令的使用	
	绘图及编辑命令的使用	
	标注样式设置及编辑	
	标注样式设置及编辑	
四川职业技术学院校园广场 施工图绘制——小品	分析设计方案，设置绘图环境	图纸
	绘图及编辑命令的使用	
	绘图及编辑命令的使用	
	绘图及编辑命令的使用	
	标注样式设置及编辑	
	标注样式设置及编辑	
四川职业技术学院校园广场 施工图绘制——水景	分析设计方案，设置绘图环境	图纸
	绘图及编辑命令的使用	
	绘图及编辑命令的使用	
	绘图及编辑命令的使用	
	标注样式设置及编辑	
	标注样式设置及编辑	
四川职业技术学院校园广场 施工图绘制——种植	分析设计方案，设置绘图环境	图纸
	绘图及编辑命令的使用	
	绘图及编辑命令的使用	
	植物数据统计	
四川职业技术学院校园广场 平面效果图制作	图形输出	图纸
四川职业技术学院校园广场 平面效果图制作——园路	选区、图层、图案、调整命令的综合使用	图纸
	选区、图层、图案、调整命令的综合使用	图纸
四川职业技术学院校园广场 平面效果图制作——小品	选区、图层、图案、调整命令的综合使用	图纸
	选区、图层、图案、调整命令的综合使用	
	选区、图层、图案、调整命令的综合使用	
	选区、图层、图案、调整命令的综合使用	
	选区、图层、图案、调整命令的综合使用	
四川职业技术学院校园广场 平面效果图制作——水景	选区、图层、图案、调整命令的综合使用	图纸
	选区、图层、图案、调整命令的综合使用	
四川职业技术学院校园广场 平面效果图制作——种植	选区、图层、图案、调整命令的综合使用	图纸
	选区、图层、图案、调整命令的综合使用	

单元标题	主要教学内容	作业形式
四川职业技术学院校园广场建模	分析图形，设置建模环境，导入 CAD 平面图	图纸
四川职业技术学院校园 广场建模——道路	基本二维图形及三维基本体的创建，二维建模命令的使用	图纸
四川职业技术学院校园 广场建模——水景	二维图形的创建及二维建模命令的使用	图纸
四川职业技术学院校园 广场建模——小品	1. 二维图形创建及二维建模命令的使用 2. 三维基本体的创建及三维修改器的使用 3. 工具命令的使用 1. 二维图形创建及二维建模命令的使用 2. 三维基本体的创建及三维修改器的使用 3. 工具命令的使用 1. 二维图形创建及二维建模命令的使用 2. 三维基本体的创建及三维修改器的使用 3. 工具命令的使用	图纸
四川职业技术学院校园 广场建模——绿化	1. 地形的制作 2. 平地的制作	图纸
四川职业技术学院校园 广场建模——材质	运用贴图材质的参数调节 运用贴图材质的参数调节	图纸
四川职业技术学院校园 广场建模——灯光及摄像	灵活运用灯光与相机的设置 灵活运用灯光与相机的设置	图纸
四川职业技术学院校园 广场建模——渲染	场景渲染的参数设置	图纸
四川职业技术学院校园 广场鸟瞰效果的制作	导入素材，调整效果 细部处理 细部处理 导入素材，调整效果	图纸
四川职业技术学院校园 广场局部效果的处理——成图	细部处理	图纸

（三）考核指标体系

单元名称	操作点	操作点分值	判分点	判分点分值	得　分
1. 文件操作	1	3	创建目录正确	3	
	2	1	启动 CAD 软件	1	
	3	1	打开文件正确	1	
	4	2	删除操作准确	2	
	5	1	存盘正确	1	
得分小计					
2. 基本图形的绘制	1	2	命令使用正确	2	
	2	3	造型或尺寸数据正确	3	
	3	3	造型或尺寸数据正确	3	
	4	3	文本正确	3	
	5	1	存盘结果正确	1	
得分小计					

单元名称	操作点	操作点分值	判分点	判分点分值	得　分
3. 属性设置	1	2	模型空间及栅格	2	
	2	2	长度单位和角度单位	2	
	3	2	层名建立正确	1	
			线型和颜色属性设置正确	1	
	4	3	造型正确	3	
	5	1	存盘正确	1	
得分小计					
4. 图形编辑	1	1	打开文件正确	1	
	2	12	结果图形正确	12	
	3	1	存盘正确	1	
得分小计					
5. 精确绘图	1	2	模型空间及栅格距离正确	2	
	2	2	图层及属性设置正确	2	
	3	2	线宽正确	2	
	4	12	造型及尺寸准确	12	
	5	1	存盘正确	1	
得分小计					
6. 尺寸标注	1	1	打开文件	1	
	2	2	图层及其属性设置正确	2	
	3	10	尺寸文字正确	10	
			标注格式正确		
	4	1	存盘正确	1	
得分小计					
7. 三维作图基础	一至五题	1	2	打开文件正确	2	
		2	4	会使用 UCS 坐标	4	
		3	4	图形及尺寸正确	4	
		4	2	存盘正确	2	
	六至二十题	1	1	打开文件正确	1	
		2	3	开窗正确	3	
		3	3	视点使用正确	3	
		4	2	比例使用正确	2	
		5	2	位置摆放正确	2	
		6	1	存盘正确	1	
得分小计					
8. 文件输出	一至四题	1	2	打开文件正确	2	
		2	8	答案正确	8	
		3	2	存盘文件正确	2	
	五至二十题	1	1	打开文件正确	1	
		2	1	图纸空间设置正确	1	
		3	1	TileMode 参数转换正确	1	
		4	2	开窗正确	2	
		5	2	视点正确	2	
		6	2	XP 因子使用正确	2	
		7	1	各窗口图案正确	1	
		8	2	存盘结果正确	2	
得分小计					
最终得分					

四、教材选用建议

1. 选用教材

（1）邢黎峰. 园林计算机辅助设计. 北京：机械工业出版社.

（2）常会宁. 园林计算机辅助设计. 北京：高等教育出版社.

2. 参考教材

（1）赵芸. 园林计算机辅助设计. 北京：中国建筑工业出版社.

（2）罗康贤. 建筑工程制图与识图. 广州：华南理工大学出版社.

（3）赵建民. 园林规划设计. 北京：中国农业出版社.

（4）胡长龙. 园林规划设计图集. 北京：中国农业出版社.

8 "园林规划设计"课程标准

适用专业：园林工程技术专业

学　　分：5.0

学　　时：96学时（理论46学时，实践50学时）

一、课程总则

1. 课程性质与任务

本课程是园林工程技术专业的一门专业核心课程，是研究园林工程设计及其方案绘制方法的课程，是园林类专业的一门重要课程，是园林工程技术人员不可缺少的技能。通过本课程的学习，为学生将来从事园林工程的规划设计、园林施工图的绘制与设计、园林工程施工、园林工程监理等工作打下必要的基础，并能为学生将来继续学习、拓展专业领域提供一定的支持。本课程是一门实践性强的课程，主要侧重于培养学生在第一线分析、创作、理解、表达等职业能力，能够参与中小规模的别墅庭院、单位附属绿地、居住区环境景观、道路景观、公园环境景观、广场环境景观等常见景观项目（方案—扩初—施工图）的设计工作。

2. 课程目标

1）课程性质

该门课程为专业必修课，是一门集工程、艺术、技术于一体的，理论与实践相结合的综合性课程。本课程是一门承上启下的核心课程，首先有"园林制图""园林美术""园林设计初步""景观表现技法""景观规划设计原理""园林植物与造景"等先导课程打下绘图、设计表现和专业常识基础，与"园林规划设计"形成良好对接，然后为后续课程"园林施工技术概预算""园林CAD""园林工程技术""园林景观模型设计与制作""园林效果图制作"等奠定课程的学习基础和依据。前后课程之间具有必不可少的衔接关系，对本专业的发展，园林规划设计岗位群具有决定性影响，是拓展园林其他岗位群发展的基础环节。

2）课程目标

园林规划设计在园林工程技术专业中是一门专业技术核心课程，课程培养过程以能力培养为核心，培养具备应用能力和创新能力，能适应现代行业发展要求的高素质园林设计人才。通过教学使学生具备园林规划设计知识、原理和技能，能够从功能、形式、综合环境方面综合考虑设计，并正确地表达设计内容。将技术应用能力培养贯穿于整个课程教学过程，培养集抽象思维与动手能力相结合、技术与艺术于一体的技能设计人才。

（1）知识目标。

① 了解和掌握行业标准、设计规范以及园林设计的基本原理、设计方法、设计程序；

② 掌握城市道路绿化、城市广场绿地、居住区绿地、单位附属绿地、公园等规划项目设计的基本原理、设计步骤、设计内容和要求以及基本设计元素的组成；

③ 掌握完成项目设计图纸的基本技能和要求，了解设计说明的组成和要点。

（2）技能、能力目标。

① 能理解和掌握设计程序，遵守行业标准和设计规范；

② 能进行城市道路绿化、城市广场绿地、居住区绿地、单位附属绿地、公园等规划项目设计；

③ 能按照规范，借助工具较准确地完成项目设计图纸；

④ 能进行方案叙述与意见交流。

（3）素质目标。

① 遵守行业规范是基本素质；

② 爱岗敬业，尊重他人；

③ 具有团队协作精神；

④ 培养自我管理以及协调管理能力；

⑤ 培养能发现问题、寻找途径解决问题的能力；

⑥ 培养自学和拓展学习的能力。

3. 学时分配

构成	教学内容	学时分配/学时	小计/学时
理论教学部分	模块1：园林规划设计概述	14	46
	模块2：城市道路绿地设计	6	
	模块3：城市广场绿地设计	6	
	模块4：居住区绿地设计	8	
	模块5：单位附属绿地设计	6	
	模块6：公园等规划项目设计	6	
校内实践教学部分	实践训练1：停车场绿地空间设计	4	50
	实践训练2：景墙设计	4	
	实践训练3：城市街道绿地设计	6	
	实践训练4：滨水绿地规划设计	8	
	实践训练5：居住小区绿地规划设计	10	
	实践训练6：学校绿地设计	8	
	实践训练7：中小公园的规划设计	10	
合　计			96

4. 教学内容与要求

模块1：园林规划设计概述

教学内容	教学要求			教学形式	建议学时
	知识点	技能点	重难点		
第1讲　园林规划设计概述（2课时） 1. 园林规划设计的含义 （1）园林规划设计的概念和任务。 （2）园林规划设计的关系和要求。 （3）园林规划设计的依据和原则。 2. 中外园林发展简史及功能 （1）中外园林发展简史。 （2）园林的功能。 （3）园林发展的前景。 第2讲　园林艺术形式与特征（2课时） 1. 园林美	1. 园林规划设计的含义； 2. 中外园林发展简史； 3. 园林色彩构成； 4. 园林的形式特征与构图法则； 5. 园林布局原则；	1. 园林规划设计的含义； 2. 中外园林发展简史； 3. 色彩在园林中的应用； 4. 园林艺术构图法则； 5. 园林布	重点： 1. 园林规划设计的含义； 2. 园林的形式特征与构图法则； 3. 园林布景； 4. 园林植物种植设计。	学习模块采用任务驱动方式，根据具体教学内容采用案例教学法、项目教学法	14

116

教学内容	教学要求			教学形式	建议学时
	知识点	技能点	重难点		
（1）自然美。 （2）生活美。 （3）艺术美。 （4）形式美。 2. 园林色彩构成 （1）基本概念。 （2）色彩的分类和感觉。 （3）色彩在园林中的应用。 3. 园林的形式特征与构图法则 （1）园林布局的形式特征。 （2）园林艺术构图法则。 （3）园林造景及景观分析。 第3讲　园林布局（6课时） 1. 园林布局原则 （1）综合与统一性。 （2）因地制宜、巧于因借。 （3）主景图出、主题鲜明。 （4）园林布局在时间上与空间上的规定性。 2. 园林静态布局 （1）静态风景布局。 （2）开朗风景与闭锁风景的处理。 3. 园林动态布局 （1）园林空间的展示程序。 （2）风景序列创造手法。 （3）园林植物景观序列与季节变化。 4. 园林布景 （1）主景与配景。 （2）借景、对景与分景。 （3）框景、夹景、漏景、添景。 （4）点景。 （5）近景、中景、全景与远景。 第4讲　园林构成要素设计（4课时） 1. 园林地形和水体 （1）地形地貌。 （2）水体。 2. 园林植物种植设计 （1）花坛的种植设计。 （2）花镜。 （3）绿篱与绿墙。 （4）攀援植物。 （5）色块和色带。 （6）植物种植。 3. 园林建筑与小品设计 （1）花架。 （2）亭与廊。 （3）园路与园桥。 （4）园林小品设计	6. 园林静态布局； 7. 园林动态布局； 8. 园林布景； 9. 园林地形和水体； 10. 园林植物种植设计； 11. 园林建筑与小品设计	局原则； 6. 园林静态布局； 7. 园林动态布局； 8. 园林布景； 9. 园林地形和水体； 10. 园林植物种植设计； 11. 园林建筑与小品设计	难点： 1. 中外园林发展简史； 2. 园林的形式特征与构图法则； 3. 园林布景； 4. 园林地形和水体		

教学资源准备：
1. 多媒体教室；
2. 教学课件；
3. 园林规划设计成功案例方案图

模块2：城市道路绿地设计

教学内容	教学要求			教学形式	建议学时
	知识点	技能点	重难点		
第1讲　城市道路绿地设计基础知识（2课时） 1.道路交通绿地的作用 2.城市道路系统的基本类型 3.城市道路的功能分类 4.城市道路绿地设计专用语 5.城市道路绿地的类型及绿化的形式 6.城市道路绿化原则 第2讲　城市道路绿地种植设计（2课时） 1.绿化带种植设计 2.交叉路口、交通岛的种植设计 3.城市小游园及林荫道种植设计 4.行道树种植设计 5.高速公路、立交桥及滨河绿地种植设计 第3讲　城市道路绿化设计案例分析及实践（2课时）	1.城市道路系统的基本类型； 2.城市道路绿地设计专用语； 3.城市道路绿地的类型及绿化的形式； 4.绿化带种植设计； 5.交叉路口、交通岛的种植设计； 6.城市小游园及林荫道种植设计； 7.行道树种植设计； 8.高速公路、立交桥及滨河绿地种植设计； 9城市道路绿化设计案例分析	1.城市道路系统的基本类型； 2.城市道路绿地设计专用语； 3.城市道路绿地的类型及绿化的形式； 4.绿化带种植设计； 5.交叉路口、交通岛的种植设计； 6.城市小游园及林荫道种植设计； 7.行道树种植设计； 8.高速公路、立交桥及滨河绿地种植设计； 9.城市道路绿化设计实践	重点： 1.城市道路绿地的类型及绿化的形式； 2.城市道路绿地种植设计； 3.城市道路绿化设计案例分析。 难点： 1.城市道路绿地的类型及绿化的形式； 2.城市道路绿地； 3.城市道路绿化设计实践	学习模块采用任务驱动方式，根据具体教学内容采用案例教学法、项目教学法	6
教学资源准备： 1.多媒体教室； 2.教学课件； 3.园林规划设计成功案例方案图					

模块3：城市广场绿地设计

教学内容	教学要求			教学形式	建议学时
	知识点	技能点	重难点		
第1讲　广场的分类（1课时） 1.广场的类型 （1）以广场的使用功能分类。 （2）以广场的尺度关系分类。 （3）以广场的空间形态分类。 （4）以广场的材料构成分类。 2.城市广场的特点 （1）性质上的公共性。 （2）功能上的综合性。 （3）空间上的多样性。 （4）文化休闲性。 第2讲　广场绿地设计基本要求（1课时） 1.集会性广场 2.纪念性广场 3.交通性广场	1.广场的分类； 2.广场绿地设计基本要求； 3.广场绿地种植设计的基本形式及艺术手法； 4.城市广场绿地设计案例分析	1.学会对广场进行分类； 2.掌握广场绿地种植设计的基本形式及艺术手法； 3.能够将城市广场绿地设计应用于实践	重点： 1.广场的分类； 2.广场绿地设计基本要求； 3.广场绿地种植设计的基本形式及艺术手法； 4.城市广场绿地设计案例分析。 难点： 1.广场的分类；	学习模块采用任务驱动方式，根据具体教学内容采用案例教学法、项目教学法	6

教学内容	教学要求			教学形式	建议学时
	知识点	技能点	重难点		
4. 文化娱乐休闲广场 5. 商业性广场 6. 古迹（古建筑）广场 第 3 讲　广场绿地种植设计的基本形式及艺术手法（2 课时） 1. 城市广场规划设计原则 （1）系统性原则。 （2）完整性原则。 （3）尺度适配原则。 （4）生态环保性原则。 （5）多样性原则。 （6）步行化原则。 （7）文化性原则。 2. 广场绿地设计原则 3. 广场绿地种植设计的基本形式 （1）排列式种植。 （2）集团式种植。 （3）自然式种植。 4. 广场植物配置的艺术手法 （1）对比和衬托。 （2）韵律、节奏和层次。 （3）色相和季相。 第 4 讲　城市广场绿地设计案例分析及实践（2 课时）			2. 广场绿地设计基本要求； 3. 广场绿地种植设计的基本形式及艺术手法； 4. 城市广场绿地设计实践		
教学资源准备： 1. 多媒体教室； 2. 教学课件； 3. 园林规划设计成功案例方案图					

模块 4：居住区绿地设计

教学内容	教学要求			教学形式	建议学时
	知识点	技能点	重难点		
第 1 讲　居住区绿化设计基本知识（1 课时） 1. 居住区概念及组成 （1）居住区的用地组成。 （2）居住区建筑的布置形式。 2. 居民区绿地的类型及功能 （1）居住区的绿地类型。 ① 公共绿地； ② 专用绿地； ③ 道路绿地； ④ 宅旁和庭院绿化。 （2）居住区的绿地功能。	1. 居住区概念及组成； 2. 居民区绿地的类型及功能； 3. 居住区绿地的基本功能； 4. 居民区绿化设计的系统性和艺术性；	1. 居住区概念及组成； 2. 居民区绿地的类型及功能； 3. 居住区绿地的基本功能； 4. 居民区绿化设计的系统性和艺术性； 5. 居住区公园设计；	重点： 1. 居民区绿地的类型及功能 2. 居住区绿地的基本功能 3. 居住区公园设计； 4. 居住区绿地的植物配置；	学习模块采用任务驱动方式，根据具体教学内容采用案例教学法、项目教学法	8

教学内容	教学要求			教学形式	建议学时
	知识点	技能点	重难点		
第2讲　居住区绿地设计的原则要求（1课时） 　1. 居住区绿地的基本功能 （1）居住区绿地规划前的调查。 （2）居住区绿地规划布局的原则。 　2. 居民区绿化设计的系统性和艺术性 （1）适应现代建筑环境。 （2）满足功能要求。 （3）具有现代审美特性。 （4）创造积极休闲的环境。 　第3讲　居民区的设计（2课时） 　1. 居住区公园 （1）居住区公园。 （2）居住小区游园。 （3）组团绿地。 　2. 宅间绿地 （1）宅间绿地应注意的问题。 （2）宅间绿地布置的形式。 　3. 居住区道路绿化 （1）主干道旁的绿化。 （2）次干道旁的绿化。 （3）住宅小路的绿化。 　第4讲　居住区绿地的植物配置和树种选择（1课时） 　1. 植物配置 　2. 树种选择 　第5讲　居住区绿地设计案例分析及实践（3课时）	5. 居住区公园设计； 6. 宅间绿地设计； 7. 居住区道路绿化设计； 8. 居住区绿地的植物配置； 9. 居住区绿地的树种选择； 10. 居住区绿地设计案例分析	6. 宅间绿地设计； 7. 居住区道路绿化设计； 8. 居住区绿地的植物配置； 9. 居住区绿地的树种选择； 10. 居住区绿地设计实践	5. 居住区绿地设计案例分析。 难点： 　1. 居民区绿地的类型及功能； 　2. 居住区绿地的基本功能； 　3. 居住区公园设计； 　4. 居住区绿地的树种选择； 　5. 居住区绿地设计实践		
教学资源准备： 1. 多媒体教室； 2. 教学课件； 3. 园林规划设计成功案例方案图					

模块5：单位附属绿地设计

教学内容	教学要求			教学形式	建议学时
	知识点	技能点	重难点		
第1讲　概述（0.5课时） 　第2讲　机关单位绿地规划设计（1课时） 　1. 大门出入口绿地 　2. 办公楼绿地 　3. 庭院式休息绿地 　4. 附属建筑绿地 　5. 道路绿地	1. 单位附属绿地设计概述； 2. 大门出入口绿地设计； 3. 办公楼绿地设计； 4. 庭院式休息绿地设计；	1. 单位附属绿地设计； 2. 大门出入口绿地设计； 3. 办公楼绿地设计； 4. 庭院式休息绿地设计；	重点： 　1. 单位附属绿地设计基本知识； 　2. 庭院式休息绿地设计； 　3. 工矿企业绿地规划设计；	学习模块采用任务驱动方式，根据具体教学内容采用案例教学法、项目教学法	6

教学内容	教学要求			教学形式	建议学时
	知识点	技能点	重难点		
第3讲 工矿企业绿地规划设计（1课时） 1. 工矿企业绿地的意义 2. 工矿企业绿地的特点 3. 工矿企业绿地规划设计 4. 工矿企业绿化树种的选择和规划 第4讲 学校绿地设计（1课时） 1. 校园绿化的作用与特点 2. 校园绿地规划设计 第5讲 医疗机构绿地规划设计（1课时） 1. 医疗机构的类型及其组成 2. 医疗机构绿地的作用 3. 医疗机构绿地规划设计 4. 儿童医院、传染病医院的绿地规划设计 第6讲 单位附属绿地设计案例分析及实践（1.5课时）	5. 附属建筑绿地设计； 6. 道路绿地设计； 7. 工矿企业绿地规划设计； 8. 工矿企业绿化树种的选择和规划； 9. 校园绿化的作用与特点； 10.校园绿地规划设计； 11. 医疗机构绿地规划设计； 12. 儿童医院、传染病医院的绿地规划设计； 13 单位附属绿地设计案例分析	5. 附属建筑绿地设计； 6. 道路绿地设计； 7. 工矿企业绿地规划设计； 8. 工矿企业绿化树种的选择和规划； 9. 校园绿化的作用与特点； 10.校园绿地规划设计； 11. 医疗机构绿地规划设计； 12. 儿童医院、传染病医院的绿地规划设计； 13. 单位附属绿地设计实践	4. 校园绿地规划设计； 5. 医疗机构绿地规划设计； 6. 单位附属绿地设计案例分析。 难点： 1. 单位附属绿地设计基本知识； 2. 庭院式休息绿地设计； 3. 工矿企业绿地规划设计； 4. 校园绿地规划设计； 5. 医疗机构绿地规划设计 6. 单位附属绿地设计实践		
教学资源准备： 1. 多媒体教室； 2. 教学课件； 3. 园林规划设计成功案例方案图					

模块6：公园等规划项目设计

教学内容	教学要求			教学形式	建议学时
	知识点	技能点	重难点		
第1讲 综合性公园概述（1课时） 1. 综合性公园的类型 2. 综合性公园的任务 3. 综合性公园的面积和位置的确定 4. 综合性公园项目、内容的确定 5. 综合性公园规划的原则 6. 综合性公园出入口的规划 7. 综合性公园的功能分区 8. 综合性公园的景色分区 9. 公园的艺术布局 10. 综合性公园规划设计程序 11. 公园规划设计的内容 第2讲 专类园（1课时） 1. 植物园	1. 综合性公园规划设计程序； 2. 公园规划设计的内容； 3. 植物园设计； 4. 动物园设计； 5. 儿童公园设计； 6. 纪念性公园设计； 7. 体育公园设计；	1. 综合性公园规划设计程序； 2. 公园规划设计的内容； 3. 植物园设计； 4. 动物园设计； 5. 儿童公园设计； 6. 纪念性公园设计； 7. 体育公	重点： 1. 公园规划设计的内容； 2. 儿童公园设计； 3. 主题公园的规划； 4. 森林公园规划设计； 5. 公园规划设计案例分析。 难点： 1. 综合性公园规划设计程序；	学习模块采用任务驱动方式，根据具体教学内容采用案例教学法、项目教学法	8

教学内容	教学要求			教学形式	建议学时
	知识点	技能点	重难点		
2. 动物园 3. 儿童公园 4. 纪念性公园 5. 体育公园 第 3 讲　主题公园规划设计（1 课时） 1. 主题公园的概念 2. 历史沿革 3. 特点 4. 我国主题公园的分类 5. 主题公园的规划 6. 经典案例 第 4 讲　森林公园规划设计（1 课时） 1. 森林公园概述 2. 森林公园的类型 3. 森林公园规划程序 4. 森林公园规划设计 第 5 讲　公园规划设计案例分析及实践（2 课时）	8. 主题公园的概念； 9. 我国主题公园的分类； 10.主题公园的规划； 11. 森林公园规划程序； 12. 森林公园规划设计； 13. 公园规划设计案例分析	园设计； 8. 主题公园的概念； 9. 我国主题公园的分类； 10.主题公园的规划； 11. 森林公园规划程序； 12. 森林公园规划设计； 13. 公园规划设计实践	2. 植物园设计； 3. 主题公园的规划； 4. 森林公园规划程序 5. 公园规划设计实践		
教学资源准备： 1. 多媒体教室； 2. 教学课件； 3. 园林规划设计成功案例方案图					

2. 园林规划设计实践教学部分

1）教学要求和方法

通过园林规划设计的实践应达到的目的和要求：掌握各类园林景观绿地规划设计基本方法；受到园林规划设计实训基本操作技能的训练，获得园林规划设计的初步能力；培养严肃认真、实事求是的科学作风。同时，通过实践还可验证和巩固所学的理论知识，熟悉园林规划设计的基本流程和方法。

园林规划设计所进行的实践操作，应该根据国家、行业（部）颁布的规范标准进行，其一般程序如下。

（1）调查研究阶段。

① 社会环境的调查；

② 历史人文子资料调查；

③ 用地现状调查；

④ 自然环境的调查；

⑤ 规划作业调查；

⑥ 调查资料的分析与利用。

（2）规划设计图纸的准备。

① 现状测量图；

② 总体规划图纸（地形、比例尺）；

③ 技术设计测量图纸；

④ 施工所需测量图（精细设计的部分）。

（3）编写计划任务书（设计大纲）阶段。

（4）总体设计方案阶段。

① 位置图（1/10 000～1/5 000）；

② 现状分析图；

③ 功能分区图；

④ 总体设计方案平面图（1/500，1/1000，1/2000）；

⑤ 竖向规划图/地形设计图；

⑥ 道路系统规划图

⑦ 绿化规划图；

⑧ 园林建筑规划图；

⑨ 电气规划图；

⑩ 管线规划图。

（5）表现图。表现图有全园或局部中心主要地段的断面图或主要景点鸟瞰图，以表现构图中心、景点、风景视线、竖向规划、土方平衡和全园的鸟瞰景观，以便检验或修改竖向规划、道路规划、功能分区图中各因素间是否矛盾，与景点有无重复等。

（6）总体设计说明书。设计说明书主要是说明设计者的构思、设计要点等内容。它包括以下内容：

① 位置、现状、范围、面积、游人数量；

② 工程性质、规划设计原则；

③ 设计主要内容（地形地貌、空间围合、河湖水系、出入口、道路系统、竖向设计、建筑布局、种植规划、园林小品等）；

④ 功能分区（各区内容）；

⑤ 管线电器说明；

⑥ 管理机构。

（7）工程总框算/估算。按总面积、规划内容，凭经验粗估；按工程项目、工程量，分项估计汇总、分期建园计划等。

（8）局部详细设计阶段/技术设计阶段。

（9）施工设计阶段。根据已批准的规划设计文件和技术设计资料及要求进行设计。要求在技术设计中未完成的部分都应在施工设计阶段完成，并作出施工组织计划和施工程序。在施工设计阶段要作出施工总图、竖向设计图、道路广场设计、种植设计、水系设计、园林建筑设计、管线设计、电气管线设计、假山设计、雕塑设计、栏杆设计、标牌设计；做出苗木表、工程量统计表、工程预算表等。

2）教学内容和要求

实践一　停车场绿地空间设计

[实践目的]

通过对停车场绿地空间设计的训练，掌握园林规划设计的基本原理。

[技能目标]

能够对各类停车场绿地空间进行规划设计。

[实践内容]

1. 总体方案平面布置图

2. 竖向设计图

3. 绿化规划图

实践二 景墙设计

[实践目的]

掌握景墙设计的设计原则及设计方法，全面掌握各构成要素在规划设计中的相互关系。

[技能目标]

能够对各类园林景墙进行规划设计。

[实践内容]

1. 景墙平面图

2. 景墙立面图

3. 景墙效果图

实践三 城市街道绿地设计

[实践目的]

掌握道路绿化的作用、道路绿化的断面布置形式及行道树的选择要求以及街道绿化的层次、结构、色彩搭配，以及植物对空间的划分和组合的作用。

[技能目标]

能够进行城市道路绿化规划设计。

[实践内容]

1. 城市道路绿化平面图

2. 城市道路绿化断面图

实践四 滨水绿地规划设计

[实践目的]

掌握滨水绿地规划设计的要点，明确园林图纸（含园林各要素）的平面、效果图、植物明细表及设计说明的编写规范。

[技能目标]

能够进行各类滨水绿地规划设计。

[实践内容]

1. 总体方案平面布置图

2. 竖向设计图

3. 植物布置图

4. 设计说明

5. 局部效果图

实践五 居住小区绿地规划设计

[实践目的]

掌握居住小区绿地规划设计的要点，明确园林图纸（含园林各要素）的平面、效果图、植物明细表及设计说明的编写规范。

[技能目标]

能够进行各类居住小区绿地规划设计。

[实践内容]

1. 总体方案平面布置图

2. 竖向设计图

3. 植物布置图

4. 道路分析图

5. 局部效果图

实践六　校园绿地规划设计

[实践目的]

掌握各类学校绿地规划设计的植物选择要求、绿化布局的要点。

[技能目标]

能够进行各类学校绿地规划设计。

[实践内容]

1. 总体方案平面布置图

2. 竖向设计图

3. 植物布置图

4. 道路分析图

5. 局部效果图

实践七　中小公园规划设计

[实践目的]

掌握城市公园规划设计的基本原则及园林风景构图与园林造景的基本手法，通过分析城市公园的立意、规划布局，确定各功能分区的联系与划分和植物的选择与配植。

[技能目标]

能够进行城市中小公园规划设计。

[实践内容]

1. 总体方案平面布置图

2. 竖向设计图

3. 植物布置图

4. 道路分析图

5. 局部效果图

三、考核方式与评价标准

（一）成绩构成

本课程总成绩=理论部分成绩（50%）+校内实践部分成绩（50%）。

（1）理论部分成绩=期末理论卷面成绩（70%）+平时成绩（30%），平时成绩=出勤（30%）+作业（40%）+课堂表现（30%）。

（2）校内实践部分成绩=实践平均成绩=各实践得分总和/实践个数。

（二）考核方式

1. 理论部分

本课程期末理论卷面成绩采用机考现场作图方式，成绩采用百分制，考试时间为120分钟，根据学生作图效果和统一的评分标准，由任课教师阅卷确定；理论部分平时成绩由各科任教师按学生的出勤、作业以及课堂表现，做好记录，按30%、30%、40%的比例综合评定。

2. 校内实践部分

本课程校内实践部分采用实操形式，以一个实践为单位（百分制），按出勤及纪律情况（10%）、认真态度（10%）、操作能力（30%），实践结果的准确度和规范度判定（50%）等进行评分，依据相关考试指标，给出每个实践的分值，算出学期各个实践的平均分，作为校内实践部分成绩。

（三）考核指标体系

1. 考核内容及分值分配

成绩构成	考核内容	分值
理论教学部分 （总分值100分）	模块1：园林规划设计概述	10
	模块2：城市道路绿地设计	15
	模块3：城市广场绿地设计	15
	模块4：居住区绿地设计	20
	模块5：单位附属绿地设计	20
	模块6：公园等规划项目设计	20
校内实践教学部分 （总分值100分）	实践训练1：停车场绿地空间设计	10
	实践训练2：景墙设计	10
	实践训练3：城市街道绿地设计	10
	实践训练4：滨水绿地规划设计	20
	实践训练5：居住小区绿地规划设计	15
	实践训练6：学校绿地设计	15
	实践训练7：中小公园的规划设计	20

2. 实践过程考核标准体系

（1）出勤及纪律情况考核。

出勤、纪律情况考核	遵守课堂纪律，不迟到，不早退，听从教师指导	遵守课堂纪律，有迟到或早退现象，能听从教师指导	课堂纪律较差，有迟到或早退现象、能听从老师指导	课堂纪律差，旷课或不听老师指导
得分（总分10分）	8~10分	6~7分	4~5分	0~3分

（2）认真态度考核。

认真态度	实践目的明确，课前预习充分，实践卫生好	实践目的较明确，课前有预习，实践卫生较好	实践目的较明确，课前预习不充分，实践卫生一般	实践目的不明确，课前未预习充分，实践卫生差
得分（总分10分）	8~10分	6~7分	4~5分	0~3分

（3）实践操作考核。

实践操作	在规定的时间内正确使用电脑，独立操作，方法、步骤正确，符合实践操作规定	基本上在规定时间内正确使用电脑，基本能独立操作、基本符合实践操作规程	在老师指导下能正确使用电脑，基本能完成试实践，但时间较长	在老师指导下不能勉强独立操作，不能在规定时间内完成实践
得分（总分30分）	25~30分	15~24分	10~14分	0~9分

（4）实践效果考核。

实践结果的准确度和规范度	图纸绘制准确规范，完成及时	图纸绘制比较准确规范，完成及时	图纸绘制比较准确规范，基本能按时完成	图纸绘制欠准确规范，未能按时完成
得分（总分50分）	45~50分	35~44分	20~34分	0~19分

四、教材选用建议

1. 选用教材

（1）房世宝. 园林规划设计. 北京：化学工业出版社出版，2010.

2. 参考教材

（1）胡长龙. 园林规划设计. 北京：中国农业出版，2002.

（2）王浩. 城市生态园林与绿地系统规划. 北京：中国林业出版社，2003.

（3）杨鸿勋. 江南园林论. 上海：上海人民出版社，1994.

（4）张德炎，吴明. 园林规划设计. 北京：化学工业出版社，2007.

（5）唐学山，李雄. 曹礼昆. 园林设计. 北京：中国林业出版社，1996.

（6）赵建民. 园林规划设计. 北京：中国农业出版社，2001.

（7）干哲新. 浅谈滨水开发的几个问题. 规划师，2001.

（8）俞孔坚，李迪华. 城市景观之路 —— 与市长们交流. 北京：中国建筑工业出版社，2003.

（9）俞孔坚，张蕾. 城市滨水区多目标景观设计途径探索. 中国园林，2004.

9 "园林工程造价"课程标准

适用专业：园林工程技术专业

学　　分：5.0

学　　时：96学时（理论46学时，实践50学时）

一、课程总则

1. 课程性质与任务

本课程是高职园林工程技术专业的一门专业核心课程。"园林工程造价"是以园林工程造价岗位的工程量清单编制、商务标书编制及竣工结算书编制典型工作任务为依据设置的。该课程主要学习预算定额及费用定额的分类及组成、工程量清单的编制及报价、招投标的程序、竣工结算的编制等。它是园林工程造价管理、投资控制、成本核算、设计、招投标等实践工作的基础和必备技能。

2. 课程目标

通过本课程的学习，学生应掌握园林工程造价及招投标的相关理论知识，能够从事园林工程预结算、园林工程招标与投标工作，具有计算园林工程项目的工程量、运用预算软件编制园林工程量清单及清单组价，以及编制园林工程招标文件与商务标的基本职业能力。

（1）知识目标。

① 具有园林工程概预算基本知识；

② 能进行园林工程费用的计算；

③ 具有园林工程招标与投标程序的基础知识。

（2）能力目标。

① 能熟练使用园林绿化工程预算定额及费用定额；

② 具有计算园林工程项目的工程量的能力；

③ 学会园林工程预算的编制方法；

④ 具有运用预算软件编制园林工程工程量清单及清单组价的能力；

⑤ 具有编制园林工程招标文件的能力；

⑥ 具有编制园林工程商务标的能力；

⑦ 具有编制园林工程竣工结算的能力。

（3）素质目标。

① 具有良好的计划组织和团队协助能力；

② 具有较强的责任感和严谨的工作作风，有良好的行业规范和职业道德；

③ 具有良好的心理素质和克服困难的能力；

④ 能遵纪守法、遵守职业道德和行业规范。

3. 学时分配

构　　成	教学内容	学时分配	小计
理论教学部分	模块1：园林工程预算基础	8	46
	模块2：工程量计算规则和方法	10	
	模块3：园林工程施工图预算的编制	10	

构成	教学内容	学时分配	小计
理论教学部分	模块4：园林工程工程量清单计价	12	
	模块5：园林工程竣工结算	6	
校内实践教学部分	实践训练1：一般建筑工程量的计算	10	50
	实践训练2：园林分项工程定额预算编制	6	
	实践训练3：园林工程施工图预算编制	8	
	实践训练4：园林工程工程量清单报价的编制	6	
	实践训练5：常用预算软件的运用	20	
合　计			96

4. 教学内容与要求

模块1：建筑工程预算的基础知识

教学内容	教学要求			教学形式	建议学时
	知识点	技能点	重难点		
第1讲　园林工程计价基础（2课时） 1. 园林工程造价的概念 2. 园林工程造价的分类 3. 园林工程造价的编制依据 4. 园林工程造价的编制程序和内容 第2讲　园林工程建设项目的划分及费用组成（2课时） 1. 园林工程建设项目的划分 2. 园林工程建设项目费用的组成 （1）定额计价模式下费用的组成。 （2）清单计价模式下费用的组成。 第3讲　园林工程定额（4课时） 1. 工程定额简介 （1）定额的概念。 （2）定额的性质与作用。 （3）定额的分类。 2. 园林工程概算定额与估算指标 （1）概算定额。 （2）概算指标。 3. 园林工程预算定额 （1）预算定额概念与作用。 （2）预算定额的内容。 （3）预算定额的应用	1. 园林工程造价的概念及分类； 2. 园林工程造价的编制依据及程序； 3. 园林工程建设项目的划分； 4. 园林工程建设项目费用的组成； 5. 工程定额简介； 6. 园林工程概算定额与估算指标； 7. 园林工程预算定额	1. 园林工程造价的编制依据； 2. 园林工程造价的编制程序和内容； 3. 园林工程建设项目的划分； 4. 园林建设工程项目费用的组成； 5. 定额的分类； 6. 预算定额的应用	重点： 1. 园林工程造价的编制程序和内容； 2. 园林建设工程项目费用的组成； 3. 预算定额的应用。 难点： 1. 园林工程造价的分类； 2. 园林工程建设项目的划分； 3. 预算定额的应用	学习模块采用任务驱动方式，根据具体教学内容采用案例教学法、项目教学法	8
教学资源准备： 1. 多媒体教室； 2. 教学课件； 3. 园林工程施工图					

模块2：工程量计算规则和方法

教学内容	教学要求			教学形式	建议学时
	知识点	技能点	重难点		
第1讲　工程量计算基础 1. 工程量的含义 2. 工程量的计算原则 3. 工程量计算步骤 第2讲　绿化工程计算 1. 工程量计算规则 2. 绿化工程工程量计算实例分析 第3讲　园路、园桥、假山工程量计算 　1. 工程量计算规则 　2. 园路工程工程量计算实例分析 　3. 园桥工程工程量计算实例分析 　4. 假山工程工程量计算实例分析 第4讲　园林景观工程 　1. 工程量计算规则 　2. 园林景观工程工程量计算实例分析 第5讲　园林土建工程 　1. 工程量计算规则 　2. 园林土建工程工程量计算实例分析 第6讲　园林给排水、电气工程 　1. 工程量计算规则 　2. 园林给排水、电气工程工程量计算实例分析 第7讲　工程量计算实践	1. 工程量的含义； 2. 工程量的计算原则； 3. 工程量计算步骤； 4. 工程量计算规则； 5. 绿化工程工程量计算实例分析； 6. 园路、园桥、假山工程工程量计算实例分析； 7. 园林景观工程工程量计算实例分析； 8. 园林土建工程工程量计算实例分析； 9. 园林给排水、电气工程工程量计算实例分析； 10. 工程量计算实践	1. 能进行园林工程量的计算； 2. 会工程量计算步骤； 3. 会工程量计算规则 4. 能对绿化工程工程量计算实例进行分析； 5. 能对园路、园桥、假山工程工程量计算实例进行分析； 6. 能对园林景观工程工程量计算实例进行分析； 7. 能对园林土建工程工程量计算实例进行分析； 8. 会计算园林给排水、电气工程	重点： 1. 工程量计算步骤； 2. 绿化工程工程量计算； 3. 园路、园桥、假山工程工程量计算； 4. 园林景观工程工程量计算； 5. 园林土建工程工程量计算； 6. 园林给排水、电气工程工程量计算； 7. 工程量计算实践。 难点： 1. 工程量计算步骤； 2. 绿化工程工程量计算； 3. 园路、园桥、假山工程工程量计算； 4. 园林景观工程工程量计算； 5. 园林土建工程工程量计算； 6. 计算园林给排水、电气工程工程量计算； 7. 工程量计算实践	学习模块采用任务驱动方式，根据具体教学内容采用案例教学法、项目教学法	10
教学资源准备： 1. 多媒体教室； 2. 教学课件； 3. 园林工程施工图					

模块3：园林工程施工图预算的编制

教学内容	教学要求			教学形式	建议学时
	知识点	技能点	重难点		
第1讲　园林工程施工图预算编制的程序（1课时） 第2讲　预算费用的计算（4课时） 　1. 直接工程费的计算 　2. 其他各项取费的计算 第3讲　园林工程施工图预算编制的方法（3课时） 　1. 园林工程施工图预算编制的	1. 直接工程费的计算； 2. 其他各项取费的计算； 3. 园林工程施工图预算编制的方法；	1. 能够进行施工图预算编制； 2. 能够进行工料分析表编制； 3. 能够编制指标说明及汇总； 4. 能够进行园林工程施工图预算编制实践	重点： 1. 施工图预算编制； 2. 工料分析表编制； 3. 指标说明及汇总； 4. 园林工程施工图预算编制实践。	学习模块采用任务驱动方式，根据具体教学内容采用案例教学法、项目教学法	10

教学内容	教学要求			教学形式	建议学时
	知识点	技能点	重难点		
方法 2. 园林工程施工图预算编制的格式 第4讲 园林工程施工图预算编制实践（2课时） 1. 某道路绿化景观工程预算书 2. 某学校绿化景观工程预算书	4. 园林工程施工图预算编制的格式		难点： 1. 施工图预算编制； 2. 工料分析表编制； 3. 园林工程施工图预算编制实践		
教学资源准备： 1. 多媒体教室； 2. 教学课件； 3. 园林工程施工图					

模块4：园林工程工程量清单计价

教学内容	教学要求			教学形式	建议学时
	知识点	技能点	重难点		
第1讲 工程量清单的概念及内容 1. 工程量清单的概念 2. 工程量清单的内容 3. 工程量清单的编制 第2讲 工程量清单计价的规则及应用 1. 实施工程量清单计价的目的与意义 2. 工程量清单计价的规则 3. 工程量清单计价的应用实例 第3讲 汇总装订及封标 1. 装订要求及内容 2. 封标的要求及内容 第4讲 工程量清单计价软件应用	1. 分部分项工程量清单； 2. 措施项目、其他项目清单； 3. 汇总装订及封标； 4. 工程量清单计价软件应用	1. 能够进行分部分项工程量清单的编制； 2. 能够进行措施项目、其他项目清单的编制； 3. 能够应用工程量清单计价软件	重点： 1. 分部分项工程量清单的编制； 2. 措施项目、其他项目清单的编制； 3. 工程量清单计价软件应用。 难点： 1. 分部分项工程量清单的编制； 2. 措施项目、其他项目清单的编制； 3. 工程量清单计价软件应用	学习模块采用任务驱动方式，根据具体教学内容采用案例教学法、项目教学法	12
教学资源准备： 1. 多媒体教室及机房； 2. 教学课件； 3. 园林工程施工图； 4. 相关计价软件					

模块5：园林工程竣工结算

教学内容	教学要求			教学形式	建议学时
	知识点	技能点	重难点		
第1讲 园林工程预算审核 1. 审核的意义 2. 审核的依据 3. 审核方法 4. 工程预算审核的步骤	1. 审核的依据； 2. 审核方法； 3. 工程预算审核的步骤； 4. 审核施工图预算	1. 掌握工程预算审核的步骤； 2. 熟悉审核施工图	重点： 1. 工程预算审核的步骤 2. 竣工结算编制的内容	学习模块采用任务驱动方式，根据具体教学内容采用案	6

教学内容	教学要求			教学形式	建议学时
	知识点	技能点	重难点		
5. 审核施工图预算的内容 第2讲 园林工程竣工结算 1. 竣工结算的作用 2. 竣工结算编制的依据 3. 竣工结算的方式 4. 竣工结算编制的内容 第3讲 园林工程竣工决算 1. 竣工决算的作用 2. 竣工决算的主要内容	的内容； 5. 竣工结算的作用； 6. 竣工结算编制的依据； 7. 竣工结算的方式； 8. 竣工结算编制的内容 9. 竣工决算的作用； 10. 竣工决算的主要内容	预算的内容； 3. 熟悉竣工结算的方式； 4. 掌握竣工结算编制的内容	3. 竣工决算的主要内容 难点： 1. 审核施工图预算的内容 2. 竣工结算编制的依据； 3. 竣工决算的主要内容	例教学法、项目教学法	.
教学资源准备： 1. 多媒体教室； 2. 教学课件； 3. 园林工程施工图					

2. 园林工程造价实践教学部分

1）教学要求和方法

通过园林工程造价的实践应达到的目的和要求：掌握园林工程造价的基本方法；受到园林工程造价实训基本操作技能的训练，获得编制园林工程工程量清单计价书的初步能力；培养严肃认真、实事求是的科学作风。同时，通过实践还可验证和巩固所学的理论知识，熟悉园林工程造价的基本要求。

园林工程造价所进行的实践操作，应该根据国家、行业（部）颁布的规范标准进行，其编制步骤如下。

（1）熟悉工程施工图。

（2）划分工程的分部、分项子目。

（3）计算各分项子目的工程量。

（4）计算工程直接费。

（5）计算管理费及工程造价。

（6）计算主要材料用量。

（7）预算书审核。

2）教学内容和要求

实践一　一般建筑工程量的计算

[实践目的]

了解并熟悉一般建筑工程量的计算规则，能够对一般建筑各项工程量进行计算。

[技能目标]

学会对一般建筑各项工程量进行计算。

[实践内容]

1. 园林景墙工程量计算

2. 园林花架工程量计算

3. 休闲木亭工程量计算

实践二 园林分项工程定额预算编制

[实践目的]

掌握园林分项工程定额预算编制的方法及内容，能够进行园林分项工程定额预算的编制。

[技能目标]

学会园林分项工程定额预算编制的方法，掌握园林分项工程定额预算编制的内容。

[实践内容]

1. 土石方工程定额预算编制

2. 铺装工程定额预算编制

3. 绿化工程定额预算编制

4. 园林养护工程定额预算编制

实践三 园林工程施工图预算的编制

[实践目的]

了解园林施工图预算编制前应该准备的资料，掌握工程量计算的方法，能够编制园林工程施工图预算。

[技能目标]

学会根据园林施工图计算工程量，能够编制园林工程施工图预算书。

[实践内容]

1. 根据已有园林工程施工图计算工程量

2. 在计算出工程量的基础上，根据现行定额手工编制一份完整的施工图预算书

实践四 园林工程工程量清单计价

[实践目的]

了解园林工程量清单的组成、项目设置以及工程量清单的标准格式，能够编制工程量清单，能够根据工程量清单运用清单计价软件编制投标报价书。

[技能目标]

1. 学会编制园林工程量清单

2. 能使用清单计价软件进行组价

[实践内容]

1. 根据已有园林工程施工图计算工程量。

2. 根据已有园林工程施工图编制工程量清单。

3. 在工程量清单的基础上使用清单计价软件编制工程量清单计价表。

实践五 常用预算软件的运用

[实践目的]

能够运用清单计价软件编制工程量清单及工程量清单计价表。

[技能目标]

1. 学会使用工程量清单软件

2. 能够使用清单计价软件编制工程量清单

3. 能够使用清单计价软件编制工程量清单计价表

[实践内容]

1. 根据已有园林工程施工图使用清单计价软件编制工程量清单

2. 在工程量清单的基础上使用清单计价软件编制工程量清单计价表

三、考核方式与评价标准

（一）成绩构成

本课程总成绩=理论部分成绩（50%）+校内实践部分成绩（50%）。

（1）理论部分成绩=期末理论卷面成绩（70%）+平时成绩（30%），平时成绩=出勤（30%）+作业（40%）+课堂表现（30%）。

（2）校内实践部分成绩=实践平均成绩=各实践得分总和/实践个数。

（二）考核方式

1. 理论部分

本课程期末理论卷面成绩采用机考现场作图方式，成绩采用百分制，考试时间为120分钟，根据学生作图效果和统一的评分标准，由任课教师阅卷确定；理论部分平时成绩由各科任教师按学生的出勤、作业以及课堂表现，做好记录，按30%、30%、40%的比例综合评定。

2. 校内实践部分

本课程校内实践部分采用实操形式，以一个实践为单位（百分制），按出勤及纪律情况（10%）、认真态度（10%）、操作能力（30%），实践结果的准确度和规范度判定（50%）等进行评分，依据相关考试指标，给出每个实践的分值，算出学期各个实践的平均分，作为校内实践部分成绩。

（三）考核指标体系

1. 考核内容及分值分配

成绩构成	考核内容	分值
理论教学部分（总分值100分）	模块1：园林工程预算基础	20
	模块2：工程量计算规则和方法	30
	模块3：园林工程施工图预算的编制	20
	模块4：园林工程工程量清单计价	20
	模块5：园林工程竣工结算	10
校内实践教学部分（总分值100分）	实践训练1：一般建筑工程量的计算	15
	实践训练2：园林分项工程定额预算编制	15
	实践训练3：园林工程施工图预算编制	20
	实践训练4：园林工程工程量清单报价的编制	30
	实践训练5：常用预算软件的运用	20

2. 实践过程考核标准体系

（1）出勤及纪律情况考核。

出勤、纪律情况考核	遵守课堂纪律，不迟到，不早退，听从教师指导	遵守课堂纪律，有迟到或早退现象，能听从教师指导	课堂纪律较差，有迟到或早退现象、能听从老师指导	课堂纪律差，旷课或不听老师指导
得分（总分10分）	8~10分	6~7分	4~5分	0~3分

（2）认真态度考核。

认真态度	实践目的明确,课前预习充分,实践卫生好	实践目的较明确,课前有预习,实践卫生较好	实践目的较明确,课前预习不充分,实践卫生一般	实践目的不明确,课前未预习充分,实践卫生差
得分（总分10分）	8～10分	6～7分	4～5分	0～3分

（3）实践操作考核。

实践操作	在规定的时间内正确使用电脑,独立操作,方法、步骤正确符合实践操作规定	基本上在规定时间内正确使用电脑,基本能独立操作,基本符合实践操作规程	在老师指导下能正确使用电脑,基本能完成试实践,但时间较长	在老师指导下不能勉强独立操作,不能在规定时间内完成实践
得分（总分30分）	25～30分	15～24分	10～14分	0～9分

（4）实践效果考核。

实践结果的准确度和规范度。	预算结果准确规范,完成及时	预算结果比较准确规范,完成及时	预算结果比较准确规范,基本能按时完成	预算结果欠准确规范,未能按时完成
得分（总分50分）	45～50分	35～44分	20～34分	0～19分

四、教材选用建议

1. 选用教材

刘卫斌. 园林工程概预算. 北京：中国农业出版社，2010.

2. 参考教材

（1）四川省建设工程造价管理总站. 四川省建设工程工程量清单计价定额 ——园林绿化工程、措施项目、规费和附录. 北京：中国计划出版社，2009

（2）中华人民共和国国家标准. 建设工程工程量清单计价规范（GB 50500—2008）.

10 "园林工程施工组织与管理"课程标准

适用专业：园林工程技术专业

学　　分：4.0

学　　时：73 学时（理论 48 学时，实践 25 学时）

一、课程总则

1. 课程性质与任务

本课程为园林专业的专业核心课程，主要讲授园林绿化工程施工管理方面的基本知识和工作要领。承担着教会初学者在施工过程中怎样进行园林工程施工组织与管理的任务。本课程的先修课程有"园林树木学""园林树木栽培学""花卉栽培学""草坪学""园林工程""园林规划设计"等，是第五学期的必修课程，没有后续课程。

2. 课程目标

本课程的培养目标是掌握园林工程施工组织与管理的基本理论和专业知识，培养从事园林工程设计、园林工程施工组织、园林绿地养护与管理的高技能应用型专门人才。本课程以知识必须够用为基础，突出园林工程施工的可操作性，将理论和实践有机结合起来。

（1）知识目标。

① 具有园林工程施工组织基本知识；

② 横道图基本知识；

③ 园林工程进度计划知识；

④ 园林工程施工进度控制知识；

⑤ 质量控制知识；

⑥ 成本管理知识；

⑦ 安全管理知识；

⑧ 劳动管理知识；

⑨ 材料管理知识；

⑩ 现场管理知识；

⑪ 施工资料管理知识。

（2）能力目标。

① 具有园林绿化工程项目的施工管理规范及技术要求的能力；

② 具有识图、读图和审图的能力；

③ 具有承担工程项目经理的基本业务素质和知识结构能力。

（3）素质目标。

① 具有辩证思维的能力；

② 具有严谨的工作作风和敬业爱岗的工作态度；

③ 具有严谨、认真、刻苦的学习态度，科学、求真、务实的工作作风；

④ 能遵纪守法，遵守职业道德和行业规范。

3. 学时分配

构成	教学内容	学时分配	小计
理论教学部分	模块1：园林工程施工招标投标概述	4	
	模块2：横道图及园林工程进度计划	4	
	模块3：园林工程施工组织设计	4	
	模块4：园林工程施工管理概述	2	
	模块5：园林工程施工进度控制	4	
	模块6：园林工程施工质量控制	4	
	模块7：园林工程施工成本管理	4	48
	模块8：园林工程施工安全管理	4	
	模块9：园林工程施工劳动管理	2	
	模块10：园林工程施工材料管理	4	
	模块11：园林工程施工现场管理	4	
	模块12：园林工程施工资料管理	4	
	模块13：园林工程竣工验收与养护期管理	4	
合　计			48

二、教学内容与要求

1. 园林工程理论教学部分

模块1：园林工程施工招标投标概述

教学内容	教学要求			教学形式	建议学时
	知识点	技能点	重难点		
第1讲　园林工程施工招标 1. 招标方式 （1）公开招标 （2）邀请招标 2. 招标程序 3. 招标工作机构 4. 招标文件和标底 5. 开标、评标、决标 （1）开标。 （2）评标。 （3）决标。 第2讲　园林工程施工投标 1. 投标程序 2. 投标资格预审 3. 投标准备工作 （1）接受资格预审。 （2）投标经营准备。 （3）报价准备。 4. 投标决策与策略	1. 了解园林工程施工招标、投标的基本知识； 2. 掌握园林工程施工招标、投标的程序； 3. 熟悉工程承包合同的内容与格式	1. 掌握园林工程施工招标文件的编写技能； 2. 掌握园林工程施工投标文件编写技能； 3. 掌握园林工程施工工程合同的编写技能	重点：园林工程施工招投标程序和投标文件编制。 难点：园林工程施工招投标程序和投标文件编制	学生以小组形式组成团队，各学习单元采用任务驱动方式，根据具体教学内容采用案例教学法、项目教学法	4

5. 制订施工规划					
6. 投标书的编制与投送					
第 3 讲　园林工程施工合同					
1. 园林工程施工合同的作用					
2. 签订园林工程施工合同的原则					
（1）合同第一位原则。					
（2）合同自愿原则。					
（3）合同法律原则。					
（4）诚实信用原则。					
（5）公平合理原则。					
3. 园林工程施工合同格式					
（1）合同标题。					
（2）合同序文。					
（3）合同正文。					
（4）合同结尾。					
4. 施工合同文件的组成及解释顺序					
第 4 讲　园林工程实例分析					
1. 园林工程施工投标书实例分析					
2. 园林工程施工合同实例					

教学资源准备：
1. 多媒体教室；
2. 教学课件

模块 2：横道图及园林工程进度计划

教学内容	教学要求			教学形式	建议学时
	知识点	技能点	重难点		
第 1 讲　园林工程项目施工组织方式 1. 依次施工 2. 平行施工 3. 流水施工 第 2 讲　横道图编制 1. 横道图的形式 （1）作业顺序表。 （2）详细进度表。 2. 横道图详细进度计划编制 第 3 讲　横道图应用 1. 横道图应用 2. 横道计划的优缺点 （1）优点。 （2）缺点。 第 4 讲　施工进度计划示例 1. 施工进度表 2. 工期网络图	1. 掌握园林工程项目施工组织方式、横道图详细进度计划编制、园林工程进度计划等方面的知识； 2. 了解流水施工的方式与参数； 3. 熟悉用横道图进行园林工程进度计划安排	1. 横道图详细进度计划编制； 2. 能够编制施工进度表； 3. 能够编制工期网络图	重点： 1. 园林工程项目施工组织方式； 2. 横道图详细进度计划编制； 3. 园林工程施工进度计划。 难点：横道图详细进度计划编制	学生以小组形式组成团队，各学习单元采用任务驱动方式，根据具体教学内容采用案例教学法、项目教学法	4

教学资源准备：
1. 多媒体教室；
2. 教学课件

模块3：园林工程施工组织设计

教学内容	教学要求			教学形式	建议学时
	知识点	技能点	重难点		
第1讲 施工组织设计的作用 第2讲 施工组织设计的分类和内容 1. 施工组织设计的分类 （1）按设计阶段的不同分类 （2）按编制时间不同分类 （3）按编制对象范围的不同分类 2. 施工组织设计的内容 （1）工程概况。 （2）施工方案。 （3）施工进度计划。 （4）施工平面布置图。 （5）主要技术经济指标。 （6）分部工程施工组织设计。 第3讲 施工组织设计的编制 1. 园林工程施工组织设计遵循的原则 2. 园林工程施工组织的编制依据 （1）园林工程总体施工组织设计编制依据。 （2）园林单项工程施工组织设计编制依据。 3. 园林工程施工组织的编制程序 第4讲 施工平面布置图的绘制 1. 施工平面布置图的内容 2. 施工平面布置图的绘制依据 3. 施工平面布置图的绘制原则 4. 施工平面布置图的绘制步骤和要求 （1）场外交通道路与场内布置。 （2）仓库的布置。 （3）加工厂和混凝土搅拌站的布置。 （4）内部运输道路的布置。 （5）临时房屋的布置。 （6）临时水电管网和其他动力设施的布置。 （7）绘正式施工平面布置图	1. 熟悉园林施工组织设计的类型、内容、编制的程序以及施工平面布置图的设计； 2. 熟悉单项工程施工组织设计； 3. 掌握园林工程施工组织设计的内容与编制方法	1. 能够编制施工组织设计； 2. 能够绘制施工平面布置图	重点： 1. 园林施工组织设计的类型、内容、编制的程序以及施工平面布置图的设计； 2. 单项工程施工组织设计； 3. 园林工程施工组织设计的内容与编制方法。 难点：园林工程施工组织设计的内容与编制方法	学生以小组形式组成团队，各学习单元采用任务驱动方式，根据具体教学内容采用案例教学法、项目教学法	8
教学资源准备： 1. 多媒体教室； 2. 教学课件					

模块4：园林工程施工管理概述

教学内容	教学要求			教学形式	建议学时
	知识点	技能点	重难点		
第1讲 园林工程施工项目特点与建设程序 1. 园林工程施工项目的特点 2. 园林工程施工项目的建设程序 第2讲 园林工程施工项目管理过程与内容 1. 园林工程施工项目管理的过程 （1）施工项目管理与建设项目管理的区别。 （2）园林工程施工项目管理的全过程。	1. 了解园林工程施工项目的概念、特点； 2. 熟悉园林工程施工项目管理的过程与内容； 3. 掌握园林工程施工管理基本知识；	1. 掌握园林工程施工项目； 2. 掌握园林工程施工管理过程； 3. 掌握园林工程施工管理内容	重点： 1. 园林工程施工项目管理的过程与内容； 2. 园林工程施工管理基本知识。 难点：园	学生以小组形式组成团队，各学习单元采用任务驱动方式，根据具体教学内容采用案例教学法、	2

139

教学内容	教学要求			教学形式	建议学时
	知识点	技能点	重难点		
2. 园林工程施工项目管理的内容 （1）建立施工项目管理组织。 （2）进行园林工程施工管理规划。 （3）进行园林施工管理的目标控制。 （4）对园林工程的生产要进行优化配置和动态管理。 （5）园林工程施工的合同管理。 （6）园林工程施工的信息管理	4. 理解园林工程施工管理的全过程及施工管理的内容		林工程施工工管理的全过程及施工管理的内容	项目教学法	
教学资源准备： 1. 多媒体教室； 2. 教学课件					

模块 5：园林工程施工进度控制

教学内容	教学要求			教学形式	建议学时
	知识点	技能点	重难点		
第1讲　施工进度控制概述 1. 施工进度控制的概念 2. 施工进度控制的方法和任务 （1）施工进度控制的方法。 （2）施工进度控制的任务。 3. 施工进度控制的内容 （1）执行施工进度计划。 （2）跟踪检查施工进度情况。 （3）施工进度情况资料的收集、整理。 （4）实际进度与计划进度进行比较分析。 （5）确定是否需要进行进度调整。 （6）制订进度调整措施。 （7）执行调整后的施工进度计划。 第2讲　影响施工进度控制的因素 1. 工期及相关计划的失误 2. 边界条件的变化 3. 管理过程中的失误 4. 技术失误 5. 其他原因 第3讲　施工进度控制的措施 1. 横道图比较法 2. S形曲线比较法 3. "香蕉"形曲线比较法 4. 前锋线比较法 5. 列表比较法 第4讲　施工进度计划的调整 1. 分析进度偏差的影响 2. 施工进度计划的调整方法 3. 常用的赶工措施 （1）经济措施。 （2）技术措施。 （3）合同措施。	1. 了解园林工程施工进度控制的概念、方法、任务、原理及内容； 2. 了解影响园林工程施工进度的因素及调整措施； 3. 掌握实际进度与计划进度进行比较的方法	1. 能够掌握影响园林工程施工进度的因素及调整措施； 2. 能够掌握实际进度与计划进度进行比较的方法。 能够找出合理的赶工措施	重点： 1. 影响园林工程施工进度的因素及调整措施； 2. 实际进度与计划进度进行比较的方法。 难点：实际进度与计划进度的比较方法，找出合理的赶工措施	学生以小组形式组成团队，各学习单元采用任务驱动方式，根据具体教学内容采用案例教学法、项目教学法	4

教学内容	教学要求			教学形式	建议学时
	知识点	技能点	重难点		
（4）组织措施。 （5）信息管理措施。 （6）采取措施时应请注意的问题					
教学资源准备： 1. 多媒体教室； 2. 教学课件					

模块6：园林工程施工质量控制

教学内容	教学要求			教学形式	建议学时
	知识点	技能点	重难点		
第1讲　园林工程施工质量概述 1. 施工质量及质量控制的概念 2. 全面质量管理 3. 园林工程质量的形成因素和阶段因素 （1）人的质量意识和质量能力。 （2）园林建筑材料、植物材料及相关工程用品的质量。 （3）工程施工环境。 （4）决策因素。 （5）设计阶段因素。 （6）工程施工阶段质量。 （7）工程养护质量。 4. 园林工程质量的特点 5. 影响园林工程施工质量因素的控制 （1）人的控制。 （2）材料的控制。 （3）机械的控制。 （4）方法的控制。 （5）环境的控制。 第2讲　全面质量控制的程序 1. 四个阶段 2. 八个步骤 3. 七种工具 （1）调查表法。 （2）分层法。 （3）排列图法。 （4）因果分析图法。 （5）直方图法。 （6）控制图法。 （7）相关图法。 第3讲　全面质量控制的步骤 1. 工程施工质量与工程施工质量系统 2. 施工质量控制的步骤 第4讲　各阶段的质量控制 1. 施工准备阶段质量控制 2. 施工阶段质量控制 3. 竣工验收阶段质量控制	1. 了解全面质量控制及工程施工质量的概念、内容； 2. 了解园林工程质量的形成因素及质量特点； 3. 掌握园林工程质量控制的程序、步骤及常用的质量统计分析方法； 4. 掌握施工各阶段质量控制的主要内容及方法	1. 能够掌握园林工程质量控制的程序； 2. 能够掌握园林工程质量控制的步骤； 3. 能够掌握园林工程质量控制的常用质量统计分析方法	重点： 1. 园林工程质量的形成因素及质量特点； 2. 园林工程质量控制的步骤； 难点：园林工程质量控制的常用质量统计分析方法	学生以小组形式组成团队，各学习单元采用任务驱动方式，根据具体教学内容采用案例教学法、项目教学法	4
教学资源准备： 1. 多媒体教室； 2. 教学课件					

模块 7：园林工程施工成本管理

教学内容	教学要求			教学形式	建议学时
	知识点	技能点	重难点		
第1讲　园林工程施工成本概述及构成 1. 园林工程施工成本概述 （1）园林工程施工成本的含义。 （2）园林工程施工成本的主要形式。 （3）园林工程施工成本控制的意义。 2. 园林工程施工成本构成 （1）直接成本。 （2）间接成本。 第2讲　园林工程施工成本计划 1. 园林工程施工成本计划的概念 2. 园林工程施工成本计划的作用 3. 园林工程施工成本计划的编制原则及依据 （1）园林工程施工成本计划的编制原则。 （2）园林工程施工成本计划的编制依据。 4. 园林工程施工成本计划的编制方法 （1）试算平衡法。 （2）定额预算法。 （3）成本决策优化法。 第3讲　园林工程施工成本控制运行 1. 园林工程施工成本控制的原则 （1）成本最低化原则。 （2）全面成本控制原则。 （3）动态控制原则。 （4）目标管理原则。 （5）责、权、利相结合的原则。 2. 园林工程施工成本控制的内容 （1）计划准备阶段。 （2）施工执行阶段。 （3）检查总结阶段。 3. 园林工程施工成本控制的主要项目 （1）人工费控制管理。 （2）材料费控制管理。 （3）机械费控制管理。 （4）间接费及其他直接费控制。 3. 园林工程施工中降低施工成本的措施 第4讲　园林工程施工成本核算 1. 成本核算对象的确定 2. 成本核算程序 3. 工程成本的计算与结转 （1）汇总本期施工的生产成本。 （2）未完工施工成本的计算	1. 了解园林工程施工成本的含义、形式，成本的构成内容，成本计划的编制方法，成本控制的内容与成本核算的具体方法； 2. 了解园林工程施工成本控制的意义和内容； 3. 掌握园林工程施工成本的构成项目与成本核算的方法	1. 能够进行成本计划的编制； 2. 能够掌握成本控制的内容与成本核算的具体方法； 3. 能够掌握园林工程施工成本的构成项目	重点： 1. 园林工程施工成本构成； 2. 园林工程成本控制； 3. 园林工程成本计划、成本核算的内容和方法。 难点：园林工程成本计划、成本核算的内容和方法	学生以小组形式组成团队，各学习单元采用任务驱动方式，根据具体教学内容采用案例教学法、项目教学法	4
教学资源准备： 1. 多媒体教室； 2. 教学课件					

模块 8：园林工程施工安全管理

教学内容	教学要求			教学形式	建议学时
	知识点	技能点	重难点		
第1讲　园林工程施工安全管理主要内容 （1）从业人员的资格、持证上岗和现场劳动组织的管理。 （2）从业人员施工中安全教育培训的管理。 （3）作业安全技术交底的管理。 （4）对施工现场危险部位安全警示标志的管理。 （5）对施工机具、施工设施使用的管理。 （6）对施工现场临时用电的管理。 （7）对施工现场及毗邻区域地下管线、建筑物等专项防护的管理。 （8）安全验收的管理。 （9）安全记录资料的管理。 第2讲　文明施工管理 1. 组织和制度管理 2. 建立收集文明施工的资料及其保存的措施 3. 文明施工的宣传和教育 4. 职业卫生管理 5. 劳动保护管理 6. 施工现场消防安全管理 7. 季节性施工安全管理 第3讲　园林工程施工安全管理制度 1. 安全目标管理 2. 安全生产责任制度 （1）安全生产责任制度的制定。 （2）各级安全生产责任制度的基本要求。 （3）安全生产责任制度的贯彻。 （4）建立和健全安全档案资料。 3. 安全生产资金保障制度 （1）安全生产资金计划编制的依据和内容。 （2）安全生产资金保障制度的管理要求。 第4讲　安全教育培训制度 1. 安全检查 2. 安全生产事故报告制度 3. 安全技术管理制度 （1）安全技术措施编制的依据。	1. 了解园林工程施工安全管理的主要内容； 2. 能够掌握园林工程施工安全管理的主要制度	1. 能够掌握园林工程施工安全管理的主要内容； 2. 能够制定园林工程施工安全管理的相关制度	重点：园林工程施工安全管理的主要内容。 难点：园林工程施工安全管理的主要制度	学生以小组形式组成团队，各学习单元采用任务驱动方式，根据具体教学内容采用案例教学法、项目教学法	4

教学内容	教学要求			教学形式	建议学时
	知识点	技能点	重难点		
（2）安全技术措施编制的要求。 （3）安全技术管理制度的管理要求。 4. 设备安全管理制度 5. 安全设施和保护管理制度 6. 消防安全责任制度 （1）消防安全责任制度的主要内容。 （2）消防安全责任制度的管理要求					
教学资源准备： 1. 多媒体教室； 2. 教学课件					

模块9：园林工程施工劳动管理

教学内容	教学要求			教学形式	建议学时
	知识点	技能点	重难点		
第1讲　园林工程施工劳动组织管理 1. 园林工程施工劳动组织的形式 （1）专业施工队。 （2）混合施工队。 2. 园林工程施工劳动组织的调整与稳定 （1）根据施工对象特点选择劳动组织形式。 （2）尽量使劳动组合相对稳定。 （3）技工和普工比例要适当。 3. 园林工程施工劳动管理的内容 （1）上岗前的培训。 （2）园林工程施工劳动力的动态管理。 （3）园林工程施工劳动要奖罚分明。 （4）做好园林工程施工工地的劳动保护和安全卫生管理。 4. 园林工程施工劳动力管理的任务 （1）园林施工企业劳务部门的管理任务。 （2）施工现场项目经理的管理任务。 第2讲　定额与劳动定额 1. 定额 （1）定额的概念。	1. 熟悉园林工程施工劳动管理的概念和主要内容； 2. 掌握园林工程施工劳动组织形式； 3. 掌握劳动力管理的任务和内容以及劳动定额的概念、编制方法和表现形式	1. 能够掌握劳动定额制定的基本原则； 2. 能够掌握劳动定额制定的基本方法	重点： 1. 园林工程施工劳动组织的形式。 2. 劳动定额的作用和表现形式。 难点：劳动定额制定的基本原则和基本方法	学生以小组形式组成团队，各学习单元采用任务驱动方式，根据具体教学内容采用案例教学法、项目教学法	2

144

教学内容	教学要求			教学形式	建议学时
	知识点	技能点	重难点		
（2）定额的分类。 2．劳动定额 （1）劳动定额的概念。 （2）劳动定额的作用。 （3）劳动定额制定的基本原则。 （4）劳动定额编制的基本方法。 （5）劳动定额的表现形式。 （6）劳动定额管理应注意的事项					
教学资源准备： 1．多媒体教室； 2．教学课件					

模块 10：园林工程施工材料管理

教学内容	教学要求			教学形式	建议学时
	知识点	技能点	重难点		
第1讲　园林工程施工材料管理的任务 1．提高计划管理质量，保证材料及时供应 2．提高材料供应管理水平，保证工程进度 3．加强施工现场材料管理，坚持定额用料 4．严格经济核算，降低成本，提高效益 第2讲　园林工程施工材料供应管理的内容 1．两个领域 2．三个方面 3．八项业务 第3讲　园林施工现场材料管理的原则和任务 第4讲　园林施工现场材料管理 1．现场材料管理的内容 2．加强材料消耗管理，降低材料消耗	1．熟悉园林工程施工材料管理的任务、供应管理的内容； 2．掌握园林施工现场材料管理等方面的知识	1．能够掌握园林施工材料供应与管理的两个领域、三个方面和八项业务； 2．能够在现场施工过程中，根据实际采取的科学管理办法，全过程进行计划、组织、协调和控制，保证生产需要和材料的合理使用	重点：园林工程施工材料管理的任务、供应管理的内容。 难点：园林工程施工现场材料管理的原则、任务和内容	学生以小组形式组成团队，各学习单元采用任务驱动方式，根据具体教学内容采用案例教学法、项目教学法	4
教学资源准备： 1．多媒体教室； 2．教学课件					

模块 11：园林工程施工现场管理

教学内容	教学要求			教学形式	建议学时
	知识点	技能点	重难点		
第1讲　园林工程施工现场管理概述 1．园林工程施工现场管理的概念、目的和意义 （1）施工现场管理的概念与目的。 （2）园林工程施工现场管理的意义。 2．园林工程施工现场管理的特点 （1）工程的艺术性。	1．熟悉园林工程施工现场管理的概念、特点、内容和现场管理的方法以及施工	1．能够进行施工总平面图设计； 2．能够编制施工作业计划； 3．能够掌	重点： 1．园林工程施工现场管理的内容； 2．园林工程施工现场管理的方法。	学生以小组形式组成团队，各学习单元采用任务驱动方式，根据具体教学内容	4

教学内容	教学要求			教学形式	建议学时
	知识点	技能点	重难点		
（2）材料的多样性。 （3）工程的复杂性。 （4）施工的安全性。 　第2讲　园林工程施工现场管理的内容 1. 合理规划施工用地 2. 在施工组织设计中，科学地进行施工总平面设计 3. 根据施工进展的具体需要，按阶段调整施工现场的平面布置 4. 加强对施工现场使用的检查 5. 建立文明的施工现场 6. 及时清场转移 7. 园林工程施工现场管理的方法 （1）组织施工。 （2）施工作业计划的编制。 （3）施工任务单。 （4）现场施工平面图管理。 （5）施工调度。 （6）施工过程的检查与监督。 　第3讲　有关施工现场管理规章制度 1. 基本要求 2. 规范场容的要求 3. 施工现场环境保护 　第4讲　施工现场安全防护管理 1. 料具存放安全要求 2. 临时用电安全防护 3. 施工机械安全防护 4. 操作人员个人防护 5. 施工现场的保卫、消防管理 6. 施工现场环境卫生和卫生防疫	现场管理的规章制度； 　2. 掌握园林工程施工现场管理的方法以及施工现场管理的规章制度	握有关施工现场管理规章制度	难点：园林工程施工现场管理的方法	采用案例教学法、项目教学法	
教学资源准备： 1. 多媒体教室； 2. 教学课件					

模块12：园林工程施工资料管理

教学内容	教学要求			教学形式	建议学时
	知识点	技能点	重难点		
第1讲　园林工程施工资料的主要内容 　第2讲　施工阶段的资料管理 1. 施工资料管理规定 2. 施工资料管理流程 3. 园林工程竣工图资料管理 　第3讲　园林工程竣工资料实例 1. 开工报告 2. ××小区绿化工程施工合同 3. 施工组织设计	1. 熟悉园林工程施工资料的主要内容和施工资料管理流程； 　2. 能够掌握施工管理的规定与园	1. 资料管理的方法； 　2. 能够掌握园林工程资料管理的内容与流程，并能灵活运用到园林工程施工现场	重点： 1. 园林工程施工资料的主要内容和施工资料管理流程。 2. 施工管理的规定与园林工程竣工图资料管理的要求。	学生以小组形式组成团队，各学习单元采用任务驱动方式，根据具体教学内容采用案	4

教学内容	教学要求			教学形式	建议学时
	知识点	技能点	重难点		
4. 黄土检测报告 5. 植物材料进场报验单 第4讲　园林工程竣工资料实例 1. 隐蔽工程质量验收证明单 2. ××园林工程公司工程联系单 3. 栽植土分项工程质量检验评定表 4. 植物材料分项工程质量检验评定表 5. 树木栽植分项工程质量检验评定表 6. 草坪、花坛、草木地被栽植分项工程质量检验评定表 7. 单位工程观感质量评定表 8. 单位工程质量综合评定表 9. 竣工报告	林工程竣工图资料管理的要求	管理中去。 3. 能够编写施工资料	难点:编写园林工程竣工资料	例教学法、项目教学法	
教学资源准备: 1. 多媒体教室; 2. 教学课件					

模块13:园林工程竣工验收与养护期管理

教学内容	教学要求			教学形式	建议学时
	知识点	技能点	重难点		
第1讲　园林工程竣工验收 1. 园林工程竣工验收的依据和标准 (1)园林工程竣工验收的依据。 (2)园林工程竣工验收的标准。 2. 园林工程竣工验收的准备工作 (1)工程档案资料的内容。 (2)施工单位竣工验收前的自验。 第2讲　园林工程竣工验收程序 1. 施工方提出工程验收申请 2. 确定竣工验收的方法 3. 竣工图的绘制 4. 填报竣工验收意见书 5. 编写竣工验收报告 6. 竣工资料备案 7. 园林工程项目的移交 第3讲　园林工程养护期管理 (1)浇水。 (2)施肥。 (3)松土、除草。 (5)病虫害防治。 (6)补栽。	1. 熟悉园林工程竣工验收的意义、依据和标准; 2. 掌握园林工程竣工验收的准备工作、验收程序; 3. 掌握园林工程项目的移交以及园林工程养护期的管理等内容	1. 能够进行园林竣工图的绘制; 2. 能够编写竣工验收报告; 3. 能够进行园林工程绿地养护管理	重点: 1. 园林工程竣工验收的意义、依据和标准; 2. 园林工程竣工验收的准备工作、验收程序; 难点:园林工程绿地养护管理措施	学生以小组形式组成团队,各学习单元采用任务驱动方式,根据具体教学内容采用案例教学法、项目教学法	4

教学内容	教学要求			教学形式	建议学时
	知识点	技能点	重难点		
（7）支柱、扶正。 （8）绿地清洁卫生。 　第4讲　高温与寒冷季节绿化养护措施 1. 高温季节的养护技术措施 2. 防寒养护技术措施					
教学资源准备： 1. 多媒体教室； 2. 教学课件					

三、考核方式与评价标准

（一）成绩构成

本课程总成绩=理论部分成绩（100%）。

1. 理论部分成绩=期末理论卷面成绩（70%）+平时成绩（30%），平时成绩=出勤（30%）+作业（30%）+课堂表现（40%）。

（二）考核方式

1. 理论部分

本课程期末理论卷面成绩采用闭卷笔试，期末理论卷面成绩采用百分制，考试时间为120分钟，根据学生答卷和统一的评分标准，集中阅卷确定；理论部分平时成绩由各科任教师按学生的出勤、作业以及课堂表现，做好记录，按30%、30%、40%的比例综合评定。

（三）考核指标体系

1. 考核内容及分值分配

成绩构成	考核内容	分值
理论教学部分 （总分值100分）	模块1：园林工程施工招标投标概述	5
	模块2：横道图及园林工程进度计划	9
	模块3：园林工程施工组织设计	9
	模块4：园林工程施工管理概述	5
	模块5：园林工程施工进度控制	8
	模块6：园林工程施工质量控制	9
	模块7：园林工程施工成本管理	8
	模块8：园林工程施工安全管理	9
	模块9：园林工程施工劳动管理	5
	模块10：园林工程施工材料管理	8
	模块11：园林工程施工现场管理	8
	模块12：园林工程施工资料管理	9
	模块13：园林工程竣工验收与养护期管理	8

四、教材选用建议

1. 选用教材

（1）吴立威. 园林工程施工组织与管理. 北京：机械工业出版社，2012.

2. 参考教材

（1）蒲亚锋. 园林工程建设施工组织与管理. 北京：化学工业出版社，2011.

（2）邹原东. 园林工程施工组织设计与管理. 北京：化学工业出版社，2014.

11 "园林施工图设计"课程标准

适用专业：园林工程技术专业

学　　分：5.0

学　　时：102学时（理论50学时，实践52学时）

一、课程总则

1. 课程性质与任务

本课程是园林工程技术专业的一门专业核心课程，是研究园林工程施工图设计及其绘制方法的课程，是园林类专业的一门重要课程，是园林工程技术人员不可缺少的技能。通过本课程的学习，为学生将来从事园林工程的计量、园林施工图的绘制与设计、园林工程施工、园林工程设计、园林工程监理等工作打下必要的基础，并能为学生将来继续学习、拓展专业领域提供一定的支持。本课程是一门实践性强的课程，主要侧重于培养学生的实践技能，培养学生自主学习能力和知识拓展能力。

2. 课程目标

通过对本课程的学习，园林工程技术专业学生应具备能够使用AutoCAD软件和园林施工图规范绘制和设计园林施工图的能力，培养和锻炼使用计算机绘图软件在园林工程中应用的能力，为今后的工程计量、计价、施工等打下良好的基础。

（1）知识目标。

① 掌握AutoCAD软件设计和绘制园林施工图的方法和技巧；

② 园林施工图的组成；

③ 各类园林施工图的作用；

④ 各类园林施工图设计的基本原则；

⑤ 各类园林施工图设计的方法；

⑥ 各类园林施工图的技术要求。

（2）能力目标。

① 培养学生识读各类园林施工图的能力；

② 培养学生设计各类园林施工图的能力；

③ 培养学生绘制各类园林施工图的能力；

④ 培养学生应用计算机辅助设计软件的能力；

⑤ 培养学生独立解决问题的能力，使学生初步具备本科目的拓展能力；

⑥ 培养学生的绘图安全和团队意识。

（3）素质目标。

① 培养学生吃苦耐劳、艰苦奋斗、勇于探索、不断创新的职业精神；

② 培养学生诚恳、虚心、勤奋好学的学习态度和科学严谨、实事求是、爱岗敬业、团结协作的工作作风；

③ 培养学生良好的职业道德、公共道德、健康的心理和乐观的人生态度、遵纪守法和社会责任感；

④ 培养学生树立质量意识、安全意识、标准和规范意识以满足专业岗位的要求；

⑤ 培养学生自主学习和拓展知识的能力。

3. 学时分配

构成	教学内容	学时分配	小计
理论教学部分	模块1：园林景观设计概论	10	50
	模块2：园林景观施工图设计	20	
	模块3：园林景观施工图范例	20	
校内实践教学部分	实践训练1：园林围墙施工图设计与绘制	6	52
	实践训练2：园林水体施工图设计与绘制	8	
	实践训练3：园林山石施工图设计与绘制	6	
	实践训练4：园林建筑施工图设计与绘制	6	
	实践训练5：园路施工图与绘制	6	
	实践训练6：园林铺装施工图设计与绘制	6	
	实践训练7：园林植物施工图设计与绘制	6	
	实践训练8：园林建筑立面和详图设计	8	
合　计			102

4. 教学内容与要求

模块1：园林景观设计概论

教学内容	教学要求			教学形式	建议学时
	知识点	技能点	重难点		
第1讲　园林景观设计与历史文化（1课时） 1. 园林景观设计内容 2. 园林景观与历史文化的联系 3. 历史文化在园林景观设计中的体现 第2讲　园林景观设计方法（2课时） 1. 园林景观与周边环境 2. 园林景观与地形地貌 3. 园林景观与地质、水文、气候 4. 园林景观与地方文化 5. 园林景观设计的各种方法 第3讲　园林景观工程设计的阶段（2课时） 1. 模块评判阶段 2. 概念性方案阶段 3. 方案成果设计阶段 4. 扩初设计阶段	1. 园林景观设计内容； 2. 园林景观与历史文化的联系； 3. 历史文化在园林景观设计中的体现； 4. 园林景观与周边环境的关系； 5. 园林景观与地形地貌的关系； 6. 园林景观与地质、水文、气候的关系； 7. 园林景观与地方文化的关系； 8. 园林景观设计的各种方法； 9. 模块评判阶段； 10. 概念性方案阶段； 11. 方案成果设计阶段； 12. 扩初设计阶段； 13. 施工图阶段； 14. 配合施工阶段； 15. 接收设计任务、实地	1. 能将历史文化和园林景观设计结合起来； 2. 在园林景观设计中结合环境、地形地貌、地质、水文、气候、地方文化的因素； 3. 能明确园林景观设计各个阶段的主要工作内容； 4. 能明确园林景	重点： 1. 园林景观设计内容； 2. 园林景观设计的方法； 3. 园林景观设计各个阶段的内容及其作用； 4. 园林景观设计师的各个工作步骤所需要做的工作内容及其要求。 难点： 1. 园林景观设计内容。 2. 园林景观设计与各种因素的结	学习模块采用任务驱动方式，根据具体教学内容采用案例教学法、项目教学法	10

教学内容	知识点	技能点	重难点	教学形式	建议学时
5. 施工图阶段 6. 配合施工阶段 第4讲 园林景观设计师的工作步骤（4课时） 1. 接收设计任务、实地踏勘阶段 2. 初步的总体构思及修改阶段 3. 方案的第二次修改文本的制作及包装阶段 4. 业主的信息反馈 5. 方案设计评审会阶段 6. 扩初设计评审会阶段 7. 施工图设计阶段 8. 施工图预算编制阶段 9. 施工图交底阶段 10.配合施工阶段 第5讲 园林景观设计图的类型（1课时） 1. 总体规划图 2. 竖向设计图 3. 种植设计图 4. 立面图 5. 剖面图 6. 透视图 7. 鸟瞰图	踏勘； 16. 初步的总体构思及修改； 17. 方案的第二次修改文本的制作及包装； 18. 业主的信息反馈； 19. 方案设计评审会； 20.扩初设计评审会； 21.施工图设计； 22.施工图预算编制； 23.施工图交底； 24.配合施工； 25.总体规划图； 26.竖向设计图； 27.种植设计图； 28.立面图； 29.剖面图； 30.透视图； 31.鸟瞰图	观设计师的各个工作步骤所需要做的工作内容及其要求； 5. 明确园林景观设计图的各个类型及其作用	合； 3. 园林景观设计各个阶段的内容及其作用； 4. 园林景观设计师的各个工作步骤所需要做的工作内容及其要求		
教学资源准备： 1. 多媒体教室、各种类型的园林施工图； 2. 教学课件、教案					

模块2：园林景观施工图设计

教学内容	教学要求			教学形式	建议学时
	知识点	技能点	重难点		
第1讲 施工图制图标准及图例（4课时） 1. 园林施工图绘制的标准 2. 园林施工图的图例表达 3. 园林施工总图包括的内容 4. 园林施工总图的绘制要求 第2讲 施工总图设计（6课时） 1. 园林施工总图的绘制要求 2. 园林施工总图的绘制方法 3. 竖向设计图 4. 植物配置图 5. 照明电气施工图 6. 喷灌、给排水施工图 7. 园林铺装施工图	1. 园林施工图绘制的标准； 2. 园林施工图的图例表达； 3. 园林施工总图包括的内容； 4. 园林施工总图的绘制要求； 5. 园林施工总图的绘制方法； 6. 竖向设计图； 7. 植物配置图； 8. 照明电气施工图； 9. 喷灌、给排水施	1. 能正确应用园林施工图的制图标准； 2. 能熟练表达各种园林图例； 3. 能明确园林施工总图包括的内容； 4. 能明确园林施工总图的绘制要求； 5. 能明确及掌握园林施工总图的绘制方法。	重点： 1. 园林施工图绘制的标准； 2. 园林施工图的图例表达； 3. 园林施工总图的绘制方法； 4. 各类园林工程施工图的绘制方法。 难点： 1. 园林施	学习模块采用任务驱动方式，根据具体教学内容采用案例教学法、项目教学法	20

教学内容	知识点	技能点	重难点	
第3讲 具体工程施工图设计（10课时） 1. 各种园林小品施工图 2. 园林铺装大样图 3. 园林水池施工图 4. 园林假山施工图 5. 园林建筑施工图	施工图； 10. 园林小品施工图； 11. 园林铺装施工图	6. 能明确具体施工图的内容、作用、绘制方法及注意事项； 7. 能够规范地绘制各类园林工程施工图	工图绘制的标准； 2. 园林施工总图的绘制方法； 3. 类园林工程施工图的绘制方法	
教学资源准备： 1. 多媒体教室、各种类型的园林施工图； 2. 教学课件、教案				

模块3：园林景观施工图范例

教学内容	教学要求			教学形式	建议学时
	知识点	技能点	重难点		
第1讲 水景设计（4课时） 1. 水景施工图的内容 （1）水景平面布置图。 （2）水景放线网格图。 （3）水景立面图。 （4）水景剖面图。 （5）水景做法详图。 2. 水景施工图的绘制方法 （1）水平面的表示方法。 （2）水立面的表示方法。 （3）绘制池岸的方法。 （4）绘制叠水的方法 （5）绘制水面景观。 第2讲 园林工程设计（2课时） 1. 园林工程施工图的内容 （1）总平面图 （2）景观布置图。 （3）竖向设计总图。 （4）植物配置总图。 （5）照明电气总图。 （6）喷灌、给排水总图。 （7）园林铺装总图。 2. 园林工程施工图的绘制方法 （1）总平面图的绘制方法。 （2）景观布置图的绘制方法。 （3）竖向设计总图的绘制方法。 （4）植物配置总图的绘制方法。 （5）照明电气总图的绘制方法。 （6）喷灌、给排水总图的绘制。 （7）园林铺装总图的绘制方法。 3. 园林工程施工图绘制的注意事项 第3讲 园林建筑设计（6课时） 1. 园林建筑施工图的内容	1. 水景施工图的内容； 2. 水景施工图的绘制方法； 3. 水景施工图绘制的注意事项； 4. 园林工程施工图的内容； 5. 园林工程施工图的绘制方法； 6. 园林工程施工图绘制的注意事项； 7. 园林建筑施工图的内容； 8 园林件数施工图的绘制方法； 9. 园林建筑施工图绘制的注意事项； 10. 园林植物景观施工图的内容； 11. 园林植物景观施工图的绘制方法； 12. 园林植	1. 能明确水景施工图的内容、绘制方法及其注意事项； 2. 能够规范地绘制水景施工图； 3. 能明确园林工程施工图的内容、绘制方法及其注意事项； 4. 能够规范地绘制园林工程施工图； 5. 能明确园林建筑施工图的内容、绘制方法及其注意事项； 6. 能够规范地绘制园林建筑施工图； 7. 能明确园林植物景观施工图的内容、绘制方法及其注	重点： 1. 水景施工图绘制； 2. 园林工程施工图绘制； 3. 园林建筑施工图绘制； 4. 园林水、电管线施工图绘制。 难点： 1. 水景施工图绘制； 2. 园林工程施工图绘制； 3. 园林建筑施工图绘制； 4. 园林植物景观施工图绘制； 5. 园林植物景观施工图绘制； 6. 水、电管线施工图绘制	学习模块采用任务驱动方式，根据具体教学内容采用案例教学法、项目教学法	20

教学内容	教学要求			教学形式	建议学时
	知识点	技能点	重难点		
（1）建筑平面图。 （2）建筑立面图。 （3）建筑剖面图。 （4）做法详图。 2.园林建筑施工图的绘制方法 （1）建筑平面图的绘制方法。 （2）建筑立面图的绘制方法。 （3）建筑剖面图的绘制方法。 （4）做法详图的绘制方法。 3.园林建筑施工图绘制的注意事项 第4讲　植物景观设计（4课时） 1.园林植物景观施工图的内容 （1）乔木平面布置图。 （2）灌木及铺地植物平面布置图。 （3）乔木平面方格网放线图。 （4）灌木及铺地植物平面方格网放线图。 2.园林植物景观施工图的绘制方法 （1）乔木平面布置图的绘制方法。 （2）灌木及铺地植物平面布置图的绘制方法。 （3）乔木平面方格网放线图的绘制方法。 （4）灌木及铺地植物平面方格网放线图的绘制方法。 3.园林植物景观施工图绘制的注意事项 第5讲　水、电管线设计（4课时） 1.园林水、电管线施工图的内容 （1）水电管线平面布置图。 （2）水电管线方格网放线图。 （3）各种检查井及管沟具体做法详图。 2.园林水、电管线施工图的绘制方法 （1）水电管线平面布置图的绘制方法。 （2）水电管线方格网放线图的绘制方法。 （3）各种检查井及管沟具体做法详图的绘制方法。 3.园林水、电管线施工图绘制的注意事项	物景观施工图绘制的注意事项； 13.园林水、电管线施工图的内容； 14.园林水、电管线施工图的绘制方法； 15.园林水、电管线施工图绘制的注意事项	意事项； 8.能够规范地绘制园林植物景观施工图； 9.能明确园林水、电管线施工图的内容、绘制方法及其注意事项； 10.能够规范地绘制园林水、电管线施工图			
教学资源准备： 1.多媒体教室、各种类型的园林施工图； 2.教学课件、教案					

2.园林施工图设计实践教学部分

1）教学要求和方法

通过园林施工图设计的实践应达到的目的和要求：掌握绘制园林施工图的基本方法；受到园林施工图设计实训基本操作技能的训练，获得绘制园林施工图的初步能力；培养严肃认真、实事求是的科学作风。同时，通过实践还可验证和巩固所学的理论知识，熟悉园林施工图绘制的规范要求。

园林施工图设计所进行的实践操作，应该根据国家、行业（部）颁布的规范标准进行，其主要内容如下。

（1）图纸目录：应先列新绘制图纸，后列选用的标准图或重复利用图；

（2）一般工程的设计说明可分别写在有关的图纸上，如重复利用某项工程的施工图图纸及其说明时，应详细注明其编制单位、资料名称、设计编号和编制日期。

（3）总平面图中应标明如下内容：

① 地形地物；

② 测量坐标网、坐标值、场地施工坐标网、坐标值；

③ 场地四界的测量坐标和施工坐标（或标注尺寸）；

④ 道路和排水沟等的施工坐标或相互关系尺寸；路面宽度及平曲线要素；

⑤ 指北针、风玫瑰；

⑥ 说明栏的内容：施工图的设计依据、尺寸单位、比例：高程系统、施工坐标网与测量坐标网的相互关系、补充图例等。

（4）竖向布置图中应标明如下内容：

① 场地施工坐标网、坐标值；

② 场地外围的道路、河渠或地面的关键性标高；

③ 道路和排水沟的起点、变坡点、转折点和终点等的设计标高（道路标注在路面中心、排水沟在沟底）、纵坡度、纵坡距、纵坡向、平曲线要素、竖曲线半径、关键性坐标。道路注明单面坡或双面坡；

④ 挡土墙、护坡或土坎等构筑物的顶部和底部的设计标高；

⑤ 用坡向箭头表明设计地面坡向，当对场地平整要求严格时，应用高差 0.10～0.20 m 的设计等高线表示地面起伏情况；

⑥ 指北针；

⑦ 说明栏的内容包括尺寸单位、比例、高程系统的名称、补充图例等；

⑧ 当工程简单时，本图可与总平面图合并绘制。如路网复杂时，应按上述有关技术条件等内容单独绘制道路平面图。

（5）种植布置图。

① 上木布置图；

② 下木布置图；

③ 苗木表。

（6）建筑小品设计中应标明如下内容：

① 总平面布置；

② 建筑小品的位置、坐标（或与建筑物、构筑物的距离尺寸）、设计标高；

③ 建筑小品的平、立、剖面图；

④ 指北针；

⑤ 说明栏内应标明尺寸单位、比例、图例、施工要求等。

（7）详图中应标明如下内容：路横断面、路面结构、水泥混凝土路面分格、小桥涵、挡土墙、护坡、建筑小品、体育运动场地等详图。

2）教学内容和要求

实践一　园林围墙施工图设计与绘制

[实践目的]

熟悉园林围墙的功能、种类和设计方法，掌握各类围墙施工图的绘制方法和技巧。

[技能目标]

① 能进行园林围墙设计；

② 学会绘制园林围墙施工图。

[实践内容]

绘制别墅庭院围墙。

（1）绘制墙柱和大门立柱。

（2）绘制围墙。

（3）填充墙柱和大门立柱。

（4）绘制大门。

实践二　园林水体施工图设计与绘制

[实践目的]

熟悉园林水体的功能、形式和水体景观设计方法，掌握水体施工图的表达方法和绘制技巧。

[技能目标]

① 能进行园林水体景观设计；

② 学会绘制园林水体施工图。

[实践内容]

1. 绘制景观水池

（1）绘制水池驳岸。

（2）绘制叠水。

（3）绘制水面景观。

2. 绘制生态鱼池

实践三　园林山石施工图设计与绘制

[实践目的]

熟悉园林山石的功能、分类；了解假山的类型、置石石材的选择、类型和布置手法以及园林山石的设计要点，掌握园林山石施工图的表达方法和绘制技巧。

[技能目标]

① 能进行园林水体景观设计；

② 学会绘制园林水体施工图。

[实践内容]

1. 绘制山石和石块

（1）石块的画法。

（2）山石的画法。

2. 景石的绘制

（1）绘制池岸景石。

（2）绘制绿地景石。

3. 绘制山石汀步和叠水假山

（1）使用"徒手画线"命令绘制汀步。

（2）使用"多段线"命令绘制汀步。

（3）绘制叠水假山。

实践四　园林建筑施工图设计与绘制

[实践目的]

熟悉园林建筑的功能、分类和设计要点，掌握各类园林建筑施工图的表达方法和绘制技巧。

[技能目标]

① 能初步进行各类园林建筑设计；

② 学会绘制园林建筑施工图。

[实践内容]

1. 绘制亲水平台和景观长廊

（1）绘制平台。

（2）绘制台阶。

（3）绘制景观长廊及桌椅。

2. 绘制景观亭

（1）绘制景观亭平面图。

（2）绘制景观亭立面图。

（3）绘制景观亭剖面图。

（4）绘制景观亭结构详图。

3. 绘制花架

（1）绘制花架横梁。

（2）绘制花架立柱。

（3）绘制花架顶部木枋。

4. 绘制其他园林建筑

（1）绘制黄色鱼眼沙地和烧烤炉。

（2）绘制景观树池施工图。

（3）绘制艺术花钵基座、台阶、矮砖墙和景墙施工图。

实践五　园路施工图设计与绘制

[实践目的]

熟悉园路的功能、分类和设计要点，掌握各类园路施工图的表达方法和绘制技巧。

[技能目标]

① 能初步进行各类园路设计；

② 学会绘制园路施工图。

[实践内容]

1. 绘制主园路施工图

2. 绘制景观水池汀步施工图

3. 绘制嵌草步石施工图

4. 绘制块石园路施工图

实践六　园林铺装施工图设计与绘制

[实践目的]

熟悉园林铺装的功能、分类和设计要点，掌握各类园林铺装施工图的表达方法和绘制技巧。

[技能目标]

1. 能初步进行各类园林铺装设计；

2. 学会绘制园林铺装施工图。

[实践内容]

1. 绘制园林铺装施工图

（1）绘制观水长廊铺装施工图。

（2）绘制门廊铺装施工图。

（3）绘制黄色鱼眼沙地地台铺装施工图。

2. 绘制别墅室内铺装施工图

（1）绘制室内铺装拼花。

（2）绘制室内装饰及家具。

（3）绘制室内铺装施工图。

实践七　园林植物施工图设计与绘制

[实践目的]

熟悉园林植物的功能、分类和设计要点，掌握各类园林植物施工图的表达方法和绘制技巧。

[技能目标]

① 能初步进行各类园林植物种植设计；

② 学会绘制园林植物施工图。

[实践内容]

1. 绘制乔木施工图

（1）绘制乔木平面布置图。

（2）绘制乔木定位放线图。

2. 绘制灌木及铺地植物施工图

（1）绘制灌木及铺地植物平面布置图。

（2）绘制灌木及铺地植物定位放线图。

实践八　园林建筑立面和详图设计

[实践目的]

掌握各类园林建筑立面图和详图的表达方法和绘制技巧。

[技能目标]

① 学会绘制园林建筑立面图；

② 学会绘制园林建筑详图。

[实践内容]

1. 花架的立面和详图绘制

（1）绘制花架立面图。

（2）绘制花架剖面大样图。

2. 雕塑池详图绘制

（1）绘制总体剖面图。

（2）绘制花池剖面图。

（3）绘制园椅详图。

3.景观立面绘制

（1）绘制台阶。

（2）绘制栏杆扶手柱。

（3）绘制栏杆。

（4）绘制亭立面。

三、考核方式与评价标准

（一）成绩构成

本课程总成绩=理论部分成绩（70%）+实践部分成绩（30%）。

1.理论部分成绩=期末理论卷面成绩（70%）+平时成绩（30%），平时成绩=出勤（30%）+作业（40%）+课堂表现（30%）。

2.实践部分成绩=课题训练平均成绩。

（二）考核方式

1.理论部分

本课程期末理论卷面成绩采用闭卷笔试，期末理论卷面成绩采用百分制，考试时间为120分钟，根据学生答卷和统一的评分标准，集中阅卷确定；理论部分平时成绩由各科任教师按学生的出勤、作业以及课堂表现，做好记录，按30%、30%、40%的比例综合评定。

2.实践部分

本课程实践部分采用结合工程实践的模式训练形式，根据学生完成的每一个训练项目效果给出评价结果，将各项目评价结果的平均值作为实践部分成绩。

（三）考核指标体系

1.考核内容及分值分配

成绩构成	考核内容	分值
理论教学部分 （总分值100分）	模块1：园林景观设计概论	30
	模块2：园林景观施工图设计	50
	模块3：园林景观施工图范例	20
校内实践教学部分 （总分值100分）	实践1：园林围墙施工图设计与绘制	10
	实践2：园林水体施工图设计与绘制	10
	实践3：园林山石施工图设计与绘制	10
	实践4：园林建筑施工图设计与绘制	15
	实践5：园路施工图与绘制	10
	实践6：园林铺装施工图设计与绘制	15
	实践7：园林植物施工图设计与绘制	15
	实践8：园林建筑立面和详图设计	15

2. 实践过程考核标准体系

（1）出勤及纪律情况考核。

出勤、纪律情况考核	遵守课堂纪律,不迟到,不早退,听从教师指导	遵守课堂纪律,有迟到或早退现象,能听从教师指导	课堂纪律较差,有迟到或早退现象、能听从老师指导	课堂纪律差,旷课或不听老师指导
得分（总分10分）	8~10分	6~7分	4~5分	0~3分

（2）认真态度考核。

认真态度	实践目的明确,课前预习充分,实践卫生好	实践目的较明确,课前有预习,实践卫生较好	实践目的较明确,课前预习不充分,实践卫生一般	实践目的不明确,课前未预习充分,实践卫生差
得分（总分10分）	8~10分	6~7分	4~5分	0~3分

（3）实践操作考核。

实践操作	在规定的时间内正确使用电脑,独立操作,方法、步骤正确,符合实践操作规定	基本上在规定时间内正确使用电脑,基本能独立操作、基本符合实践操作规程	在老师指导下能正确使用电脑,基本能完成试实践,但时间较长	在老师指导下不能勉强独立操作,不能在规定时间内完成实践
得分（总分30分）	25~30分	15~24分	10~14分	0~9分

（4）实践效果考核。

实践结果的准确度和规范度	图纸绘制准确规范,完成及时	图纸绘制比较准确规范,完成及时	图纸绘制比较准确规范,基本能按时完成	图纸绘制欠准确规范,未能按时完成
得分（总分50分）	45~50分	35~44分	20~34分	0~19分

四、教材选用建议

1. 选用教材

周代红. 园林施工图设计. 北京：中国林业出版社，2012.

2. 参考教材

（1）刘铁冬. 园林景观施工图绘制：天正 TArch8. 5 实战教程. 北京：中国水利水电出版社，2012.

（2）李波. AutoCAD 建筑园林景观施工图设计从入门到精通. 北京：机械工业出版社，2010.

12 "园林工程"课程标准

适用专业：园林工程技术专业

学　分：5.0

学　时：78学时（理论38学时，实践40学时）

一、课程总则

1. 课程性质与任务

本课程是高职园林工程技术专业的一门核心专业课程。本课程教学内容理论性，规范性和实践性较强，包括：园林土方工程、园林给排水工程、园林水景工程、园路工程、园林假山工程、园林建筑小品工程、植物种植工程。通过课程的学习，使学生掌握工程原理，工程设计及工程施工方面的知识。

2. 课程目标

通过本课程的学习，园林工程专业的学生应具备从事园林工程施工识图判读、园林工程施工、掌握园林工程施工技术及质量要求等所必备的专业知识、专业技能和职业能力，培养实际操作技能和岗位的适应能力，提高职业素质和职业能力。

（1）知识目标。

① 具有园林土方工程计算知识；

② 具有园林给排水工程方面知识；

③ 具有园林水景工程方面知识；

④ 具有园路工程方面知识；

⑤ 具有园林假山工程方面知识；

⑥ 具有园林供电与照明方面知识；

⑦ 具有植物种植工程方面知识。

（2）能力目标。

① 具有识图、读图的能力；

② 具有园林工程施工能力；

③ 具有园林工程设计的能力。

（3）素质目标。

① 具有辩证思维的能力；

② 具有严谨的工作作风和敬业爱岗的工作态度；

③ 具有严谨、认真、刻苦的学习态度，科学、求真、务实的工作作风；

④ 能遵纪守法、遵守职业道德和行业规范。

3. 学时分配

构成	教学内容	学时分配	小计
理论教学部分	模块1：园林工程项目施工运作	4	78
	模块2：园林工程施工识图	8	
	模块3：微地形构架技术与土方施工	8	

	模块4：园林给排水及线状设施施工	10	
理论教学部分	模块5：常见水景工程与施工	10	
	模块6：园林景石工程与施工	10	
	模块7：园林建筑小品工程与施工	10	
	模块8：园路景观工程与施工	8	
	模块9：植物种植工程与施工	10	
合　计		78	

二、教学内容与要求

1. 园林工程理论教学部分

模块1：园林工程项目施工运作

教学内容	教学要求			教学形式	建议学时
	知识点	技能点	重难点		
第1讲　园林工程概述（2学时） 1. 园林工程的概念、特点及发展 2. 园林工程的主要内容与分类 第2讲　园林工程项目施工运作（2学时） 1. 园林工程项目施工运作流程与项目施工管理 （1）园林工程项目建设程序及运作流程。 （2）园林工程项目施工管理。 2. 园林工程项目施工运作实践	1. 掌握园林工程的基本概念，了解园林工程的主要特点； 2. 了解园林工程项目施工的主要内容及其分类； 3. 熟悉园林工程项目施工运作的一般实施程序； 4. 熟悉园林工程项目的施工程序、施工特点及要求	1. 熟悉园林工程项目施工运作流程，并能用于现实工程项目实施之中； 2. 能够懂得现实园林工程项目施工运作成功所需要的技巧； 3. 能够以园林工程项目施工特点来指导现实后续的项目施工组织	重点：园林工程的基本概念，园林工程的主要特点。 难点：园林工程项目的施工程序、施工特点及要求	学生以小组形式组成团队，各学习单元采用任务驱动方式，根据具体教学内容采用案例教学法、项目教学法	4
教学资源准备： 1. 多媒体教室； 2. 教学课件					

模块2：园林工程施工识图

教学内容	教学要求			教学形式	建议学时
	知识点	技能点	重难点		
第1讲　园林工程施工图纸组成 1. 园林工程施工图的产生 2. 园林工程施工图纸的幅面内容与识读条件 第2讲　园林工程施工识图的步骤和方法	1. 了解园林工程施工图的基本构成要素及表现； 2. 掌握园林工程施工图的判读方法；	1. 能够读懂园林工程施工图图面基本要素； 2. 能够通过施工图对项目施工予以指导	重点： 1. 读懂园林工程施工图图面基本要素； 2. 园林工程施工图的判读方法。	学生以小组形式组成团队，各学习单元采用任务驱动方式，根据具体教学内容采用	8

教学内容	教学要求			教学形式	建议学时
	知识点	技能点	重难点		
1. 施工图的图面识读 2. 各种施工图识读 第3讲 园林工程施工图识读 1. 识读定位图 2. 识读网格放线图 3. 识读竖向设计图 4. 识读园路、铺装施工图 第4讲 园林工程施工图识读 1. 识读电气设备施工图; 2. 识读给水、排水设计图; 3. 识读假山工程施工图; 4. 识读植物配置设计图; 5. 识读园林建筑小品施工详图	3. 熟悉园林工程施工图技术交底中的读图要求	并组织施工; 3. 能够有效地进行施工放样、施工管理和工程量计算; 4. 能报考国家技能岗位,如放线员、施工员、监理员、预算员等	难点:各种施工图识读	案例教学法、项目教学法	
教学资源准备: 1. 多媒体教室; 2. 教学课件					

模块3:微地形构架技术与土方施工

教学内容	教学要求			教学形式	建议学时
	知识点	技能点	重难点		
第1讲 微地形构架技术与土方施工 (1)地形变化表现方法。 (2)地形构架设计与生态环境保护。 (3)典型节点地形构架设计。 第2讲 园林工程土方计算 1. 体积公式法 2. 断面法 第3讲 园林工程土方计算 1. 方格网法 2. 土方的平衡与调配 第4讲 土方施工实用技术 1. 土方施工前准备工作 2. 土方施工技术 3. 土方工程的雨季、冬季施工 4. 土方施工质量控制	1. 了解园林地形的基本形式与类型及其相应的特点; 2. 熟悉各类园林用地的设计要求,掌握地形设计的一般步骤及其相应的工作内容; 3. 熟悉地形设计的基本方法以及园林土方工程量的计算方法	1. 能够应用等高线法进行简单的地形塑造设计; 2. 能够进行园林土方工程量的计算,能够指导土方工程施工; 3. 能够进行园林土方施工定点放线,能够组织现场进行简单的地形塑造施工	重点: 1. 园林地形的基本形式与类型及其相应的特点; 2. 园林用地的设计要求,地形设计的一般步骤及其相应的工作内容。 难点:地形设计的基本方法以及园林土方工程量的计算方法	学生以小组形式组成团队,各学习单元采用任务驱动方式,根据具体教学内容采用案例教学法、项目教学法	8
教学资源准备: 1. 多媒体教室; 2. 教学课件					

模块 4：园林给排水及线状设施施工

教学内容	教学要求			教学形式	建议学时
	知识点	技能点	重难点		
第 1 讲　园林给水工程 1. 园林给水工程概述 2. 园林给水工程 （1）给水工程的组成与主要水源。 （2）给水管网的布置技术。 第 2 讲　园林排水工程 1. 园林排水方式与特点； 2. 园林排水设计技术。 第 3 讲　给排水管网工程及其施工 1. 管网工程技术标准； 2. 给排水管网工程施工； 3. 园林工程管线综合布置。 第 4 讲　线状设施施工技术 （1）喷灌系统类型与设施构成。 （2）喷灌系统设计流程与方法。 （3）喷灌工程施工。 （4）公寓式住宅配电系统。 第 5 讲　园林配光线路与污水线状排放设施施工 1. 园林配光线路施工 （1）园灯及配电箱布置要求。 （2）常用园灯类型。 （3）常见配光电缆种型。 （4）配光线路施工。 2. 污水线状排放设施施工 （1）园林污水处理流程。 （2）污水排放设施施工	1. 了解园林给排水工程的一般特点； 2. 了解园林给排水管网常用管件种类； 3. 熟悉园林常见给排水方式及其设计要点； 4. 掌握园林工程常用线状设施的种类与施工方法	1. 能够进行园林工程常用给排水管网的布置设计； 2. 能够指导与组织工作绿地喷灌系统的施工及管理； 3. 能够进行一般供电配光线状配套设施施工	重点： 1. 园林给排水管网常用管件种类； 2. 园林常见给排水方式及其设计要点。 难点：绿地喷灌系统的施工及管理	学生以小组形式组成团队，各学习单元采用任务驱动方式，根据具体教学内容采用案例教学法、项目教学法	10
教学资源准备： 1. 多媒体教室； 2. 教学课件					

模块 5：常见水景工程与施工

教学内容	教学要求			教学形式	建议学时
	知识点	技能点	重难点		
第 1 讲　常见水景类型简介 1. 园林中常见水景类型与景观效应 2. 水景构成 3. 对水景设施工程的再认识 第 2 讲　湖池工程及施工 1. 对湖池表现的基本要求 2. 人工湖工程 3. 水池工程	1. 了解园林工程常见水景类型及其主要特点，为工程施工打好基础； 2. 熟悉各类水景工程施工流程及施工技术方法；	1. 能够根据施工环境熟识水景工程施工图，并能组织具体水景施工； 2. 能够根据各类水景工程施工流程及施工方法拟定施工流程，并能	重点： 1. 常见水景类型及其主要特点； 2. 各类水景工程施工流程及施工技术方法。 难点：解决	学生以小组形式组成团队，各学习单元采用任务驱动方式，根据具体教学内容采用案例教学法、项目教学	10

教学内容	教学要求			教学形式	建议学时
	知识点	技能点	重难点		
第3讲　园林喷泉工程 1. 喷泉的布置形式及基本要点 2. 喷头与喷泉造型 3. 现代喷泉类型 第4讲　园林喷泉工程 1. 喷泉的控制方式 2. 喷泉的给排水系统 3. 喷泉的水力计算及水泵选型 4. 喷泉构筑物 第5讲　瀑布、跌水、溪流工程 1. 瀑布工程 2. 跌水工程 3. 溪流工程 4. 驳岸和护坡工程	3. 掌握常见水景工程施工组织及施工技术质量要求	依据施工环境灵活应用； 3. 能够解决水景工程施工中出现的一般性技术问题	水景工程施工中出现的技术问题		
教学资源准备： 1. 多媒体教室； 2. 教学课件					

模块6：园林景石工程与施工

教学内容	教学要求			教学形式	建议学时
	知识点	技能点	重难点		
第1讲　山石景观的作用与种类 1. 山石景观在园林中的作用 2. 山石景观的种类 第2讲　景观山石的材料与性能 1. 传统山石的种类 2. 塑石塑山 第3讲　石景小品景观表现与施工 1. 山石花台 2. 回廊转折处的廊间山石小品 3. 与园林建筑结合的山石布景 第4讲　假山景观表现与施工 1. 自然山体景观概述 2. 人工假山创作 3. 传统假山施工技术 第5讲　塑山与塑石施工技术 1. 塑山与塑石的分类与特点 2. 塑山的表现与施工 3. 常见塑山、塑石做法	1. 了解园林景石工程常用室外石种及其主要造景特点； 2. 熟悉小型叠石假山的一般结构和堆积技法； 3. 掌握一般园林景石施工流程和施工方法以及一些简易景石假山的施工要点； 4. 了解GRC假山造景、CFRC塑石、FRP塑山塑石的工艺	1. 能够根据不同类型的石种进行景石小品创作； 2. 能够熟练指挥景石现场施工，保证景石施工安全； 3. 能够根据一般假山的特点与要求组织简易假山掇山施工； 4. 能够根据施工现场环境灵活拟定景石施工方法，制定施工措施	重点： 1. 小型叠石假山的一般结构和堆积技法； 2. 一般园林景石施工流程和施工方法以及一些简易景石假山的施工要点 难点：GRC假山造景、CFRC塑石、FRP塑山塑石的工艺	学生以小组形式组成团队，各学习单元采用任务驱动方式，根据具体教学内容采用案例教学法、项目教学法	10
教学资源准备： 1. 多媒体教室； 2. 教学课件					

模块 7：园林建筑小品工程与施工

教学内容	教学要求			教学形式	建议学时
	知识点	技能点	重难点		
第1讲　常见园林简易亭与施工 1. 常见亭的特点、构造和类型 2. 亭的设计要求与应用环境 3. 简易亭的施工程序和施工方法 第2讲　常见景观小桥与施工 1. 园林小桥的类型及应用 2. 园林小桥的施工程序、施工结构和施工方法 第3讲　园林景观花架与施工 1. 常见花架的形式、材料及应用环境 2. 常见花架的施工程序、施工结构和施工方法 第4讲　人工塑凳塑树桩与施工 1. 塑凳塑树桩的应用环境与施工材料 2. 塑凳塑树桩的施工程序与施工要点 第5讲　园林景观小品细述 1. 常见景观小品的类型与作用 2. 景观小品的新技术、新工艺和新材料应用	1. 了解园林建筑小品的主要类型及景观特点； 2. 熟悉园林建筑小品的应用环境与结构要求； 3. 掌握常见园林建筑小品的施工流程和施工技术要点； 4. 了解园林建筑小品的施工质量要求与成品保护方法	1. 能够根据园林绿地环境选择园林建筑小品，并能真正发挥小品的景观功能； 2. 能够视实际施工环境及建筑小品情况组织小品施工； 3. 能够按照施工流程熟悉小品施工技术方法并以此指导施工	重点： 1. 园林建筑小品的主要类型及景观特点； 2. 园林建筑小品的应用环境与结构要求。 难点： 常见园林建筑小品的施工流程和施工技术要点	学生以小组形式组成团队，各学习单元采用任务驱动方式，根据具体教学内容采用案例教学法、项目教学法	10
教学资源准备： 1. 多媒体教室； 2. 教学课件					

模块 8：园路景观工程与施工

教学内容	教学要求			教学形式	建议学时
	知识点	技能点	重难点		
第1讲　园路类型与设计要 1. 常见园路类型与应用特点 2. 不同园路的设计要求 第2讲　园路现场施工方法 （1）施工流程。 （2）施工流程节点基本要点。 第3讲　不同面层园路的施工技术 1. 水泥混凝土面层施工 2. 片块状材料的地面砌筑 3. 地面镶嵌与拼花 4. 嵌草路面的铺砌 第3讲　园路施工中常出现的问题及解决方法 1. 沥青路面 2. 水泥混凝土路面 3. 混凝土园路施工技术现场操作控制	1. 了解园路的一般特点与结构要求； 2. 熟悉各种类型园路的流程及其施工技术要点； 3. 掌握常见园路的施工层次和具体施工做法	1. 能够进行园路的平面布局和断面设计，并能绘制相应的路面装饰施工图； 2. 在识读园路工程施工图基础上，能够进行各种园路工程施工； 3. 能够进行园路工程施工现场组织，解决一般性施工技术问题	重点： 1. 园路的一般特点与结构要求； 2. 各种类型园路的流程及其施工技术要点。 难点：常见园路的施工层次和具体施工做法	学生以小组形式组成团队，各学习单元采用任务驱动方式，根据具体教学内容采用案例教学法、项目教学法	8
教学资源准备： 1. 多媒体教室； 2. 教学课件					

模块 9：植物种植工程与施工

教学内容	教学要求			教学形式	建议学时
	知识点	技能点	重难点		
第1讲 植物种植施工现场准备 1. 现场条件准备 2. 现场放线技术 第2讲 一般园林苗木栽植施工 1. 种植坑与起苗施工 2. 苗木栽植后养护 第3讲 大树移植 1. 大树移植概述 2. 大树移植前的准备工作 第4讲 大树移植施工方法 1. 大树移植季节 2. 大树移植方法 3. 大树移植成活的技术措施 第5讲 景观花带种植 1. 花带施工的程序和方法 2. 施工中应注意的问题	1. 熟悉园林种植工程施工程序与基本要求； 2. 了解园林种植工程栽植前的基本工作； 3. 掌握园林种植工程大树移植的方法及技术措施	1. 能够进行一般园林苗木的规范栽植工作； 2. 能够组织与指导大树移植，并能灵活采用特别技术措施确保其成活； 3. 能够根据植物生长要求进行园林植物栽植后期的养护管理	重点： 1. 园林种植工程施工程序与基本要求； 2. 一般园林苗木的规范栽植。 难点：园林种植工程大树移植的方法及技术措施	学生以小组形式组成团队，各学习单元采用任务驱动方式，根据具体教学内容采用案例教学法、项目教学法	10
教学资源准备： 1. 多媒体教室； 2. 教学课件					

三、考核方式与评价标准

（一）成绩构成

本课程总成绩=理论部分成绩（100%）。

1. 理论部分成绩=期末理论卷面成绩（70%）+平时成绩（30%），平时成绩=出勤（30%）+作业（30%）+课堂表现（40%）。

（二）考核方式

本课程期末理论卷面成绩采用闭卷笔试，期末理论卷面成绩采用百分制，考试时间为120分钟，根据学生答卷和统一的评分标准，集中阅卷确定；理论部分平时成绩由各科任教师按学生的出勤、作业以及课堂表现，做好记录，按30%、30%、40%的比例综合评定。

（三）考核指标体系

考核内容及分值分配

成绩构成	考核内容	分值
理论教学部分 （总分值100分）	模块1：园林工程项目施工运作	10
	模块2：园林工程施工识图	10
	模块3：微地形构架技术与土方施工	10
	模块4：园林给排水及线状设施施工	10
	模块5：常见水景工程与施工	15
	模块6：园林景石工程与施工	15
	模块7：园林建筑小品工程与施工	10
	模块8：园路景观工程与施工	10
	模块9：植物种植工程与施工	10

四、教材选用建议

1. 选用教材

陈科东. 园林工程技术. 北京：高等教育出版社，2012.

2. 参考教材

（1）徐辉，潘福荣. 园林工程设计. 北京：机械工业出版社，2008.

（2）张吉祥. 园林植物种植设计. 北京：中国建筑工业出版社，2001.

（3）王成俊. 风景园林设计. 南京：江苏科学技术出版社，2000.

13 "园林建筑设计"课程标准

适用专业：园林工程技术专业

学　　分：4.0

学　　时：64学时（理论50学时，实训14学时）

一、课程总则

1. 课程性质与任务

本课程为培养专业园林人才服务，是园林专业的特色专业基础课程，教学以理论教学为基础，以增强园林设计管理人才的建筑知识和设计技能为目的，增强园林专业与建筑专业交流合作的能力，提高专业技能，树立良好的职业道德素质，为后续的园林工程等课程服务。

2. 课程目标

本课程以建筑材料的性质为中心，从影响材料性质的内因和外因两条线索，使学生掌握建筑材料基本性质、气硬性胶凝材料、水硬性胶凝材料、混凝土、建筑砂浆、砖材、建筑钢材、木材、沥青、建筑塑料涂料胶黏剂等材料的性质及应用等专业知识；通过学习，培养学生能正确鉴别、合理选用、科学管理建筑材料的专业技能和职业能力，提高学生的职业素质和职业能力。

通过本门课程的教学，学生应了解中国园林建筑的特点、园林建筑的发展历程。掌握园林建筑的分类、各类园林建筑的材料的选择与应用、园林建筑设计的方法与技巧。通过本课程的学习，园林工程技术专业的学生应具备从事园林建筑设计所必备的专业知识、专业技能和职业能力，培养学生实际操作技能和岗位的适应能力，提高学生的职业素质和职业能力。教学培养学生辩证唯物主义思想、严肃认真的科学工作态度、分析问题和解决问题的能力。

（1）知识目标。

① 具有园林建筑设计的基础知识；

② 掌握园林建筑设计的基本理论；

③ 了解园林建筑材料的选择与应用；

④ 掌握园林建筑设计的方案和布局，以及施工的可能性和合理性。

（2）能力目标。

① 掌握园林建筑的分类；

② 掌握园林建筑的设计方法，并运用一定的技巧来进行园林建筑的设计；

③ 掌握各种功能性不同的建筑的设计要点，并相应的能够利用设计要点进行单体的设计；

④ 掌握园林建筑各小品的设计要点，并能够运用了解的要点进行简单的园林建筑小品设计。

（3）素质目标。

① 具有保护生态环境及可持续发展的意识；

② 具有良好的职业道德，过硬的职业素质；

③ 具有吃苦耐劳的实践精神，勇于创新的探索精神，服务社会的创业抱负；

④ 能遵纪守法、遵守职业道德和行业规范。

3．学时分配

构成	教学内容	学时分配	小计
理论教学部分	模块1：绪论	2	50
	模块2：园林建筑的设计方法与技巧	6	
	模块3：游憩性建筑	16	
	模块4：服务性建筑	12	
	模块5：园林建筑小品	14	

二、教学内容与要求

模块1：绪论

教学内容	教学要求			教学形式	建议学时
	知识点	技能点	重难点		
第1讲　园林建筑与园林的关系 1. 园林的概念 2. 园林建筑的概念 3. 园林建筑的特征 4. 园林建筑的景观功能 （1）点景。 （2）观景。 （3）界定空间。 （4）组织游览路线。 5. 园林建筑的类型 （1）按使用功能分类。 （2）按形式分类。 第2讲　园林建筑的发展历程 1. 中国园林建筑的发展 （1）园林的生成期。 （2）园林的转折期。 （3）园林的全盛期。 （4）园林的成熟早期。 （5）园林的成熟中期。 （6）园林的成熟后期。 2. 现代园林与园林建筑的发展趋势 （1）合理利用空间。 （2）园林的内涵在扩大。 （3）园林的形式简单而抽象。 （4）造园材料多样化。 （5）造园材料企业化生产。 （6）采用科学的方法进行园林建筑设计。 第3讲　中国园林建筑的布局特点 1. 中国园林建筑的形式特点 （1）曲线。 （2）构思。 （3）形制。	1. 园林建筑概念； 2. 园林建筑特征； 3. 园林建筑功能； 4. 园林建筑类型； 5. 园林建筑的发展历程	1. 园林建筑类型； 2. 园林建筑的发展历程	重点： 1. 园林建筑概念； 2. 园林建筑特征； 3. 园林建筑功能； 4. 园林建筑类型。 难点： 1. 园林建筑类型； 2. 园林建筑的发展历程	学生以小组形式组成团队，各学习单元采用任务驱动方式，根据具体教学内容采用案例教学法、项目教学法	2

教学内容	教学要求			教学形式	建议学时
	知识点	技能点	重难点		
（4）通透。 2. 中国园林建筑意境交融的特点 3. 中国园林建筑布局的特点 （1）动静结合。 （2）虚实相兼。 （3）形势匹配					
教学资源准备： 1. 多媒体教室； 2. 教学课件					

模块 2：园林建筑的设计方法与技巧

教学内容	教学要求			教学形式	建议学时
	知识点	技能点	重难点		
第 1 讲　园林建筑空间的处理方法 1. 空间的类型 （1）内向空间。 （2）外向空间。 （3）内外空间。 （4）连续空间。 2. 园林建筑空间的布局手法及技巧 （1）空间的对比。 ① 空间的大小对比； ② 空间的开合对比； ③ 空间的虚实对比； ④ 空间的形状对比； ⑤ 主次要空间的对比。 （2）空间的围与透。 （3）空间的序列。 ① 空间序列的概念； ② 空间序列的分类。 第 2 讲　园林建筑布局 1. 中国园林的布局特点 （1）本于自认，高于自然。 （2）巧于因借，精在体宜。 （3）划分景区，园中有园。 2. 园林建筑布局的手法及技巧 （1）主与从。 （2）正与变。 （3）静与动。 （4）对景与借景。 第 3 讲　园林建筑的尺度与比例	1. 空间的类型； 2. 空间的布局手法及技巧； 3. 中国园林的布局特点； 4. 园林建筑布局的手法及技巧； 5. 园林建筑的尺度； 6. 园林建筑的比例； 7. 园林建筑的色彩； 8. 园林建筑的质感	1. 布局手法； 2. 园林建筑的布局手法； 3. 园林建筑尺度与比例的把握； 4. 园林建筑的色彩与质感的把握	重点： 1. 园林建筑空间的布局手法及技巧； 2. 园林建筑布局的手法； 3. 园林建筑的尺度与比例； 4. 园林建筑的色彩与质感。 难点： 1. 园林建筑空间的布局手法及技巧； 2. 园林建筑布局的手法； 3. 园林建筑的尺度与比例； 4. 园林建筑的色彩与质感	学生以小组形式组成团队，各学习单元采用任务驱动方式，根据具体教学内容采用案例教学法、项目教学法	6

教学内容					
1．园林建筑的尺度 （1）尺度的概念。 （2）园林建筑中的尺度应用。 （3）园林建筑尺度控制应遵循的规律。 2．园林建筑的比例 （1）比例的概念。 （2）园林建筑中比例的应用。 3．比例与尺度在园林建筑设计上的关系 第4讲　色彩与质感 1．色彩与质感的概念 2．园林建筑的色彩与质感 3．处理色彩与质感的方法					
教学资源准备： 1．多媒体教室； 2．教学课件					

模块3：游憩性建筑

教学内容	教学要求			教学形式	建议学时
	知识点	技能点	重难点		
第1讲　亭 1．亭的含义及功能 （1）亭的含义。 （2）亭的功能。 2．亭的类型 （1）从平面形式分。 ① 几何形亭； ② 仿生形亭； ③ 半亭； ④ 双亭； ⑤ 组合式亭。 （2）从屋顶形式分。 3．亭的设计要点 （1）亭的位置的选择。 ① 山地建亭； ② 临水建亭； ③ 平地建亭。 （2）亭自身造型的设计要点。 ① 亭的造型； ② 亭的体量与比例； ③ 细部装饰。 4．亭的材料选择及构造 （1）材料的选择。 （2）亭的组成。 ① 亭顶；	1．亭的含义； 2．亭的类型； 3．亭的设计要点； 4．亭的材料选择及构造； 5．廊的含义； 6．廊的功能； 7．廊的类型； 8．廊的设计要点； 9．廊的结构与材料； 10.花架的含义； 11.花架的功能； 12.花架的类型； 13.花架的设计要点； 14.花架的结构与材料； 15．园；林大门的作用 16．园林大门的分类； 17．园林大门的构成； 18．园林大门的设	1．亭的设计要点； 2．亭的材料的选择 3.廊的设计要点； 4．廊的材料的选择； 5．花架的设计要点； 6．花架的材料的选择； 7．园林大门的设计； 8．榭的设计； 9．舫的设计； 10.园桥的设计要点	重点： 1．亭的类型、设计要点及材料的选择； 2．廊的类型、设计要点及材料的选择； 3．花架的类型、设计要点及材料的选择； 4．园林大门的构成与设计； 5．榭的基本形式及设计要点； 6．舫的基本形式及设计要点 7．园桥的分类、设计要点及构造。 难点： 1．亭的设计要点； 2．廊的设计要点； 3．花架的设计要点；	学生以小组形式组成团队，各学习单元采用任务驱动方式，根据具体教学内容采用案例教学法、项目教学法	16

教学内容	教学要求			教学形式	建议学时
	知识点	技能点	重难点		
② 亭柱； ③ 台基。 5. 亭的实例介绍 **第2讲　廊** 1. 廊的含义 2. 廊的功能 （1）连接单体建筑。 （2）分隔并围合空间。 （3）引导空间。 （4）展览功能。 3. 廊的类型 （1）从剖面进行划分。 （2）从立面造型进行划分。 （3）从平面造型进行划分。 （4）从与环境的结合进行划分。 4. 廊的设计要点 （1）造型的设计。 （2）不同类型廊的设计。 （3）位置经营。 5. 廊的结构与材料 （1）一般的结构要求。 （2）常用的构造材料。 6. 廊的实例分析 **第3讲　花架** 1. 花架的含义 2. 花架的功能 3. 花架的分类 （1）廊架式花架。 （2）单片式花架。 （3）独立式花架。 （4）组合式花架。 4. 花架的设计要点 （1）要与植物合理搭配。 （2）要注意造型与环境的协调。 5. 花架的结构与材料 （1）花架的体量尺寸。 （2）花架的构造材料。 （3）花架的构造方法。 **第4讲　园林大门** 1. 园林大门的作用 （1）标志空间。 （2）划分空间。 （3）交通集散与人流疏导。 （4）完善功能。	计要点； 19. 榭的含义； 20. 榭的功能； 21. 榭的基本形式； 22. 榭的设计要点； 23. 舫的含义； 24. 舫的功能； 25. 舫的基本形式； 26. 舫的设计要点； 27. 桥的含义； 28. 桥的功能； 29. 桥的分类； 30. 园桥的设计要点； 31. 桥的结构与构造		4. 园林大门的设计要点； 5. 水榭的设计要点； 6. 舫的设计要点； 7. 桥的结构与构造		

教学内容	教学要求			教学形式	建议学时
	知识点	技能点	重难点		
2. 园林大门的分类 （1）按照公园的性质分。 ① 纪念性园林大门； ② 游览性园林大门； ③ 专业性园林大门。 （2）按在园林中的地位分。 ① 主要大门； ② 次要大门； ③ 专用大门。 （3）按园林的风格分。 ① 规则式园林大门； ② 自然式园林大门。 3. 园林大门的构成 4. 园林大门的设计要点 （1）园林大门的选址。 （2）园林大门的空间处理。 （3）停车场设计。 （4）大小出入口的布局设计。 （5）园林大门的造型设计。 ① 山门式； ② 牌坊式； ③ 阙式； ④ 柱式； ⑤ 盖顶式。 （6）园林大门附属建筑的设计。 ① 售票室设计； ② 门卫室、管理室设计； （7）园林大门的立面要素。 5. 园林大门的设计实例 第5讲　水榭 1. 榭的含义 2. 榭的功能 3. 榭的基本形式 （1）与水体结合的不同形式。 （2）不同地域水榭的形式。 4. 榭的设计要点 5. 榭的设计实例 第6讲　舫 1. 舫的含义 2. 舫的功能 3. 舫的基本形式 4. 舫的设计要点 5. 舫的设计实例 第7讲　桥					

教学内容	教学要求			教学形式	建议学时
	知识点	技能点	重难点		
1. 桥的含义 2. 桥的功能 3. 桥的分类 （1）按结构分。 ① 梁桥； ② 拱桥； ③ 浮桥； ④ 吊桥； ⑤ 汀步。 （2）按材料分。 （3）按立面形式分。 4. 园桥的设计要点 （1）园桥的设计原则。 （2）园桥的造型。 （3）园桥的体量。 （4）园桥的栏杆与桥岸。 （5）桥上与桥下的交通要求。 5. 园桥的照明 6. 桥的结构与构造					
教学资源准备： 1. 多媒体教室； 2. 教学课件					

模块 4：服务性建筑

教学内容	教学要求			教学形式	建议学时
	知识点	技能点	重难点		
第1讲　园林展览馆 1. 园林展览馆的功能 （1）展览陈列。 （2）点缀园林景观。 2. 园林展览馆的类型 （1）艺术品展览馆。 （2）纪念类展览馆。 （3）民俗文化类展览馆。 （4）动植物类展览馆。 （5）科技类展览馆。 3. 园林展览馆的设计要点 （1）位置选择。 （2）造型设计。 （3）建筑体量。 （4）功能布局。 4. 园林展览馆的内部功能构成 （1）展览厅。 （2）藏品室。	1. 园林展览馆的功能； 2. 园林展览馆的类型； 3. 园林展览馆的设计要点； 4. 园林展览馆的内部功能构成； 5. 餐饮类建筑的功能； 6. 餐饮类建筑的分类； 7. 设计要点； 8. 餐饮类建筑的内部功能构成； 9. 园林小卖	1. 园林展览馆的设计； 2. 餐饮类建筑的设计； 3. 园林小卖部的设计； 4. 园林厕所的设计； 5. 游船码头的设计	重点： 1. 园林展览馆的类型、设计要点及内部功能构成； 2. 餐饮类建筑的设计； 3. 园林小卖部的设计； 4. 园林厕所的设计； 5. 游船码头的设	学生以小组形式组成团队，各学习单元采用任务驱动方式，根据具体教学内容采用案例教学法、项目教学法	12

教学内容	教学要求			教学形式	建议学时
	知识点	技能点	重难点		
（3）办公区。 （4）门厅。 　5.实例介绍 第2讲　餐饮类建筑 　1.餐饮类建筑的功能 （1）为游人提供吃饭、饮茶的场所。 （2）点缀园林风景。 （3）观赏园林风景。 　2.餐饮类建筑的分类 （1）餐厅。 （2）茶室。 　3.设计要点 （1）位置的选择。 （2）建筑造型。 （3）建筑体量。 （4）功能布局。 　4.餐饮类建筑的内部功能构成 （1）餐厅。 （2）茶室。 　5.设计实例 第3讲　园林小卖部 　1.园林小卖部的功能 （1）基本功能。 （2）点缀风景。 　2.园林小卖部分类 （1）食品类。 （2）旅游工艺纪念品类。 （3）花鸟鱼类售品部。 （4）摄影部。 　3.设计要点 （1）位置的选择。 （2）建筑造型。 （3）建筑体量。 （4）其他方面。 第4讲　园林厕所 　1.园林厕所的功能 　2.园林厕所的分类 （1）独立性厕所。 （2）附属性厕所。 （3）临时性厕所。 　3.园林厕所的设计要点 （1）位置的选择。 （2）建筑造型。 （3）建筑体量。	部的功能； 　10.园林小卖部分类； 　11.园林小卖部设计要点； 　12.园林厕所的功能； 　13.园林厕所的分类； 　14.园林厕所的设计要点； 　15.游船码头的功能； 　16.游船码头分类； 　17.游船码头的设计要点； 　18.游船码头的组成		计。 　难点： 　1.园林展览馆的设计要点； 　2.餐饮类建筑的设计及内部功能构成； 　3.园林小卖部的设计； 　4.园林厕所的设计； 　5.游船码头的设计		

教学内容	教学要求			教学形式	建议学时
	知识点	技能点	重难点		
（4）其他方面。 4. 园林厕所的设计实例 第5讲　游船码头 1. 游船码头的功能 （1）基本功能。 （2）点缀风景。 （3）赏景功能。 2. 游船码头分类 （1）伸入式。 （2）驳岸式。 （3）浮船式。 3. 游船码头的设计要点 （1）位置选择。 （2）水体标高。 （3）观赏效果。 （4）人流路线。 （5）平台位置。 （6）平台尺寸。 5. 游船码头的组成 （1）水上平台。 （2）蹬道台级。 （3）售票室与检票口。 （4）管理室。 （5）靠平台工作间。 （6）游人休息、候船空间。 （7）集船柱桩或简易船坞					
教学资源准备： 1. 多媒体教室； 2. 教学课件					

模块5：园林建筑小品

教学内容	教学要求			教学形式	建议学时
	知识点	技能点	重难点		
第1讲　概述 1. 园林建筑小品的概念 2. 园林建筑小品的设计要点 （1）巧于立意。 （2）独具特色。 （3）将人工融于自然。 （4）精于体宜。 （5）符合使用功能及技术要求。 3. 园林建筑小品的功能 （1）作为主景。 （2）组织景点。	1. 园林建筑小品的概念； 2. 园林建筑小品的设计要点； 3. 园林建筑小品的功能； 4. 墙垣的设计； 5. 门洞的设计； 6. 窗洞的设计； 7. 花格的设计； 8. 栏杆设计；	1. 园林建筑小品的设计要点； 2. 园林建筑小品的功能； 3. 墙垣的设计； 4. 门洞的设计； 5. 窗洞的	重点： 1. 园林建筑小品的概念； 2. 园林建筑小品的设计要点； 3. 园林建筑小品的功能； 4. 墙垣的设计； 5. 门洞的设	学生以小组形式组成团队，各学习单元采用任务驱动方式，根据具体教学内容采用案例教学法、项目教学法	12

教学内容	教学要求			教学形式	建议学时
	知识点	技能点	重难点		
（3）装饰。 第2讲　墙垣与门窗洞设计 1．墙垣的设计 （1）墙垣的功能。 （2）墙垣的设计要点。 ① 位置选择； ② 造型与环境； ③ 坚固与安全； ④ 材料选择。 2．门洞的设计 （1）门洞的形式。 （2）门洞的设计要点。 3．窗洞的设计 （1）窗洞的形式。 （2）窗洞是设计要点。 第3讲　花格、栏杆与装饰隔断 1．花格的设计 （1）花格的功能。 （2）花格的形式。 （3）花格的设计要点。 2．栏杆设计 （1）栏杆的功能。 （2）栏杆的分类。 （3）栏杆的设计要点。 3．装饰隔断设计 第4讲　园桌、园凳和园灯 1．园桌、园凳的设计 （1）园桌、园凳的功能。 （2）园桌、园凳的设计要点。 2．园灯的设计 （1）园灯的功能。 （2）园灯的类型。 （3）园灯的设计要点。 第5讲　展览栏、标牌与果皮箱 1．展览栏、标牌的设计 （1）展览栏、标牌的功能。 （2）展览栏、标牌的设计要点。 2．果皮箱的设计 （1）果皮箱的功能。 （2）果皮箱的设计要点。 第6讲　铺地、台阶、蹬道 1．铺地的设计	9．装饰隔断设计； 10．园桌、园凳的设计； 11．园灯的设计； 12．展览栏、标牌的设计； 13．果皮箱的设计； 14．铺地的设计； 15．台阶、蹬道的设计； 16．喷泉的设计； 17．雕塑的设计	设计； 6．花格的设计； 7．栏杆设计； 8．装饰隔断设计； 9．园桌、园凳的设计； 10．园灯的设计； 11．展览栏、标牌的设计； 12．果皮箱的设计； 13．铺地的设计； 14．台阶、蹬道的设计； 15．喷泉的设计； 16．雕塑的设计	计； 6．窗洞的设计； 7．花格的设计； 8．栏杆设计； 9．装饰隔断设计； 10．园桌、园凳的设计； 11．园灯的设计； 12．展览栏、标牌的设计； 13．果皮箱的设计； 14．铺地的设计； 15．台阶、蹬道的设计； 16．喷泉的设计； 17．雕塑的设计。 难点： 1．园林建筑小品的设计要点； 2．园林建筑小品的功能； 3．墙垣的设计； 4．门洞的设计； 5．窗洞的设计； 6．花格的设计； 7．栏杆设计； 8．装饰隔断设计； 9．园桌、园凳的设计； 10．园灯的设		

教学内容	教学要求			教学形式	建议学时
	知识点	技能点	重难点		
（1）铺地的功能。 （2）铺地的种类。 （3）铺地的设计要点。 2. 台阶、蹬道的设计 （1）台阶、蹬道的形式。 （2）台阶、蹬道的功能。 （3）台阶、蹬道的设计要点。 第7讲　喷泉、雕塑 1. 喷泉的设计 （1）喷泉的功能。 （2）喷泉的分类。 （3）喷泉的设计要点。 2. 雕塑的设计 （1）雕塑的功能。 （2）雕塑的分类。 （3）雕塑的设计要点			计； 11. 展览栏、标牌的设计； 12. 果皮箱的设计； 13. 铺地的设计； 14. 台阶、蹬道的设计； 15. 喷泉的设计； 16. 雕塑的设计		
教学资源准备： 1. 多媒体教室； 2. 教学课件					

二、考核方式与评价标准

（一）成绩构成

理论部分成绩=期末理论卷面成绩（70%）+平时成绩（30%），平时成绩=出勤（30%）+作业（30%）+课堂表现（40%）。

（二）考核方式

本课程期末理论卷面成绩采用闭卷笔试，期末理论卷面成绩采用百分制，考试时间为120分钟，根据学生答卷和统一的评分标准，集中阅卷确定；理论部分平时成绩由各科任教师按学生的出勤、作业以及课堂表现，做好记录，按30%、30%、40%的比例综合评定。

（三）考核指标体系

考核内容及分值分配。

成绩构成	考核内容	分值
理论教学部分 （总分值为100分）	模块1：绪论	5
	模块2：园林建筑的设计方法与技巧	15
	模块3：游憩性建筑	35
	模块4：服务性建筑	20
	模块5：园林建筑小品	25

四、教材选用建议

1. 选用教材

张良. 园林建筑设计. 郑州：黄河水利出版社，2010.

2. 参考教材

（1）田大方. 风景园林建筑快速设计. 北京：化学工业出版社，2010.

（2）成玉宁. 园林建筑设计. 北京：中国农业出版社，2010.

（3）田大方. 风景园林建筑设计与表达. 北京：化学工业出版社，2010.

（4）梁美勤. 园林建筑. 北京：中国林业出版社，2003.

3. 学习网站

（1）中国风景园林网 http：//www. chla. com. cn/.

（2）土人景观网 http：//www. turenscape. com/homepage. asp.

（3）中国景观在线 http：//www. scapeonline. com/index2. htm.

（4）景观设计网 http：//www. landdesign. com/.

14 "中外园林史"课程标准

适用专业：园林工程专业

学　　分：2.0

学　　时：32 学时

一、课程总则

1. 课程性质与任务

"中外园林史"是园林专业的一门专业基础课，其具有内容涉及面广，知识琐碎，综合性强，与历史学、建筑学、植物学等有关学科联系多等特点。

2. 课程目标

通过本课程的学习，学生应了解社会历史发展进程、各个历史时期、各种风格的园林特征元素和设计手法，加强学生学习园林文化的综合知识，提高园林景观设计水平。

（1）知识目标。

① 掌握中国园林的造园特点；

② 熟悉中国园林的发展历史；

③ 了解中国园林的发展趋势；

④ 了解欧洲园林、西亚园林及日本园林发展历史及发展趋势。

（2）能力目标。

① 培养学生的园林鉴赏能力；

② 具备综合运用园林知识与中外古典园林设计精华进行现代园林的设计与建设的能力,使学生适应现代园林发展的要求。

（3）素质目标。

① 培养正确的园林史观，提升学生的理论素养和审美能力，为今后的园林设计服务；

② 培养学生的辩证思维能力，以及严谨、认真、刻苦的学习态度。

3. 学时分配

序号	教学内容	学时分配
1	模块 1：中国园林史	14
2	模块 2：欧洲园林史	12
3	模块 3：西亚园林史	4
4	模块 4：日本园林史	2
合　计		32

二、教学内容与要求

模块1：中国园林史

教学内容	教学要求			教学形式	建议学时
	知识点	技能点	重难点		
第1讲 绪论（2学时） 1. 园林的概念和类型 2. 中国古代自然美学思想与园林艺术 3. 古代的空间意匠 第2讲 先秦时期的园林（1学时） 1. 社会背景概况 2. 中国园林的起源 3. 先秦的城市 4. 先秦的宫室 5. 先秦的园林 第3讲 秦汉时期的园林（1学时） 1. 社会背景概况 2. 秦代园林 3. 汉代园林 第4讲 魏晋南北朝时期的园林（2学时） 1. 社会背景概况 2. 皇家园林 3. 私家园林 4. 寺观园林 第5讲 隋唐时期的园林（2学时） 1. 社会背景概况 2. 隋唐都城 3. 隋唐皇家园林 4. 唐代私家园林 5. 寺观园林 第6讲 两宋时期的园林（2学时） 1. 社会背景概况 2. 北宋都城及皇家园林 3.《洛阳名园记》和北宋洛阳私家园林 4. 南宋临安城与皇家园林 5. 江南私家园林 6. 寺观园林 7. 文人园林的发展与其特征 第7讲 元明时期的园林（2学时） 1. 社会背景概况	1. 园林的概念和类型； 2. 中国古典园林的共同特点； 3. 各朝代园林的特点； 4. 皇家园林的特点； 5. 私家园林的特点； 6. 寺观园林的特点	1. 能正确理解园林的概念； 2. 能正确分析中国古典园林的构成要素和表现方法	重点： 1. 园林的概念； 2. 中国古典园林的共同特点； 3. 私家园林的特点； 4. 中国古典园林的发展过程	采用任务驱动方式教学手段，根据具体教学内容采用案例教学法、项目教学法组织教学	14

教学内容	教学要求			教学形式	建议学时
	知识点	技能点	重难点		
2．元大都城及园林 3．明代北京城和皇家宫苑 4．明代私家园林 5．元明寺观园林 6．造园家与理论著作 第8讲　清代园林（2学时） 1．社会背景概况 2．皇家园林 3．私家园林 4．寺观园林 5．造园家与园林著作					
教学资源准备： 1．多媒体教室； 2．教学课件					

模块2：欧洲园林史

教学内容	教学要求			教学形式	建议学时
	知识点	技能点	重难点		
第1讲　古代时期（2学时） 1．古希腊园林 2．古罗马园林 第2讲　中古时期欧洲园林（2学时） 1．意大利寺院园林 2．法国城堡园林 第3讲　文艺复兴时期欧洲园林（2学时） 1．意大利文艺复兴时期的园林 2．法国文艺复兴时期的园林 3．英国文艺复兴时期的园林 4．德国文艺复兴时期的园林 第4讲　勒诺特尔式时期欧洲园林（2学时） 1．法国勒诺特尔式园林 2．英国勒诺特尔式园林 3．荷兰勒诺特尔式园林 4．德国勒诺特尔式园林 5．俄罗斯勒诺特尔式园林 6．意大利勒诺特尔式园林 7．西班牙勒诺特尔式园林 第5讲　自然风景式时期欧洲园林（2学时） 1．英国自然风景式园林 2．法国"英中式园林"	1．古希腊和古罗马园林的起源和特点； 2．文艺复兴时期意大利、法国、英国、德国的园林的特点； 3．各国勒诺特尔式园林的特点； 4．英国、法国、德国自然风景式园林的特点； 5．欧洲、美国近代园林的特点； 6．西方近代园林风格及特征	1．能分析和理解文艺复兴时期意大利、法国、英国、德国的园林的特点； 2．能比较欧洲各国勒诺特尔式园林的特点； 3．能正确理解西方近代园林风格及特征	重点： 1．掌握各国勒诺特尔式园林的特点； 2．掌握英国、法国、德国自然风景式园林的特点； 3．掌握西方近代园林风格及特征 难点： 1．各国勒诺特尔式园林的特点； 2．英国、法国、德国自然风景式园林的特点	采用任务驱动方式教学手段，根据具体教学内容采用案例教学法、项目教学法组织教学	12

教学内容	教学要求			教学形式	建议学时
	知识点	技能点	重难点		
3. 俄罗斯自然风景式园林 4. 德国自然风景式园林 第6讲　西方近代园林（2学时） 1. 欧洲近代园林 2. 美国近代园林 3. 近代园林风格及特征					
教学资源准备： 1. 多媒体教室； 2. 教学课件					

模块3：西亚园林史

教学内容	教学要求			教学形式	建议学时
	知识点	技能点	重难点		
第1讲　古代西亚园林史（2学时） 1. 古埃及造园 2. 美索不达米亚造园 第2讲　伊斯兰园林（2学时） 1. 波斯伊斯兰园林 2. 西班牙伊斯兰园林 3. 印度伊斯兰园林	1. 古埃及造园方法特点； 2. 美索不达米亚的造园方法和特点； 3. 波斯伊斯兰园林的特点； 4. 西班牙伊斯兰园林的特点； 5. 印度伊斯兰园林的特点		重点： 1. 波斯伊斯兰园林的特点； 2. 西班牙伊斯兰园林的特点； 3. 印度伊斯兰园林的特点	采用任务驱动方式教学手段，根据具体教学内容采用案例教学法、项目教学法组织教学	4
教学资源准备： 1. 多媒体教室； 2. 教学课件					

模块4：日本园林史

教学内容	教学要求			教学形式	建议学时
	知识点	技能点	重难点		
第1讲　日本园林（2学时） 1. 历史的演变 2. 日本造园要素概要	1. 日本园林历史的演变 2. 日本造园要素	能正确理解日本造园要素	重点：日本造园要素。 难点：日本造园要素	采用任务驱动方式教学手段，根据具体教学内容采用案例教学法、项目教学法组织教学	2
教学资源准备： 1. 多媒体教室； 2. 教学课件					

三、考核方式与评价标准

（一）成绩构成

本课程总成绩=期末理论卷面成绩（70%）+平时成绩（30%），平时成绩=出勤（30%）+作业（40%）+课堂表现（30%）。

（二）考核方式

本课程期末卷面成绩采用考查形式，期末卷面成绩采用百分制，考试时间为 120 分钟，根据学生答卷和统一的评分标准，集中阅卷确定；平时成绩由科任教师按学生的出勤、作业以及课堂表现，做好记录，按 30%、30%、40%的比例综合评定。

四、教材选用建议

赵书彬. 中外园林史. 北京：机械工业出版社，2014.7.

15 "园林植物栽培技术"课程标准

课程名称：园林植物栽培技术

学　　分：2.5

学　　时：56学时（理论48学时，实践8学时）

适用专业：园林技术、园林工程技术

一、课程总则

1. 课程性质与任务

"园林植物栽培技术"是园林技术专业必修的一门主干核心课程，是一门实践性、综合性、应用性很强的项目化课程。它基于种苗工、花卉工、绿化工等具体工作岗位的任职要求，遵循学生职业能力培养的基本规律，以真实的工作任务及其工作过程为依据整合、序化教学内容。

2. 课程目标

通过本课程的学习，学生应能较熟练地掌握"园林树木栽培技术"的基本知识，具备从事园林技术专业所覆盖的各职业岗位群所必需的园林树木栽培与养护的基本技能，具有较强的职业能力和实践能力，具备分析和解决园林行业企业园林生产实际问题的能力；培养学生良好的职业道德和职业素质、敏锐的观察与思维能力、创新和创业能力，使学生养成严谨务实、吃苦耐劳的学习和工作态度。课程结业后，学生能胜任种苗工、花卉工、绿化工等岗位的工作。

（1）知识目标。

① 掌握园林植物的生理生态；

② 掌握园林植物形态与分类；

③ 掌握园林植物栽植技术；

④ 掌握园林植物大树移植技术；

⑤ 掌握园林植物栽培技术（土肥水管理、病虫害防治技术、容器栽培技术）；

⑥ 掌握古树名木养护技术；

⑦ 了解园林植物国内外发展现状；

⑧ 了解园林树木资源。

（2）能力目标。

① 分析和解决园林生产中园林植物繁殖、栽植和养护管理实际问题的能力；

② 具备园林市场调研、生产计划制订的能力；

③ 具备园林树木栽培土壤和基质配制处理的能力；

④ 具备园林树木苗木生产、园林树木栽培、园林树木花期调控、园林树木养护管理、常见园林树木栽培养护，分析和解决园林生产中园林树木繁殖、栽植和养护管理实际问题的能力；

⑤ 具备较高的职业素质、较强的职业能力，具备较强的自主学习能力、创新能力、创业能力、与人沟通协作的能力，以适应园林技术专业各职业岗位群的任职要求。

（3）素质目标。

① 具有辩证思维的能力；

② 具有严谨的工作作风和敬业爱岗的工作态度；

③ 具有严谨、认真、刻苦的学习态度，科学、求真、务实的工作作风；

④ 能遵纪守法、遵守职业道德和行业规范。

3. 学时分配

构成	教学内容	学时分配	小计/学时
理论教学部分	模块1：园林树木冬季修剪	6	48
	模块2：园林植物病虫害防治与园林植物土肥水管理	8	
	模块3：园林树木的种植	10	
	模块4：大树移植	4	
	模块5：园林树木的土肥水栽培管理	10	
	模块6：园林植物各种自然灾害与预防措施	6	
	模块7：园林古树名木的养护	4	
实验	实验一 园林树木的整形修剪	4	8
	实验二 春季园林树木病虫害防治技术	4	
合　计			56

二、教学内容与要求

1. 理论教学部分

模块1：园林树木冬季修剪

教学内容	教学要求			教学形式	建议学时
	知识点	技能点	重难点		
第1讲　园林植物的生长发育规律、修剪整形的程序与顺序（2课时） 1. 园林植物的生长发育规律 2. 修剪整形的程序与顺序 第2讲　园林树木树体形态结构及整形修剪的基础（4课时） 1. 树体的基本结构 2. 枝条的基本分类 3. 整形修剪的时期 4. 整形修剪的基础 5. 修剪的技术	1. 园林植物的生长发育规律； 2. 修剪整形的程序与顺序； 3. 修剪的定义、目的、原则； 4. 剪口状态； 5. 剪口芽的选择； 6. 大枝剪除； 7. 剪口保护	1. 修剪的方法； 2. 竞争枝的处理； 3. 主枝的配置	重点： 1. 修剪整形的程序与顺序； 2. 整形修剪的时期。 难点： 1. 修剪的方法； 2. 修剪的技术	采用任务驱动方式教学手段，根据具体教学内容采用案例教学法、项目教学法组织教学	6
教学资源准备： 1. 多媒体教室； 2. 教学课件； 3. 实训场地					

模块2：园林植物病虫害防治与园林植物土肥水管理

教学内容	教学要求			教学形式	建议学时
	知识点	技能点	重难点		
第1讲　园林植物病虫害防治（2课时） 1. 病害防治 2. 虫害防治（天幕毛虫、蚜虫、	1. 病害防治方法； 2. 虫害防治方法；	1. 病害防治中药物的使用； 2. 虫害防	重点：虫害防治的预防措施 难点：病害防治中药物的使用	采用任务驱动方式教学手段，根据具体教学内	8

教学内容	教学要求			教学形式	建议学时
	知识点	技能点	重难点		
美国白蛾的防治） 第2讲 土肥水管理技术（2课时） 第3讲 园林树木的种植（4课时） 1. 园林树种的适地适树 2. 园林树种的选择与规划原则 3. 树木栽培的技术 4. 树木栽植成活原理及措施 5. 树木的栽植季节	3. 适地适树的途径； 4. 树木栽植成活原理； 5. 保证树木栽植成功的措施； 6. 不同季节栽植的特点	治的预防措施； 3. 园林树种配置方式； 4. 苗木的选择技术； 5. 定点放样技术		容采用讲授法、实训教学法组织教学	
1. 多媒体教室； 2. 教学课件； 3. 实训场地					

模块3：园林树木的种植

教学内容	教学要求			教学形式	建议学时
	知识点	技能点	重难点		
第1讲 园林树种的适地适树（1课时） 1. 基本概念 2. 适地适树的途径 3. 适地适树的方法 第2讲 园林树种的选择与规划原则（2课时） 1. 树种的选择原则 2. 树种的规划原则 3. 园林树种配置方式 第3讲 树木栽植成活原理及措施（2课时） 1. 树木栽植成活原理 2. 保证树木栽植成功的措施 3. 苗木的选择技术 第4讲 树木的栽植季节（2课时） 1. 确定栽植的季节 2. 不同季节栽植的特点 3. 定点放样技术 第5讲 起苗技术（2课时） 1. 挖掘前的准备 2. 土球规格 3. 挖掘技术 4. 苗木运输 5. 假植 第6讲 种植工程技术（1课时）	1. 适地适树的途径； 2. 适地适树的方法； 3. 不同季节栽植的特点； 4. 树种的选择原则； 5. 树种的规划原则； 6. 树木栽植成活原理； 7. 保证树木栽植成功的措施； 8. 确定栽植季节； 9. 不同季节栽植的特点； 10. 土球规格； 11. 挖掘技术； 12. 苗木运输； 13. 栽植技术； 14. 养护技术	1. 园林树种配置方式； 2. 苗木的选择技术； 3. 定点放样技术； 4. 挖掘技术； 5. 假植； 6. 栽植技术； 7. 养护技术	重点： 1. 不同季节栽植的特点； 2. 树种的选择原则； 3. 保证树木栽植成功的措施； 4. 不同季节栽植的特点； 5. 挖掘技术； 6. 栽植技术。 难点： 1. 不同季节栽植的特点； 2. 园林树种配置方式； 3. 苗木的选择技术； 4. 定点放样技术； 5. 挖掘技术； 6. 养护技术	采用任务驱动方式教学手段，根据具体教学内容采用讲授法、实训教学法组织教学	10

教学内容	教学要求			教学形式	建议学时
	知识点	技能点	重难点		
1. 栽植坑的准备 2. 栽植技术 3. 养护技术					
教学资源准备： 1. 多媒体教室； 2. 教学课件； 3. 实训场地					

模块 4：大树移植

教学内容	教学要求			教学形式	建议学时
	知识点	技能点	重难点		
第1讲 大树移植的概念及作用（4课时） 1. 移栽前的准备与处理 2. 大树挖掘 3. 吊树入坑扶正培土 4. 大树栽植技术 5. 种植后的养护技术	1. 大树移植的概念、作用； 2. 大树挖掘； 3. 大树栽植技术； 4. 种植后的养护技术	1. 移栽前的准备与处理； 2. 大树挖掘	重点：虫害防治的预防措施。 难点：病害防治中药物的使用	采用任务驱动方式教学手段，根据具体教学内容采用讲授法、实训教学法组织教学	4
教学资源准备： 1. 多媒体教室； 2. 教学课件； 3. 实训场地					

模块 5：园林树木的土肥水栽培管理

教学内容	教学要求			教学形式	建议学时
	知识点	技能点	重难点		
第1讲 园林树木施肥的基本知识(2课时) 1. 园林树木根系的分布 2. 树木需要的营养元素及其作用 3. 园林树木的施肥特点 4. 园林树木施肥原理 5. 肥料的种类 6. 施肥方法 7. 园林树木施肥注意的事项 第2讲 园林树木灌水的依据（2课时） 1. 树木的种类及其年生长规律 2. 气候条件、土壤条件 3. 经济与技术条件 4. 其他栽培管理措施	1. 园林树木的施肥特点； 2. 园林树木施肥原理； 3. 园林树木的施肥方法； 4. 树木的种类及其年生长规律； 5. 气候条件、土壤条件	1. 园林树木的施肥方法； 2. 栽培管理措施	重点： 1. 园林树木施肥原理、施肥方法； 2. 栽培管理措施。 难点： 1. 园林树木的施肥方法； 2. 栽培管理措施	采用任务驱动方式教学手段，根据具体教学内容采用讲授法、实训教学法组织教学	4
教学资源准备： 1. 多媒体教室； 2. 教学课件； 3. 实训场地					

模块 6：园林植物各种自然灾害与预防措施

教学内容	教学要求			教学形式	建议学时
	知识点	技能点	重难点		
第1讲 低温危害（2课时） 1. 冻害 2. 抽条 3. 霜害 4. 低温危害的防治 第2讲 高温危害（2课时） 1. 日灼 2. 代谢干扰 3. 高温危害的防治 第3讲 风害与雪害（2课时） 1. 风害的预防 2. 雪害的预防	1. 冻害防治方法； 2. 霜害防治方法； 3. 日灼的防治方法； 4. 代谢干扰的预防措施； 5. 风害的预防； 6. 雪害的预防	1. 低温危害的防治措施； 2. 高温危害的防治措施； 3. 风害与雪害的预防措施	重点： 1. 霜害防治的预防措施； 2. 高温危害的防治措施； 3. 风害的预防。 难点： 1. 抽条的处理技术； 2. 代谢干扰的预防措施； 3. 风害的预防	采用任务驱动方式教学手段，根据具体教学内容采用讲授法、实训教学法组织教学	6
教学资源准备： 1. 多媒体教室； 2. 教学课件； 3. 实训场地					

模块 7：园林古树名木的养护

教学内容	教学要求			教学形式	建议学时
	知识点	技能点	重难点		
第1讲 园林古树名木的养护（4课时） 1. 古树概念与保护和研究古树、名木的意义 2. 古树、名木衰老的原因及养护与复壮技术	1. 古树概念； 2. 保护和研究古树、名木的意义； 3. 古树、名木的养护与复壮技术	古树、名木的养护与复壮技术	重点：古树、名木的养护与复壮技术。 难点：古树、名木的养护与复壮技术	采用任务驱动方式教学手段，根据具体教学内容采用讲授法、实训教学法组织教学	4
教学资源准备： 1. 多媒体教室； 2. 教学课件； 3. 实训场地					

2. 实践教学部分

1）教学要求和方法

通过实验应达到的目的和要求：了解昆虫的基本结构和特点，掌握常见园林植物害虫的危害过程及防治方法；了解常见园林植物病害的类型、危害症状的识别及防治方法。

2）教学内容和要求

实验一 园林树木的整形修剪

[实验目的]

掌握乔木、花灌木、绿篱、攀援树木的修剪技术，解决生上产遇到的问题。

[技能目标]

能掌握乔木、花灌木、绿篱、攀援树木的修剪技术。

[实验内容]

（1）教师指导学生亲自操作。

（2）小组讨论与交流。

（3）教师点评，考核。

实验二　春季园林树木病虫害防治技术

[实验目的]

掌握园林树木病虫害防治技术。

[技能目标]

能掌握天幕毛虫、蚜虫、美国白蛾的防治技术。

[实验内容]

（1）教师指导学生亲自操作。

（2）小组讨论与交流。

（3）教师点评，考核。

三、考核方式与评价标准

（一）成绩构成

本课程总成绩=理论部分成绩（60%）+校内实践部分成绩（30%）+企业实践部分成绩（10%）。

（1）理论部分成绩=期末理论卷面成绩（70%）+平时成绩（30%），平时成绩=出勤（30%）+作业（30%）+课堂表现（40%）。

（2）校内实践部分成绩=实验平均成绩=各实验得分总和/实验个数。

（3）企业实践部分成绩=企业实践平均成绩=各次企业实践得分总和/实践次数。

（二）考核方式

1. 理论部分

本课程期末理论卷面成绩采用闭卷笔试，期末理论卷面成绩采用百分制，考试时间为120分钟，根据学生答卷和统一的评分标准，集中阅卷确定；理论部分平时成绩由各科任教师按学生的出勤、作业以及课堂表现，做好记录，按30%、30%、40%的比例综合评定。

2. 实验部分

本课程校内实践部分采用实操形式，以一个实验为单位（百分制），按出勤及纪律情况（10%）、认真态度（10%）、操作能力（30%）、试验报告中处理试验数据的准确度和结果判定（50%）等进行评分，依据相关考试指标，给出每个实验的分值，算出学期各个实验的平均分，作为校内实践部分成绩。

四、教材选用建议

1. 选用教材

（1）周兴元，李晓华. 园林植物栽培（全国高职高专教育规划教材）. 北京：中国农业出版社，2012.

（2）庞丽萍，苏小惠. 园林植物栽培养护（园林技术专业综合实训指导书）. 郑州：黄河水利出版社，2012.

2. 参考教材

李承水. 园林树木栽培养护. 北京：中国农业出版社，2007.

16 "园林植物病虫害防治"课程标准

适用专业：园林工程技术

学　　分：2.5

学　　时：56学时（理论43学时，实践13学时）

一、课程总则

1. 课程性质与任务

"园林植物病虫害防治"是高等职业院校园林技术专业的一门专业必修课程，也可作为园林企业职工的职业培训和园林职工的岗位培训课程。

2. 课程目标

通过本课程的学习，学生应领会"预防为主，综合防治"的植物病虫害防治的理念，掌握园林植物病虫害防治的基本知识、基本理论和基本操作技能；能识别当地园林植物病虫害种类，了解其发生规律，并能运用所学知识从事园林植物病虫害的田间调查、科学试验和技术推广工作；因地制宜地组织群众开展综合防治，为园林植物优质高产服务。

（1）知识目标。

① 掌握园林植物病虫害防治的基本知识、基本理论和基本操作技能；

② 了解园林植物昆虫基础知识；

③ 掌握园林植物病害基础知识；

④ 掌握园林植物病虫害防治的原理和技术措施；

⑤ 掌握园林植物主要虫害及防治；

⑥ 掌握园林植物主要病害及防治；

⑦ 了解草坪病虫害及防治；

⑧ 了解外来入侵性病虫害及防治。

（2）能力目标。

① 能认识昆虫体躯外部形态的基本构造和特征，以及不同发育阶段各虫态；

② 能认识园林植物病害的各种症状；

③ 能配制波尔多液，会熬制石硫合剂；

④ 能识别黄刺蛾，斜纹夜蛾，舞毒蛾，苹果褐卷叶蛾，黄褐天幕毛虫、棉蚜、大青叶蝉，温室白粉虱，星天牛，桑天牛，华北蝼蛄，东方蝼蛄，铜绿丽金龟，沟金针虫，小地老虎；

5）能识别月季、草坪草白粉病，海棠锈病，月季黑斑病，杨树灰斑病，月季霜霉病，桃缩叶病，水仙基腐病，牡丹炭疽病，月季枝枯病，杨树烂皮病，幼苗猝倒病。

（3）素质目标。

① 具有辩证思维的能力；

② 具有严谨的工作作风和敬业爱岗的工作态度；

③ 具有严谨、认真、刻苦的学习态度，科学、求真、务实的工作作风；

④ 能遵纪守法、遵守职业道德和行业规范。

3．学时分配

构成	教学内容	学时分配	小计/学时
理论教学部分	模块1：园林植物病虫害概述	2	43
	模块2：园林植物昆虫基础知识	8	
	模块3：园林植物病害基础知识	7	
	模块4：园林植物病虫害防治的原理和技术措施	6	
	模块5：园林植物主要虫害及防治	6	
	模块6：园林植物主要病害及防治	6	
	模块7：草坪病虫害及防治	4	
	模块8：外来入侵性病虫害及防治	4	
实验	实验一 认识常见有害昆虫标本	4	8
	实验二 用光学显微镜观察常见病原微生物形态	4	
实训	实训一 实地调查常见园林植物主要虫害	2	5
	实训二 实地调查常见园林植物主要病害	3	
合　计			56

二、教学内容与要求

1．理论教学部分

模块1：园林植物病虫害概述

教学内容	教学要求			教学形式	建议学时
	知识点	技能点	重难点		
1．园林植物病虫害防治的意义和任务 2．园林植物病虫害防治的特点 3．园林植物病虫害防治工作的发展趋向	1．了解园林植物保护的范畴和任务； 2．了解园林植物病虫害防治工作的发展概况； 3．理解园林植物保护的重要性； 4．掌握园林植物保护的特点	1．园林植物病虫害防治的特点； 2．园林植物病虫害防治的课程学习方法	重点：园林植物保护的特点。 难点：园林植物病虫害防治工作的发展趋向	讲授	2
教学资源准备： 1．多媒体教室； 2．教学课件					

模块2：园林植物昆虫基础知识

教学内容	教学要求			教学形式	建议学时
	知识点	技能点	重难点		
第1讲　昆虫的外部形态 第2讲　昆虫的生物学 第3讲　园林植物昆虫分类 第4讲　昆虫生态学	1．了解昆虫的生物学特性； 2．理解昆虫的分类意义和基本方法； 3．掌握其生长发育和种群消长与外界环境因素的辩证统一关系	1．认识昆虫的一般形态特征； 2．能区别昆虫与其他节肢动物； 3．能对常见的园林植物害虫进行分类	重点：昆虫生长发育和种群消长与外界环境因素的辩证统一关系。 难点：昆虫的分类意义和基本方法	讲授	8

教学内容	教学要求			教学形式	建议学时
	知识点	技能点	重难点		
教学资源准备： 1. 多媒体教室； 2. 教学课件； 3. 昆虫标本 4. 实验室					

模块 3：园林植物病害基础知识

教学内容	教学要求			教学形式	建议学时
	知识点	技能点	重难点		
第1讲　园林植物病害的概念和症状 第2讲　园林植物侵染性病原 第3讲　园林植物侵染性病害的发生与发展 第4讲　园林植物的非侵染性病害的病原	1. 了解园林植物侵染性病原； 2. 熟练掌握园林植物病害的概念和症状； 3. 了解园林植物非侵染性病原； 4. 掌握园林植物侵染性病害的发生与发展	认识园林植物病害的症状	重点：园林植物侵染性病害的发生与发展。 难点：园林植物病害的概念和症状	讲授	7
教学资源准备： 1. 多媒体教室； 2. 教学课件； 3. 昆虫标本 4. 实验室					

模块 4：园林植物病虫害防治的原理和技术措施

教学内容	教学要求			教学形式	建议学时
	知识点	技能点	重难点		
第1讲　综合防治 第2讲　园林植物病虫害的各种防治措施	1. 明确综合防治的意义和理论依据； 2. 掌握各类防治方法的基本内容及利弊，并了解其作用原理； 3. 理解并自觉地贯彻植物保护方针，因地制宜地协调运用各项防治措施，为经济、安全、有效地开展防治工作打下良好基础	1. 能正确地使用黑光灯； 2. 能正确配制农药并安全使用； 3. 能对常见的园林植物害虫进行分类	重点：各类防治方法的基本内容及利弊。 难点：运用各项防治措施	讲授	6
教学资源准备： 1. 多媒体教室； 2. 教学课件； 3. 昆虫标本； 4. 实验室					

模块5：园林植物主要虫害及防治

教学内容	教学要求			教学形式	建议学时
	知识点	技能点	重难点		
第1讲　叶部害虫 第2讲　枝干害虫 第3讲　根部害虫	1. 了解当地园林植物主要害虫的种类； 2. 理解虫害的发生规律； 3. 掌握防治方法以及识别其形态	能识别园林植物害虫的形态特征	重点：防治方法以及识别其形态。 难点：虫害的发生规律	讲授	6
教学资源准备： 1. 多媒体教室； 2. 教学课件； 3. 昆虫标本； 4. 实验室					

模块6：园林植物主要病害及防治

教学内容	教学要求			教学形式	建议学时
	知识点	技能点	重难点		
第1讲　叶部病害 第2讲　枝干病害 第3讲　根部病害	1. 了解当地园林植物主要病害的种类； 2. 理解病害的发生规律； 3. 掌握防治方法以及识别其形态	能识别园林植物害虫的形态特征	重点：防治方法以及识别其形态。 难点：病害的发生规律	讲授	6
教学资源准备： 1. 多媒体教室； 2. 教学课件； 3. 昆虫标本； 4. 实验室					

模块7：草坪病虫害及防治

教学内容	教学要求			教学形式	建议学时
	知识点	技能点	重难点		
第1讲　草坪虫害 第2讲　草坪病害 第3讲　草坪草害	1. 了解园林植物园圃、草坪常见杂草种类构成； 2. 理解化学除草的原理	掌握2、4-D的使用技术	重点：理解化学除草的原理。 难点：草坪常见杂草种类构成	讲授	4
教学资源准备： 1. 多媒体教室； 2. 教学课件； 3. 昆虫标本； 4. 实验室					

模块8：外来入侵性病虫害及防治

教学内容	教学要求			教学形式	建议学时
	知识点	技能点	重难点		
第1讲　外来入侵病虫	1. 了解外来入侵病虫害	近年来外	重点:近年来外来	讲授	4

| 害的影响

第 2 讲　外来入侵病虫害 | 的影响；

　　2. 掌握近年来外来入侵病虫害的形态特征（症状特点）及防治措施 | 来入侵病虫害的防治措施 | 入侵病虫害的形态特征。

难点：外来入侵病虫害的症状特点 | | |

教学资源准备：

1. 多媒体教室；

2. 教学课件；

3. 昆虫标本；

4. 实验室

2. 实践教学部分

1）教学要求和方法

通过实验应达到的目的和要求：了解昆虫的基本结构和特点，掌握常见园林植物害虫的危害过程及防治方法；了解常见园林植物病害的类型、危害症状的识别及防治方法。

2）教学内容和要求

实验一　认识常见有害昆虫标本

[实验目的]

观察昆虫标本，认识昆虫身体结构特点，从而明确有害昆虫对园林植物的危害特点。

[技能目标]

（1）能利用昆虫标本认识有害昆虫的身体构造。

（2）能从身体构造特点识别园林植物的有害昆虫。

[实验内容]

（1）分组观察昆虫标本。

（2）绘出昆虫的身体构造图，并标明各部分名称。

实验二　用光学显微镜观察常见病原微生物形态

[实验目的]

用光学显微镜观察常见园林植物病原微生物的形态。

[技能目标]

（1）能正确使用用光学显微镜。

（2）能识别常见园林植物病原微生物不同类型的特点。

[实验内容]

（1）操作光学显微镜。

（2）观察园林植物病原微生物装片。

（3）完成实验报告。

三、考核方式与评价标准

（一）成绩构成

本课程总成绩=理论部分成绩（60%）+校内实践部分成绩（30%）+企业实践部分成绩（10%）。

（1）理论部分成绩=期末理论卷面成绩（70%）+平时成绩（30%），平时成绩=出勤（30%）+作业（30%）+课堂表现（40%）。

（2）校内实践部分成绩=实验平均成绩=各实验得分总和/实验个数。

（3）企业实践部分成绩=企业实践平均成绩=各次企业实践得分总和/实践次数。

（二）考核方式

1．理论部分

本课程期末理论卷面成绩采用闭卷笔试，期末理论卷面成绩采用百分制，考试时间为120分钟，根据学生答卷和统一的评分标准，集中阅卷确定；理论部分平时成绩由各科任教师按学生的出勤、作业以及课堂表现，做好记录，按30%、30%、40%的比例综合评定。

2．实验部分。本课程校内实践部分采用实操形式，以一个实验为单位（百分制），按出勤及纪律情况（10%）、认真态度（10%）、操作能力（30%）、试验报告中处理试验数据的准确度和结果判定（50%）等进行评分，依据相关考试指标，给出每个实验的分值，算出学期各个实验的平均分，作为校内实践部分成绩。

四、教材选用建议

1．选用教材

王善龙．园林植物病虫害防治．北京：高等教育出版社，2012.

2．参考教材

张随榜．园林植物病虫害防治．北京：高等教育出版社，2010.

17 "园林艺术"课程标准

适用专业：园林工程技术专业

学　　分：2.5

学　　时：42学时（理论24学时，实践18学时）

一、课程总则

1. 课程性质与任务

本课程是高职园林工程专业的一门专业素质拓展课程。本课程教学内容理论性和实践性较强，是以"园林工程制图""园林测量""园林植物""园林绘画"为前期课程，同时与"园林规划设计""园林建筑""园林工程"等课程相衔接配合，共同打造学生的专业核心技能。本课程可提高学生的专业素养和专业技能，拓展学生专业知识视野，培养学生对园林景观的鉴赏能力，为今后进行景观设计和施工打下基础，从而提高学生的艺术修养，加深对园林艺术的理解，为今后工作打下坚实的基础。

2. 课程目标

重点要求学生掌握中外园林的差异和根源，以及相互影响作用的结果。同时掌握中外园林组成要素和差别，南北园林的形成和差异，以及园林发展史上著名园林建筑和艺术特点，拓宽学生知识面，为吸收众家之长、创造设计现代新园林提供良好的基础。同时掌握园林的造园原理、技巧和方法，以及园林空间构图艺术，提高学生的专业知识、专业技能和职业能力，培养学生实际操作技能和岗位的适应能力，提高学生的职业素质和职业能力，以便为今后从事相关行业打下基础。

（1）知识目标。

① 了解中西园林艺术史的基本知识；

② 了解中西园林组成要素特点和作用的基本知识；

③ 了解各造景要素进行艺术配置的方式的基本知识；

④ 通过学习，学生能理解、欣赏和创造园林作品。

（2）能力目标。

① 具有灵活应用从事园林规划设计体现艺术性的理论和技巧的能力；

② 具备对园林景观进行初步设计、组织的能力；

③ 具有园林景观艺术性的鉴赏的能力；

④ 能书写园林景观艺术性鉴赏报告。

（3）素质目标。

① 具有辩证思维的能力；

② 具有严谨的工作作风和敬业爱岗的工作态度；

③ 具有严谨、认真、刻苦的学习态度，科学、求真、务实的工作作风；

④ 能遵纪守法，遵守职业道德和行业规范。

3. 学时分配

构成	教学内容	学时分配	小计/学时
理论教学部分	模块1：绪论——园林艺术课程概述	2	24
	模块2：造景基础与园林构图艺术法则	2	
	模块3：风景艺术与园林色彩构图	2	
	模块4：园林建筑及小品艺术	4	
	模块5：植物造景艺术	4	
	模块6：园林绿地规划结构与绿地构图的基本规律	4	
	模块7：园林空间意境的创造	4	
	模块8：主题公园规划设计构图实例	2	
实践教学部分	实践一 遂宁观音文化园景观参观与赏析	6	18
	实践二 遂宁观音湖湿地主题公园景观参观与赏析	6	
	实践三 遂宁大院景观参观与赏析	6	
合　计			42

二、教学内容与要求

1. 园林艺术理论教学部分

模块1：绪论——园林艺术课程概述

教学内容	教学要求			教学形式	建议学时
	知识点	技能点	重难点		
1. 园林的定义 2. 园林创作 （1）中西方重要时期园林的重要代表作品。 （2）差异根源。 3. 园林美学 （1）概念。 （2）研究内容。 4. 园林艺术与园林规划设计的关系	1. 课程在本专业课程中的地位； 2. 园林的定义与意义； 3. 中西方重要时期园林的重要代表作品； 4. 差异根源； 5. 园林美学概念； 6. 园林美学研究内容	1. 园林的定义与意义； 2. 园林艺术课程学习方法	重点： 1. 园林的定义； 2. 园林艺术与园林规划设计的关系。 难点： 1. 中西方重要时期园林的差异根源； 2. 园林艺术与园林规划设计的关系	学生以小组形式组成团队，各学习单元采用任务驱动方式，根据具体教学内容采用案例教学法、项目教学法	2
教学资源准备： 1. 多媒体教室； 2. 教学课件					

模块2：造景基础与园林构图艺术法则

教学内容	教学要求			教学形式	建议学时
	知识点	技能点	重难点		
第1讲　造景的要素 1. 地形 2. 堆山 3. 置石 4. 山石与其他方面的配合	1. 地形、堆山、置石、山石与其他方面的配合、理水、水岸处理与山水关系；	1. 造景的要素； 2. 园林构图艺术法则；	重点： 1. 造景四大要素、园林的主要构图艺术法则的类型；	学生以小组形式组成团队，各学习单元采用任	2

教学内容	教学要求			教学形式	建议学时
	知识点	技能点	重难点		
5. 理水 6. 水岸处理与山水关系。 第2讲 园林构图艺术法则 1. 比例与尺度 多样统一规律在园林构图中的运用 2. 建筑与景物之间的协调关系 3. 调和与对比、渐变、节律、均衡 第3讲 造景的主要要素及其相互处理关系 1. 园林的主要构图艺术法则 2. 在园林艺术构图中的具体应用	2. 比例与尺度； 3. 建筑与景物之间的协调关系； 4. 调和与对比、渐变、节律、均衡； 5. 园林的主要构图艺术法则； 6. 在园林艺术构图中的具体应用	3. 造景的主要要素及其相互处理关系的设计	2. 园林构图艺术法则； 3. 园林构图艺术法则的理解。 难点： 1. 造景要素相互处理的方法和手段； 2. 艺术法则的应用 3. 构图艺术法则在园林中的具体应用	务驱动方式，根据具体教学内容采用案例教学法、项目教学法	

教学资源准备：

1. 多媒体教室；
2. 教学课件

模块3：风景艺术与园林色彩构图

教学内容	教学要求			教学形式	建议学时
	知识点	技能点	重难点		
第1讲 风景的含义与风景的欣赏、景观的艺术处理 1. 风景的含义、光对景物色彩的影响 2. 空气透视与色消视的景观效果 3. 利用气象变化的自然色彩组成景观 4. 利用山石、水体和动物、植物等的天然色彩美化环境 5. 人为色彩在园林中起画龙点睛和装饰作用 第2讲 园林色彩的艺术处理 1. 园林色彩构图的主要影响因素 2. 处理方式 3. 园林空间色彩构图	1. 风景的含义，光对景物色彩的影响； 2. 空气透视与色消视的景观效果； 3. 利用气象变化的自然色彩组成景观； 4. 利用山石、水体和动物、植物等的天然色彩美化环境； 5. 园林造景的艺术手法； 6. 园林色彩构图的主要影响因素； 7. 园林空间色彩构图	1. 景观的艺术处理； 2. 园林造景的艺术手法； 3. 园林色彩的艺术处理技法； 4. 园林空间色彩构图技法	重点： 1. 风景的含义、风景的欣赏； 2. 色彩在园林中起装饰作用； 3. 园林色彩构图的主要影响因素； 4. 园林空间色彩构图。 难点： 1. 景观的艺术处理； 2. 色彩在园林中起装饰作用； 3. 景观的艺术处理； 4. 园林空间色彩构图	学生以小组形式组成团队，各学习单元采用任务驱动方式，根据具体教学内容采用案例教学法、项目教学法	2

教学资源准备：

1. 多媒体教室；
2. 教学课件

模块 4：园林建筑及小品艺术

教学内容	教学要求			教学形式	建议学时
	知识点	技能点	重难点		
第1讲　园林建筑 1. 园林建筑 2. 园椅 3. 园凳、栏杆 4. 园林建筑的类型及其特点 第2讲　园林小品艺术 1. 园路 2. 蹬道 3. 台阶 4. 广场 5. 雕塑及小品 6. 照明设备	1. 园林建筑； 2. 园椅； 3. 园凳、栏杆； 4. 园林建筑的类型及其特点； 5. 园路； 6. 蹬道； 7. 台阶； 8. 广场； 9. 雕塑及小品； 10. 照明设备	1. 建筑风格及其设计要点； 2. 园林小品的设计要点	重点： 1. 园林建筑的类型； 2. 园林小品的类型。 难点： 1. 建筑风格及其设计要点； 2. 园林小品的风格及其设计要点、表现形式	学生以小组形式组成团队，各学习单元采用任务驱动方式，根据具体教学内容采用案例教学法、项目教学法	4
教学资源准备： 1. 多媒体教室； 2. 教学课件					

模块 5：植物造景艺术

教学内容	教学要求			教学形式	建议学时
	知识点	技能点	重难点		
第1讲　植物造景的作用及其特点 1. 园林植物艺术配置理论的形成与发展 2. 植物艺术配置在园林景观上的作用 3. 植物配置艺术与园林风格 4. 人工植物群落景观 5. 园林中的草地与草坪、园林地被植物 第2讲　不同类型的植物造景的形式要点 1. 不同类型的植物造景的形式 2. 生篱、基础栽植、草花的配置和应用 第3讲　园林植物艺术配置 1. 园林植物构成的景观特点设计要求 2. 园林景观设计图的制作方法	1. 园林植物艺术配置理论的形成与发展； 2. 植物艺术配置在园林景观上的作用； 3. 植物配置艺术与园林风格； 4. 人工植物群落景观； 5. 园林中的草地与草坪、园林地被植物； 6. 不同类型的植物造景的形式； 7. 生篱、基础栽植、草花的配置和应用； 8. 园林植物构成的景观特点设计要求； 9. 园林景观设计图的制作方法	1. 植物艺术配置在园林景观上的作用； 2. 植物配置艺术与园林风格； 3. 人工植物群落景观； 4. 园林中的草地与草坪、园林地被植物； 5. 不同类型的植物造景的形式； 6. 生篱、基础栽植、草花的配置和应用； 7. 园林景观设计图的制作方法	重点： 1. 植物艺术配置在园林景观上的作用； 2. 植物配置艺术与园林风格； 3. 人工植物群落景观； 4. 园林中的草地与草坪、园林地被植物； 5. 不同类型的植物造景的形式； 6. 生篱、基础栽植、草花的配置和应用； 7. 园林景观设计图的制作方法。 难点： 1. 植物配置艺术与园林风格； 2. 园林中的草地与草坪、园林地被植物； 3. 生篱、基础栽植、草花的配置和应用； 4. 园林景观设计图的制作方法	学生以小组形式组成团队，各学习单元采用任务驱动方式，根据具体教学内容采用案例教学法、项目教学法	4
教学资源准备： 1. 多媒体教室； 2. 教学课件					

模块 6：园林绿地规划结构与绿地构图的基本规律

教学内容	教学要求			教学形式	建议学时
	知识点	技能点	重难点		
第1讲　园林绿地规划 1. 园林绿地规划 2. 规划布局注意事项 第2讲　园林绿地构图的形式 1. 园林绿地构图的形式 2. 园林绿地规划结构的具体表现形式 第3讲　园林绿地构图空间表达的方式	1 园林绿地规划； 2 规划布局注意事项； 3. 园林绿地构图的形式； 4. 园林绿地规划结构的具体表现形式； 5. 园林绿地构图空间表达的方式	1. 园林绿地规划； 2. 园林绿地构图的形式； 3. 园林绿地规划结构的具体表现形式； 4. 园林绿地构图空间表达的方式	重点： 1. 园林绿地规划结构的具体表现形式； 2. 园林绿地构图空间表达的方式。 难点： 1. 园林绿地规划； 2. 园林绿地构图的形式； 3. 园林绿地构图空间表达的方式	学生以小组形式组成团队，各学习单元采用任务驱动方式，根据具体教学内容采用案例教学法、项目教学法	4
教学资源准备： 1. 多媒体教室； 2. 教学课件					

模块 7：园林空间意境的创造

教学内容	教学要求			教学形式	建议学时
	知识点	技能点	重难点		
第1讲　意境与园林意境 1. 意境的含义 2. 意境的类型 第2讲　意境创造和表述形式 1. 点景 2. 情景交融的构思 3. 园林意境的创造 第3讲　园林空间意境的表现 1. 联想 2. 运用声、光渲染 3. 比拟与联想 4. 题咏	1. 意境的含义； 2. 意境的类型； 3. 点景； 4. 情景交融的构思； 5. 园林意境的创造； 6. 联想； 7. 运用声、光渲染； 8. 比拟与联想； 9. 题咏	1. 意境与园林意境的艺术理解； 2. 意境创造和表述形式技法； 3. 园林空间意境的表现技法（联想、运用声光渲染、比拟与联想、题咏）	重点： 1. 意境的含义与类型； 2. 情景交融的构思； 3. 园林意境的创造。 难点： 1. 情景交融的构思； 2. 园林意境的创造； 3. 园林空间意境的表现技法（联想、运用声光渲染、比拟与联想、题咏）	学生以小组形式组成团队，各学习单元采用任务驱动方式，根据具体教学内容采用案例教学法、项目教学法	4
教学资源准备： 1. 多媒体教室； 2. 教学课件					

模块 8：主题公园规划设计构图实例

教学内容	教学要求			教学形式	建议学时
	知识点	技能点	重难点		
第1讲 主题公园 1. 主题公园概念 2. 功能分区及景观分区规划 3. 各类公园设计要点简介 第2讲 主题公园规划设计流程 1. 公园性质及指导思想 2. 规划设计的艺术构思 3. 布局与功能分区 4. 地形改造 5. 道路系统 第3讲 主题公园植物设计与配置 1. 公园植物设计 2. 植物配置	1. 主题公园概念； 2. 功能分区及景观分区规划； 3. 各类公园设计要点简介； 4. 公园性质及指导思想； 5. 规划设计的艺术构思； 6. 布局与功能分区； 7. 地形改造； 8. 道路系统； 9. 公园植物设计； 10. 植物配置	1. 主题公园功能分区及景观分区规划； 2. 规划设计的艺术构思； 3. 地形改造； 4. 道路系统； 5. 公园植物设计； 6. 植物配置	重点： 1. 主题公园功能分区及景观分区规划； 2. 规划设计的艺术构思； 3. 地形改造； 4. 道路系统； 5. 公园植物设计； 6. 植物配置。 难点： 1. 主题公园功能分区及景观分区规划； 2. 规划设计的艺术构思； 3. 公园植物设计； 4. 植物配置	学生以小组形式组成团队，各学习单元采用任务驱动方式，根据具体教学内容采用案例教学法、项目教学法	2
教学资源准备： 1. 多媒体教室； 2. 教学课件					

2. 园林艺术实践教学部分

1）教学要求和方法

通过园林艺术实践练习应达到的目的：通过园林艺术校外实践学习，结合观音文化园、小区景观和湿地公园景观等，了解造景基础与园林构图艺术法则，学习风景艺术与园林色彩构图，丰富对园林建筑及小品艺术的认识，加深对园林绿地与绿地构图的理解，深刻领会园林空间意境的创造。能够从艺术的角度进行园林景观的鉴赏，受到园林艺术的熏陶，培养学生从事园林工作的浓厚兴趣，为即将走向工作岗位打下坚实的专业基础。

教学方法：分别到三个典型景观环境参观考察和学习，通过校外实践指导老师的讲解和指导，结合案例现场学习，书写景观评价与赏析的报告。获得书写园林植物景观评价与赏析的报告的能力，培养学生严肃认真、实事求是的科学思想。

2）教学内容和要求

校外实践一　遂宁观音文化园景观参观与赏析

[实践目的]

（1）通过参观学习，了解观音文化园景观设计主题与景观特色。

（2）学习观音文化园造景与园林构图艺术法则、园林色彩构图、园林建筑及小品类型。

（3）学习撰写遂宁观音文化园景观风格赏析报告。

[技能目标]

（1）能说出表现观音文化园景观设计主题和风格的景观名称，并能阐述理由。

（2）学会区分构成景观风格的元素。

（3）会书写景观风格赏析报告。

[实践内容]

1. 观音文化园景观设计主题、景观构成

（1）设计主题。

遂宁观音文化公园以浑厚的观音文化为基础，以多彩的民俗民风为血肉，以独特秀美的自然景观为依托，以别出心裁的设计为表现。不仅是心灵休憩的旅游路线，更是修身养性的文化长廊。

（2）景观构成。

遂宁观音文化主题公园景观带为典型的城市滨河带状景观，有古川泽国、亭树烟榭、巴蜀风情、灵泉在望、仙阁流云五大主题，以中国园林史为脉络，凝聚传统园林之精华，各景观互相融合，各具特色。建成后的联盟河主题公园将成为人们旅游、休闲、娱乐的最佳去处，可提升遂宁的知名度和美誉度。

2. 遂宁观音文化主题公园景观风格

观音文化具有"施仁爱于万物""生态和谐"的理念以及在观音文化理想境界的描述中所显现出的幽远生态意识，与当今生态环境保护需求相契合，为遂宁观音文化旅游资源的生态保护功能提供了思想基础。加之观音文化生态思想的外在化，使得观音道场及所处的环境处处古木参天、绿荫蔽日，鸟语花香。掩映在峰峦翠绿中的观音文化建筑，自然和谐。观音文化氛围庄严、神圣，再融合寂静、幽深的自然环境，给人以超凡脱俗的感觉，进而在观音文化旅游的熏陶下使人们更加热爱自然，加大生态环境的宣传力度，增强环保意识。因此，该主题公园景观风格是以遂宁观音文化为主题的滨水景观格局。

3. 遂宁观音文化主题公园景观特色

遂宁联盟河观音文化园的设计正是变客观制约为物质条件，从人们对城市自然山水环境的审美体认与价值选择出发，立足于场地环境、地域文化、体验路境、休闲游憩和场所精神等要素特征，挖掘出独有的诗意品质进行诉说与升华，创造富含诗意的都市之滨，是典型的城市滨河带状景观。

4. 遂宁观音文化主题公园景观的植物配景

选择植物有大乔木、乔木、大灌木、灌木和丰富多样的地被植物，创造出以观音文化为主题的五大核心滨河带状景观。

5. 遂宁观音文化主题公园的美学赏析

中国拥有上千年的山水艺术与审美文化传统，形成了独特的诗意的环境审美模式与美学传统。在当今城市化进程的建设大潮中，都市滨水地区在城市中占有显要的地位，塑造富有意境的联盟河现代滨水景观具有重要意义。

（1）场地环境原真性的"诗意化"提炼。

"师法自然、因地制宜"，不同的地域有着不同的特征。从自然生态的角度来说，本地原始的地理特征、动植物就是最美和谐的景观组合，原真的才是最富有诗意的。设计本着对场地环境原真性的推崇，依场地而生，对场地原生条件和景物进行大量研究，从中汲取可被利用和改造的元素。

从联盟河"小山小水，平静流淌"的山水特征入手寻求诗意的存在，提炼出 "大设计下的小空间"手段，利用院巷、飞檐、渡口、月塘、老桥等具有自由想象力的元素去实现意境空间的创造。

串珠式的空间迂回，牵动空间的神韵气度；起伏的地形、流淌的绿水，渗进云街水巷、浸润飞檐渡口。原真的种植被大量引入场地，诗意地渲染历史与生长；灵巧的川韵街巷被展上舞台，寻味地域的细品与再生；保留并改造的老拱桥、古渡口、月荷塘、旧阁楼、观音堤，静静地倾听生活惬意的故事。

（2）地域文化的"诗意化"引申。

"观音故里"遂宁，有着深厚的观音文化传统和氛围，这是区别于其他园林的关键之处。"观音概念"的加入使得作品的价值并不单纯在于设计者的构思体现，更显现了本地文化持久的生命力，让人们在欣赏景观作品的过程中，在文化上产生认同、情感上引起共鸣。

设计中，充分传承了东方园林中"象外之象、景外之景"的高度融合意境，用诗意、哲理的手法从地道观音文化中引申出"生、慧、慈、拜、渡"的深刻内涵，形成诗意的故事去装点场景。让场景笼罩在文化故事的氛围中，通过场景和民俗故事相互之间的穿插与点缀产生强烈的碰撞与意蕴，交织出一幅韵味斑斓的文化卷轴。

从文化诗意入境，引申出对地域特色的尊重与升华，使项目设计不再浮于表面，深深扎根于地域土壤，呼吁设计的重返、人性的回归。

（3）体验路径的"诗意化"包装。

意境的感知，是由景物所体现的思想境界，进而感化人、打动人的心灵而产生的结果，是场地升华的高级阶段。体验路径在组织空间、引导游览、交通联系方面起着关键作用，成为联系各处景观的脉络，也是建立人与其他事物之间的桥梁。

在观音文化园景观设计中着手从景、境、人三个层面关系去阐述园林意境的感知存在。组织起三条（滨水游览、休闲游憩、绿茵漫步）贯穿场地的游览诗意体验路境，把分散景点的意境氛围串连起来，多条线路相互补充，为游客带来多侧面的感官体验，形成一个有诗意的整体体验空间。

如果把园林景象和意境的展开比喻为一个经典故事的叙述过程，意游路线的设置则如同独特的叙述方式，有的是酣畅舒展的，有的是精雅细腻的，或是迂回地一唱三叹等。游众既能在视野可及的范围内感知景境，亦能对所经轨迹渐渐生成认知的整合，感知到以特定路线网络为骨架和脉络的景园的整体韵味，并感受其特有的精神气质和审美情趣。

（4）休闲商业的"诗意化"升华。

休闲、游憩必然产生消费的需求。商业的合理存在，带动场地气氛的升华。在一处意境的氛围中，休闲商业设施紧密结合环境的诗意化存在显得极其重要。将商业诗意化，即把消费者的购物需求和心灵体验需求合二为一，既满足了消费者的物质需求，又使得消费者在购物的同时获得了精神上的放松和情感上的愉悦。

设计中运用街、巷、院、山、湖、园的手段，营造古典诗意的空间构成。结合景观的优势存在，创造出整体的意境空间。将阁下园、湖滨楼、月塘咖啡、江景茶楼、渡口驿站等一些充满诗意的休闲商业空间自由而有意识地植入其间，满足功能的同时增强整体氛围的深度和意境。

（5）场所精神和情感的"诗意化"释放。

意境的哲学内涵是生命自由，中国古典艺术意境便是自由生命的精神家园。在观音文化园的设计中，我们尝试在满足功能和视觉的基础上，创造出一处能表达精神和情感的自由空间，着力于对"意境"氛围的营造。这种情感的表达并非平铺直叙让人一眼看穿，而是通过景观艺术作品给人以遐想和感触，在不经意间触动人的情绪，让他们在无形之中体会到设计者的构思和所要表达的设计理念，使观者和设计者达到情感上的共鸣。同时通过对城市景观形象的人文精神，即对"意境"的分析解述，让非物质化的因素给城市带来的魅力个性推动城市发展，从"意境"的角度来考虑城市发展的未来，而不单单是当代人的视觉或物质功能的满足。

6. 撰写遂宁观音文化主题公园景观表现报告

校外实践二 遂宁观音湖湿地主题公园景观参观与赏析

[实验目的]

（1）通过实践学习，对主题公园景观有更直接的认识。

（2）对湿地公园的结构设计有直观形象的了解。

（3）对遂宁湿地主题公园景观能进行成功与不足分析。

（4）学习鉴赏主题公园景观。

[技能目标]

（1）能对主题公园景观设计有初步的运用。

（2）能学会对湿地公园景观构成分析。

（3）能进行湿地公园景观配景。

（4）会撰写湿地公园景观赏析报告。

[实验内容]

1. 遂宁观音湖湿地主题公园背景

遂宁观音湖湿地主题公园景区紧贴河东新区涪江东岸沿线，昔日荒凉河滩，是无人问津的郊野之地。遂宁市政府着眼于城市开发中可持续性功能的创新与研究工作，创见性地将"以优美江岸线为链"的设计理念在这条多彩多姿的路上进行多维度呈现，并进而将之演化成一条灵动的飘带，变废弃的滩涂为生态湿地。复现自然清洁、辽阔的水域，又为野生动植物提供了多种栖息地。设计不仅从细节入手，力图将生态技术渗入到景观形体的各个细节中；设计也从全局把控，确保方案带来高品质的工程实现度，最终为都市文化生活带来可持续性、生态多产的多元化城市滨水区。通过建设，遂宁观音湖湿地公园成为一个集人工湿地打造、自然湿地恢复、湿地展示游赏、野生动物栖息、生态科技体验、休闲体验观光于一体的湿地主题公园。该项目除了湿地公园应有的水系、湖荡、各种水生植物、野生动物外，还有生态栈道、生态体验广场、渔人俱乐部、假日会所、植物博览广场、生态茶室等让人贴近自然、亲近湿地的完善的观光旅游服务、接待设施，是市民休闲游玩好去处。

2. 遂宁观音湖湿地主题公园是休闲健身、科普学习、商旅开发的良好场所

湿地公园一般来说是城市中自然环境受人干预最轻的区域，不仅是城市中环境和小气候最好的区域，同时也是空间较广阔的区域，是城市居民和旅游者回归自然的良好场所。无论是在湿地公园中散步、骑车、划船，还是进行其他健身活动，一般都能得到比城市其他空间更佳的健身效果。

遂宁观音湖湿地主题公园具有生态教育价值复杂的湿地生态系统、丰富的动植物群落、珍贵的物种等，为自然科学教育、生物教学、生态环境教学提供了难得的现实场地。能满足各级学生的教学实习需求，同时也是社会大众接受生态教育的生动课堂。有些湿地还保留了具有宝贵历史价值的文化遗址，是历史文化研究的重要场所。湿地公园一般都有教育中心或自然馆，以便更好地发挥湿地公园的生态教育功能。

城市湿地公园原多在郊区，区域内往往保存着有别于都市生活的传统民俗，通过湿地公园的方式保留下来，为城市居民便捷了解传统民俗、了解地方文化发展演变提供现实素材。民俗文化的旅游开发还能为居民提供休闲游乐新选择。

市民散步观景养生大乐园，由于城市生活的快节奏、人口拥挤、环境破坏等问题，健康状况已成为社会关注的热点，人们追求自然、轻松、宁静的生活空间和生活状态，养生已作为一种健

康的生活方式成为人们的重要需求。而湿地公园可以成为人们追求自然、放松、宁静的生活空间，可以成为养生的重要场所。近年来，我市湿地公园建设更成为打造生态田园城市建设的一大亮点，湿地公园成为遂宁的城市形象和名片，作为城市市民高品位的游憩场所，不仅显著提升了遂宁的城市形象，也有效提升了市民的生活品质，优化了市民的生活方式。

3. 遂宁观音湖湿地主题公园景观特色

遂宁观音湖湿地景区面朝柔情的观音湖，倚松林河，背靠巍峨的群山，空气温润而清新，常年光照充足，冬无严寒，夏无酷暑，是休闲避暑、婚纱摄影和美术写生创作的绝佳圣地。而湿地公园将青山和绿水融为一体，人文和生态相互连接，极大地改善了人居环境，彰显和发挥了"城市绿核"功能，更为城市增添了色彩和灵动感。游观音湖，赏山水园林城市风光；徜徉湿地公园，感受休闲、体验观光惬意；坐幸福摩天轮，许下美好心愿；拜观音，体验观音故里厚重文化……如今，市民发现，在河东游玩更加惬意了。

1）景观组成特点

观音湖湿地景区分为五彩缤纷路景观带和观音文化园两大部分。五彩缤纷路景观带位于观音湖东岸，为一条狭长的带状景观，分为运动休闲区、生态体验区（湿地公园）、时尚商业区、绿色主题区四段，本着现代、时尚、国际、品牌的设计理念，做到自然、人文资源充分挖掘，景观与建筑共生共融，点线面完美结合，犹如观音之彩带飘动，圣水洒落人间。而观音文化园则位于河东新区东侧，紧靠观音湖支流联盟河，为条带地形，以观音文化为主题，分为生、慧、慈、拜、渡五段。通过五个观音文化节点的打造，使人亲身体验观音文化氛围，让心灵回归观音故里，展现遂宁固有的观音文化和独特的城市风情。对已被城市埋没的观音文化名胜古迹进行充分的挖掘，恢复再现，使城市充分体现观音文化，进而弘扬和继承观音文化。

2）景观文化特色

在利用水的优势塑造无界限亲水空间的同时，植入商业服务功能和遂宁本地观音文化，为市民和游客提供了丰富且能亲身体验的复合场所与空间。河东新区文化旅游产业服务局局长杨金全介绍，充分挖掘其特有的濒临湖水的优势和地方民俗文化，进一步丰富和提升观音湖湿地旅游的文化内涵。

3）景观生态特色

"水在脚边流，花在身边开，鸟在树上叫，人在画中游"的生态美景，不需远离城市，在河东湿地公园你就能亲身体验。湿地公园已经成为遂宁官方接待、商务接待、亲友接待的一张名片，成为遂宁人向外来客人展示城市建设的一种骄傲，更成为市民休闲、观景、游玩、养生的最好去处。

置身湿地公园，放眼望去，一派清新自然的原生态景象。公园内植物繁茂，花草五彩缤纷；湖边芳草萋萋，水鸟掠过荡漾的湖水、安静的小桥。前来游园的市民络绎不绝，有悠然骑行的市民，年轻的情侣，带着孩子放风筝的夫妇，携手漫步的古稀老人，于湖光山色中品味城市山水的诗意。

4）景观的休闲、旅游特色

湿地公园为人们带来了生活方式的改变。清晨时分，在湿地公园，总能看见不少市民在锻炼、健身。而茶余饭后和家人到公园游玩、养生更成为河东不少家庭的一种固有生活方式。市民说："这种生活方式真的很惬意，非常放松，还能享受一家人其乐融融的天伦之乐。在晴好的天气里，远离城市喧嚣，到湿地公园散步、看风景。"

到湿地公园游玩、休闲，已经成为遂宁人的"接待"模式，无论官方接待、商务接待、观光接待还是亲友接待，湿地公园都成了一个优先选择，成为遂宁人向外来客商、亲友展示遂宁城市发展建设的一种骄傲。更重要的是，到湿地公园游玩已成为市民休闲、观景、健身的一种生活方式，一种休闲生活、快乐生活的绿色生活方式。

4. 撰写遂宁观音湖湿地景观参观与赏析的报告

校外实践三　遂宁大院景观参观与赏析

[实验目的]

（1）认识别墅楼盘小区景观，了解遂宁大院小区景观构成。

（2）加深对别墅楼盘景观风格的理解。

（3）遂宁大院小区景观赏析。

[技能目标]

（1）能明白别墅楼盘景观设计主题和风格的表现。

（2）借鉴别墅楼盘景观风格表现，学会对景观元素分析。

（3）会撰写景观风格赏析的报告。

[实践内容]

1. 遂宁大院别墅小区景观建设目标

遂宁大院别墅小区景观择址于河东新区腹地，针对特定人群提供奢华、尊贵、高端生活平台。绿化占地面积 15 500 多平方米，水体占地面积 15 100 多平方米，项目合　计绿化景观占地超过 3 万平方米，占全部用地的 54%，容积率为 0.85。108 套别墅全部配置 GKB 全宅手机控智能家居，给业主带来尊贵、高科技的生活享受。安装了 GKB 智能家居的遂宁大院，将大大地简化业主对家居的管理，只要简单设置，手持手机，便可轻松远程控制家中所有灯光、电器等，还可以进行场景控制、定时设置、家居安防等功能。项目将联盟河的原生态景观与湿地公园的自然风光引入社区之内，并以遂宁市场史无前例的顶级物业模式打造健康浪漫生态的城市生活，社区内部配备完善，人居质量业内领先，让大多数人提早实现墅级人居的置业梦想。项目推出的创新产品设计为墅级生活带来更多，将实现前庭后院、有天有地的纯正墅级居所，不仅功能齐全，更有精英人士所渴求的奢适享受。

2. 遂宁大院别墅楼盘景观设计主题和风格

1）设计主题

遂宁大院以自然、环保、生态的人与自然和谐共处为设计理念，集河东城区核心地段、稀缺河景资源、重点学区及生活配套等诸多优质资源于一身。建筑中从质朴温暖的墙体色彩到淡雅古朴的文化石、叠水、涌泉、雕塑……精美园林与独特建筑交相辉映，艺术气息迎面而来，建筑的美感领航唱响高品质生活理念。

2）遂宁大院别墅楼盘景观风格

房子，是家的载体，是情感的避风湾，是品位的彰显，是生活态度的流露。联盟河畔的那些精致的休闲居家地——遂宁大院别墅，创新独院、联排等稀缺设计、顶级配套、高端物业，体现拥有绝好的"望山、揽湖、观景"的景观风格。

3. 遂宁大院小区景观特色

环境如诗如画，地理位置优越，遂宁大院精心打造的湖光林影和醉美园林完美呈现。静静的遂宁大院小区、与水共生的景观园林、人性化的户型设计、豪华大气的遂宁会馆、精工细琢的建筑品质，无不彰显奢华、尊贵，体现出该小区景观独有的特色。

4. 遂宁大院小区景观元素

遂宁大院小区景观以水景观和前后花园为重要景观构成，其基本构成元素是：五彩缤纷的喷泉、弯弯曲曲的小溪、宽敞湛蓝的湖面、自然野趣的驳岸景观、贴近自然的亲水平台、颜色奢侈的景观廊道、层次分明的道路景观等。这些元素让小区景观高端而又不失和谐，自然而又不失典雅，景观层次丰富而又不失缤纷，让人流连忘返。

5. 撰写遂宁大院小区景观赏析报告

三、考核方式与评价标准

（一）成绩构成

本课程总成绩=理论部分成绩（60%）+校内实践部分成绩（30%）+校外实践部分成绩（10%）。

（1）理论部分成绩=期末理论卷面成绩（70%）+平时成绩（30%），平时成绩=出勤（30%）+作业（30%）+课堂表现（40%）。

（2）校内实践部分成绩=实验平均成绩=各实践得分总和/实践个数。

（3）企业实践部分成绩=校外实践平均成绩=各次校外实践得分总和/实践次数。

（二）考核方式

1. 理论部分

本课程期末理论卷面成绩采用闭卷笔试，期末理论卷面成绩采用百分制，考试时间为120分钟，根据学生答卷和统一的评分标准，集中阅卷确定；理论部分平时成绩由科任教师按学生的出勤、作业以及课堂表现，做好记录，按30%、30%、40%的比例综合评定。

2. 校内实践部分

本课程校内实践部分采用实操形式，以一个实践项目为单位（百分制），按出勤及纪律情况（10%）、认真态度（10%）、操作能力（30%），实践报告（50%）等进行评分，作为校内实践部分成绩。

3. 企业实践部分

本课程校外实践部分采用现场教学形式，以一次实践为单位（百分制），按出勤、纪律情况、表现态度由实践课教师综合评定，算出校外各次实践平均分，作为企业实践部分成绩。

（三）考核指标体系

1. 考核内容及分值分配

成绩构成	考核内容	分值
理论教学部分 （总分值100分）	模块1：绪论——园林艺术课程概述	4
	模块2：造景基础与园林构图艺术法则	10
	模块3：风景艺术与园林色彩构图	12
	模块4：园林建筑及小品艺术	14
	模块5：植物造景艺术	14
	模块6：园林绿地规划结构与绿地构图的基本规律	20
	模块7：园林空间意境的创造	16
	模块8：主题公园规划设计构图实例	10
企业实践教学部分 （总分值100分）	实践一　遂宁观音文化园景观参观与赏析	30
	实践二　遂宁观音湖湿地景观参观与赏析	35
	实践三　遂宁大院景观参观与赏析	35

2. 实践过程考核标准体系

（1）出勤及纪律情况考核。

出勤、纪律情况考核	遵守课堂纪律，不迟到，不早退，听从教师指导	遵守课堂纪律，有迟到或早退现象，能听从教师指导	课堂纪律较差，有迟到或早退现象，能听从教师指导	课堂纪律差，旷课或不听教师指导
得分（总分10分）	8～10分	6～7分	4～5分	0～3分

（2）认真态度考核。

认真态度	实践目的明确，课前准备充分，实践认真观察、记录，积极讨论	实践目的明确，课前准备充分，实践时能观察、记录和讨论	实践目的明确，课前有准备，实践时能观察、记录，讨论问题不积极、主动	实践目的明确，课前准备不充分，实践时不做笔记，讨论问题不积极、主动
得分（总分10分）	8～10分	6～7分	4～5分	0～3分

（3）实践报告质量考核。

实践赏析报告叙述清楚，图示结构准确，图美观，赏析内容全面，并且重点突出	实践赏析报告叙述清楚，图示结构准确，图较为美观，赏析内容全面，有重点	实践赏析报告叙述清楚，图示结构较为准确，图较为美观，赏析内容全面，重点不突出	实践赏析报告叙述清楚，图示结构有差错，图较为美观，赏析内容较为全面，重点不突出	实践赏析报告叙述清楚，图示结构有差错，有图示，赏析内容不全面，重点不突出
得分（总分50分）	45～50分	35～44分	20～34分	0～19分

四、教材选用建议

1. 选用教材

付美云. 园林艺术. 北京：化学工业出版社，2013.

2. 参考教材

（1）过元炯. 园林艺术. 北京：中国农业出版社，1996.

（2）余树勋. 园林美学与园林艺术. 北京：科学出版社，1988.

（3）孙筱祥. 园林艺术及园林设计. 北京：北京林业大学出版社，1986.

（4）张吉祥. 园林植物种植设计. 北京：中国建筑工业出版社，2001.

（5）李尚志. 水生植物造景艺术. 北京：中国林业出版社，2000.

（6）庄雪影. 园林树木学（华南本）. 第2版. 广州：华南理工大学出版社，2006.

（7）陈植. 观赏植物学. 北京：中国林业出版社，1984.

3. 学习网站

（1）中国风景园林网 http：//www. chla. com. cn/.

（2）土人景观网 http：//www. turenscape. com/homepage. asp.

（3）中国景观在线 http：//www. scapeonline. com/index2. htm.

（4）景观设计网 http：//www. landdesign. com/.

（5）植物网 http：//www. zhwu. cn.

18 "园林植物造景"课程标准

适用专业：园林工程技术专业

学　　分：2.5

学　　时：48学时（理论24学时，实践24学时）

一、课程总则

1. 课程性质与任务

本课程是高职园林工程技术专业的一门专业素质拓展课程。本课程教学内容理论性、规范性和实践性较强，与该课程联系较为紧密的前续课程有："园林植物""园林规划设计""园林工程"；平行课程有"插花与花艺设计""园林植物栽培技术""园林植物病虫害防治""园林艺术"等。它与这些课程一起构建学生的专业学习领域，并为后续课程的学习和工作打下坚实的基础。

2. 课程目标

通过园林植物造景课程的学习，学生应了解植物景观素材及植物的环境适应性特点，掌握植物景观设计的原理，能够熟练地运用植物素材进行不同地理区域与生境的植物景观空间、季相、种植及不同设计深度的设计。提高专业技能和职业能力，培养实际操作技能和岗位的适应能力，提高职业素质和职业能力。

（1）知识目标。

① 具有园林植物造景设计方法的基本知识；

② 能运用不同的方法对不同类型绿地进行园林植物造景。

（2）能力目标。

本课程具有较强的实践性，要培养学生分析问题、解决问题的能力，因此学生要重视综合分析问题和动手解决实际问题的能力的培养，并为专业课程的后续学习奠定必需的综合素质能力，具体体现在以下能力目标：

① 具有滨水植物造景设计能力；

② 公园植物造景设计能力；

③ 校园植物造景设计能力；

④ 立体植物造景设计能力；

⑤ 道路、广场植物造景设计能力；

⑥ 居住区植物造景设计能力。

（3）素质目标。

学生应该具备良好的职业道德，学会团结协作，具有吃苦耐劳、认真负责、诚实守信的优良品质，具有辩证思维的能力；具有严谨的工作作风和敬业爱岗的工作态度；具有严谨、认真、刻苦的学习态度，科学、求真、务实的工作作风；能遵纪守法、遵守职业道德和行业规范，并为将来成为绿化工、花卉工等职业岗位人员打下坚实的基础。具体体现在以下能力目标：

① 良好的职业道德素养；

② 严谨的工作态度和一丝不苟的工作作风；

③ 自觉学习和自我发展的能力；

④ 团结协作能力、创新能力和语言表达能力；

⑤ 独立分析与解决具体问题的综合素质能力。

3. 学时分配

构成	教学内容	学时分配	小计/学时
理论教学部分	模块1：绪论——园林植物造景课程概述	2	24
	模块2：园林植物景观素材及其观赏特性	2	
	模块3：园林植物景观风格与类型	2	
	模块4：园林植物景观设计方法	8	
	模块5：园林植物造景设计基本程序	4	
	模块6：小环境——园林植物组景与实践	4	
	模块7：园林植物造景评价	2	
校内实践教学部分	实践一 园林植物景观素材	4	16
	实践二 小叶女贞绿篱造型与修剪	4	
	实践三 园林小品人物形体——体育健儿植物景观的设计与造型	4	
	实践四 小环境——园路园林植物组景设计	4	
企业实践教学部分	实践一 遂宁观音文化园景观风格表现	4	8
	实践二 别墅楼盘——遂宁大院小区景观风格表现	4	
合　计			48

二、教学内容与要求

1. 园林植物造景理论教学部分

模块1：绪论——园林植物造景课程概述

教学内容	教学要求			教学形式	建议学时
	知识点	技能点	重难点		
第1讲　绪论—园林植物造景课程概述 1. 园林植物造景基本含义 2. 园林植物造景基本特征 第2讲　园林植物造景功能 1. 生态功能 2. 空间构筑功能 3. 美化功能 4. 实用功能 第3讲　我国园林植物造景现状与发展趋势 1. 我国园林植物造景现状 2. 现代园林植物造景的趋势	1. 园林植物造景基本含义； 2. 园林植物造景基本特征； 3. 园林植物造景功能； 4. 我国园林植物造景现状与发展趋势	1. 园林植物造景含义； 2. 园林植物造景基本特征； 3. 园林植物造景功能	重点： 1. 园林植物造景基本含义 2. 园林植物造景基本特征； 3. 园林植物造景功能。 难点： 1. 园林植物造景基本特征； 2. 园林植物造景功能	学生以小组形式组成团队，各学习单元采用任务驱动方式，根据具体教学内容采用案例教学法、项目教学法	2
教学资源准备： 1. 多媒体教室； 2. 教学课件					

模块2：园林植物景观素材及其观赏特性

教学内容	教学要求			教学形式	建议学时
	知识点	技能点	重难点		
第1讲 园林植物类别与特点 1. 乔木类 2. 灌木类 3. 藤蔓与草本植物 4. 地被与草坪植物 第2讲 园林植物的观赏特性 1. 园林植物的形态 2. 园林植物的色彩 3. 园林植物的芳香 4. 园林植物的质地	1. 园林植物类别与特点（乔木类、灌木类、藤蔓与草本植物、地被与草坪植物）； 2. 园林植物的观赏特性（形态、色彩、芳香、质地）	1. 园林植物类别与特点（乔木类、灌木类、藤蔓与草本植物、地被与草坪植物）； 2. 园林植物的观赏特性（形态、色彩、芳香、质地）	重点： 1. 园林植物类别与特点（乔木类、灌木类、藤蔓与草本植物、地被与草坪植物）； 2. 园林植物的观赏特性（形态、色彩、芳香、质地）。 难点：园林植物类别与特点（乔木类、灌木类、藤蔓与草本植物、地被与草坪植物）	学生以小组形式组成团队，各学习单元采用任务驱动方式，根据具体教学内容采用案例教学法、项目教学法	4
教学资源准备： 1. 多媒体教室； 2. 教学课件					

模块3：园林植物景观风格与类型

教学内容	教学要求			教学形式	建议学时
	知识点	技能点	重难点		
第1讲 园林植物景观风格 1. 自然式植物景观 2. 规则式植物景观 3. 混合式植物景观 4. 自由式植物景观 5. 植物景观风格的创造 第2讲 园林植物景观类型 1. 大自然的植物景观类型 2. 按植物景观素材分类 3. 按景观类型分类 4. 按植物应用类型分类 5. 按植物生境分类	1. 自然式植物景观风格； 2. 规则式植物景观风格； 3. 混合式植物景观； 4. 自由式植物景观风格； 5. 植物景观风格的创造； 6. 大自然的植物景观类型； 7. 按植物景观素材分景观类型； 8. 按景观类型分景观类型； 9. 植物应用类型分景观类型； 10. 按植物生境分景观类型	1. 自然式植物景观风格； 2. 规则式植物景观风格； 3. 混合式植物景观； 4. 自由式植物景观风格； 5. 植物景观风格的创造； 6. 按植物景观素材分景观类型	重点： 1. 园林植物景观风格； 2. 园林植物景观类型。 难点： 1. 园林植物景观风格； 2. 园林植物景观类型	学生以小组形式组成团队，各学习单元采用任务驱动方式，根据具体教学内容采用案例教学法、项目教学法	8
教学资源准备： 1. 多媒体教室； 2. 教学课件					

模块 4：园林植物景观设计方法

教学内容	教学要求			教学形式	建议学时
	知识点	技能点	重难点		
第1讲 树木景观 1. 孤植与对植 2. 丛植与群植 3. 列植与林植 4. 篱植 第2讲 花卉景观 1. 花坛与花台 2. 花境 3. 花池、花箱、花钵 4. 花丛与花群 第3讲 草坪与地被植物景观 1. 草坪景观 2. 地被植物景观 第4讲 意境主题景观 1. 意境设计的基本内涵 2. 植物意境美的来源 3. 意境表达方式 4. 植物景观意境构成手法 第5讲 植物空间景观 1. 植物空间景观类型 2. 植物空间景观特点 3. 植物空间景观的构成 4. 植物景观空间处理 第6讲 季相景观 1. 植物季相景观设计方法 2. 植物季相景观类型与设计 3. 秋季与冬季 第7讲 整形植物景观 1. 绿雕 2. 花雕	1. 树木景观； 2. 花卉景观； 3. 草坪与地被植物景观； 4. 意境主题景观； 5. 植物空间景观； 6. 季相景观； 7. 整形植物景观	1. 树木景观； 2. 花卉景观； 3. 草坪与地被植物景观； 4. 意境主题景观； 5. 植物空间景观； 6. 季相景观； 7. 整形植物景观	重点： 1. 树木景观； 2. 花卉景观； 3. 草坪与地被植物景观； 4. 意境主题景观； 5. 植物空间景观； 6. 季相景观； 7. 整形植物景观。 难点： 1. 意境主题景观； 2. 植物空间景观； 3. 季相景观； 4. 整形植物景观	学生以小组形式组成团队，各学习单元采用任务驱动方式，根据具体教学内容采用案例教学法、项目教学法	14
教学资源准备： 1. 多媒体教室； 2. 教学课件					

模块 5：园林植物造景设计基本程序

教学内容	教学要求			教学形式	建议学时
	知识点	技能点	重难点		
第1讲 与委托方接触阶段 1. 了解委托方（甲方）对项目的要求 2. 获取图纸资料 3. 获取基地其他信息 第2讲 研究分析阶段 1. 基地调查与测绘	1. 了解委托方（甲方）对项目的要求； 2. 获取图纸资料； 3. 获取基地其他信息； 4. 基地调查与测绘；	1. 基地调查与测绘； 2. 植物景观构图设计； 3. 选择植物，详细设计； 4. 设计图	重点： 1. 了解委托方（甲方）对项目的要求； 2. 研究分析阶段；	学生以小组形式组成团队，各学习单元采用任务驱动方式，根据具体教学内容	6

214

教学内容	教学要求			教学形式	建议学时
	知识点	技能点	重难点		
2．基地现状分析 第3讲　设计构想阶段 1．确定设计主题与风格 2．功能分析、明确造景设计目标 3．植物景观构图设计 4．选择植物、详细设计 第4讲　设计表达阶段 1．设计图表达 2．植物景观施工	5．基地现状分析； 6．确定设计主题与风格； 7．功能分析、明确造景设计目标； 8．植物景观构图设计； 9．选择植物，详细设计； 10．设计图表达； 11．植物景观施工	表达； 5．植物景观施工	3．设计构想阶段； 4．设计表达阶段。 难点： 1．研究分析阶段； 2．设计构想阶段； 3．设计表达阶段	采用案例教学法、项目教学法	
教学资源准备： 1．多媒体教室； 2．教学课件					

模块6：小环境园林植物组景与实践

教学内容	教学要求			教学形式	建议学时
	知识点	技能点	重难点		
第1讲　园林植物与园林水体组合造景 1．植物与水景的关系 2．各类水体的植物景观设计 第2讲　园林植物与园路的组合造景 1．园林道路景观设计要求 2．各级园路组合造景手法 3．园路局部的植物景观处理 第3讲　园林植物与建筑的组合造景 1．园林植物与建筑组合造景的设计要求 2．植物与建筑的组景原则 3．建筑室外环境的植物种植设计 第4讲　园林植物造景实例解析组合造景 1．城市街头绿地植物景观设计 2．遂宁湿地公园水景设计	1．植物与水景的关系； 2．各类水体的植物景观设计； 3．园林道路景观设计要求； 4．各级园路组合造景手法； 5．园路局部的植物景观处理； 6．园林植物与建筑组合造景的设计要求； 7．植物与建筑的组景原则； 8．建筑室外环境的植物种植设计； 9．城市街头绿地植物景观设计； 10．遂宁湿地公园水景设计	1．水体的植物景观设计； 2．植物与园林水体组合造景技法； 3．园路组合造景手法； 4．园林植物与建筑的组合造景技法； 5．城市街头绿地植物景观设计方法	重点： 1．植物与水景的关系； 2．各类水体的植物景观设计； 3．园林道路景观设计要求。 难点： 1．园路组合造景手法与园路局部的植物景观处理； 2．园林植物与建筑组合造景的设计要求与原则； 3．建筑室外环境的植物种植设计； 4．城市街头绿地植物景观设计； 5．城市街头绿地植物景观设计	学生以小组形式组成团队，各学习单元采用任务驱动方式，根据具体教学内容采用案例教学法、项目教学法	4
教学资源准备： 1．多媒体教室； 2．教学课					

模块 7：园林植物造景评价

教学内容	教学要求			教学形式	建议学时
	知识点	技能点	重难点		
第 1 讲　园林植物造景评价原则 1. 科学性原则 2. 艺术性原则 3. 功能性原则 4. 经济性原则 第 2 讲　园林植物造景评价方法 1. 调查分析法 2. 民意测验法 3. 认知评判法 4. 层次分析法 5. 模糊综合评价法 第 3 讲　植物景观评价方法应用实例 1. 景观因子与评价指标 2. 园林植物景观评价模型与方法 3. 评价结果	1. 科学性原则； 2. 艺术性原则； 3. 功能性原则； 4. 经济性原则； 5. 调查分析法； 6. 民意测验法； 7. 认知评判法； 8. 层次分析法； 9. 模糊综合评价法； 10. 景观因子与评价指标； 11. 园林植物景观评价模型与方法； 12. 评价结果判定	1. 园林植物造景评价原则； 2. 园林植物造景评价方法景观因子与评价指标； 3. 园林植物景观评价模型与方法； 4. 评价结果判定	重点： 1. 园林植物造景评价原则； 2. 园林植物造景评价方法； 3. 景观因子与评价指标、园林植物景观评价模型与方法。 难点： 1. 园林植物造景评价原则； 2. 层次分析法与模糊综合评价法； 3. 景观因子与评价指标、园林植物景观评价模型	学生以小组形式组成团队，各学习单元采用任务驱动方式，根据具体教学内容采用案例教学法、项目教学法	2
教学资源准备： 1. 多媒体教室； 2. 教学课件					

2. 园林植物造景实践教学部分

1）教学要求和方法

通过园林植物造景实践练习应达到的目的和要求：识别园林植物景观素材，学会园林植物景观绿篱造型与修剪、园林小品——大象植物景观的修剪与造型，能够进行园林植物组景设计。受到园林植物造景基本操作技能的训练，获得园林植物造景设计和修剪塑型的能力；培养学生严肃认真、实事求是的科学作风。同时，通过实践还可验证和巩固所学的理论知识，熟悉园林植物造景设计和修剪塑型的主要技术要求。

2）教学内容和要求

实践一　园林植物景观素材

[实践目的]

园林植物景观素材是进行园林植物造景的基本材料，通过实践练习，学会识别植物景观素材，初步了解植物景观素材的造景用途，能手绘植物景观素材。

[技能目标]

（1）识别植物景观素材。

（2）了解植物景观素材的造景用途。

（3）能手绘植物景观素材。

[实践内容]

1. 园林植物景观素材的观察

（1）植物景观素材：按照植物种类如乔木、灌木、草本等，根据植物景观用途要求，选取不同种类的素材，作为学习标本。

（2）观察：每小组分别对标本进行仔细解剖、观察，记录不同种类的素材的生长状态、颜色、形态，如果标本是花，则要识别花各部分数目、排列方式、子房与花被间关系等。

（3）记录：不同种类的素材的生长状态、颜色、形态，花瓣的数目、花萼的数目、子房与花被间关系等，都需记录下来。

（4）手绘草图：一边观察，一边绘素材形态结构图。

2. 分析与绘图

（1）分析：将记录的结果，如素材的形态、花瓣的数目、花萼的数目、子房与花被间关系等，与理论讲述的内容对照，总结出不同科植物材料的基本结构，从而对植物景观材料有更深的认识和理解。

（2）手绘植物景观素材图：将观察草绘的素材形态结构图、花部草图作为基础，再对照植物本身生长状态，结合理论知识和老师提供的教学图片等相关内容，绘出园林植物景观素材的结构图，并标注各部结构。

（3）完成实验报告：根据（1）、（2）内容，书写实验报告。

实践二　小叶女贞绿篱造型与修剪

[实践目的]

学习运用小叶女贞进行墙体旁绿化，根据小叶女贞生长习性进行绿篱的修剪制作。

[技能目标]

（1）学会女贞绿篱的园林造景的基本原理与用途。

（2）能对小叶女贞造型进行设计。

（3）会进行小叶女贞造型的制作。

[实践内容]

1. 女贞绿篱的园林造景用途

女贞绿篱是指用小叶女贞或金叶女贞种植的绿篱，是中国城市绿化常见的一种方式。使用小叶女贞作为绿篱以及绿屏，采用小灌木的方式，以近距离的株行距密植，栽成单行或双行、紧密结合的规则的种植形式，称为绿篱、植篱、生篱。因其可修剪成各种造型并能相互组合，从而提高了观赏效果。此外，绿篱还能起到遮盖不良视点、隔离防护、防尘防噪等作用。生长七八年的老树形，在这期间，小叶女贞的下部就可以脱脚，枝叶稀疏，有的甚至无枝条，能够自上而下进行修剪，按照长势以及树冠的样式形状做造型。能够修剪出圆形、方形，以及伞形、蘑菇形以及二层与三层的特色造型。

2. 小叶女贞造型的制作过程

1）造型时间与构思

小叶女贞造型一般在春、夏、秋三季进行，这一时期树液流动、枝条柔软且易萌发抽叶抽枝，容易绑扎修剪成型。

植物造型在设计构思方面，同样要遵循绘画艺术和造园艺术的基本原则：统一、调和、均衡和韵律四大原则，植物造型时，树形、线条、质地及比例都要有一定的差异和变化，以显示多样性，又要使植物之间保持一定的相似性，这样既生动活泼，又和谐统一。植物造型设计时要注意相互联系与配合，体现协商的原则，使人观看时能感受到柔和、平静、舒适和愉悦的美感。

2）造型手法

在造型时首先根据环境、树形、树势进行立意构思，依照立意构思制造一些辅助骨架，最后进行绑扎、修剪造型。其手法主要有绑、拉、扭、压和修剪等。

3）制作过程

第一步：将以下墙体两侧立面修剪整齐，然后每隔 1.5 m 左右留出一个花窗的位置以便进行绑扎，将多余枝条剪去。

第二步：用留下的枝条和预先准备好的铁丝、麻绳对枝条进行绑扎，绑扎后轻修剪一次，云墙花窗就初具雏形（如花窗的枝条不够长或高时，可用竹片做出花窗的形状将枝条绑扎在上面，以便来年继续造型），第一次的造型工作暂告一段落，待第二年留足一定高度的枝条后再进行第二次造型。

第三步：制作云墙，由于上部枝条较细、无支撑点，故要用骨架来扶持，这就须将事先准备好的骨架固定牢稳，然后将枝条均匀地绑扎在骨架上，这样整个云墙的雏形就展现在面前了。

第四步：待来年进行细致的修剪（从 4 月底到 10 月底，每月修剪 4～6 次），这样一个绿意浓浓的古式云墙就正式形成了。

实践三　园林小品：人物形体-体育健儿植物景观的设计与造型

[实践目的]

学习园林小品——人物形体植物景观的设计与造型方法，通过练习，学会园林小品的制作方法，以能够在今后的实际工作中进行运用。

[技能目标]

（1）能塑造园林小品人物形体植物景观的小品轮廓植物支架。

（2）学会植物养护、修剪和造型方法。

[实践内容]

1. 绘图

运用手绘的方法，绘出体育健儿的一个运动状态姿势图。

2. 选择生物材料。

小叶女贞具有造型容易、管理方便、生长旺盛、生命力强、绿色期长、寿命长、病虫害少等优点，不像桧柏等的造型那样容易出现枯枝、短缺、寿命短等现象，造型效果好，能真正达到"人在园中走，心在景中移"的景观效果。因此，一般选择小叶女贞作为植物景观小品制作的材料。

3. 制作

人物形体-体育健儿的植物景观的制作过程，主要采用了绑、压、修剪相结合的手法。

1）选枝做底座

留出 3～5 枝主枝后，对其他枝条进行下压，下压程度为离地面 80 cm 左右（主要指粗条），然后将细弱枝均匀地铺散辫在下压的粗枝上，形成一个四方绿色的底座进行轻剪。

2）运用枝条制作人的形体

将留出的 3～5 枝主枝辫在一起形成躯体，枝上的侧枝也应随主枝辫在一起，在身高 1.60 m 左右分出 2～4 枝抽两边辫，长度为 60 cm 左右形成两臂，剩余主枝向上辫 20 cm 左右后下压形成头部，此时一个人的形体就大致形成了（要什么样动作的人体，要在底座向上辫的时候就开始注意辫的方向和弯度）。

3）精心养护、精细造型

小叶女贞精心养护，令其正常生长，为精细修剪打下基础。

218

修剪时间：4 月底至 10 月底。

修剪次数：每月修剪 4～5 次。

结果：这种制作手法既简单又见效快，通过大约一年时间就初具形状，二年时间成形。

实验四　小环境——园路园林植物组景的植物配置

[实践目的]

（1）了解园路园林植物组景的植物配置原理。

（2）学习园路园林植物组景的植物配置方法。

（3）能运用园路园林植物配置进行园林景观生产。

[技能目标]

（1）能进行园路园林植物组景的植物配置。

（2）学会运用园路园林植物配置进行园林景观生产。

[实践内容]

1. 园路园林植物组景的植物配置原理

1）园路景观制作目标要求

风景区、公园、植物园中的道路除了集散、组织交通外，还起到导游作用。园路的面积在园中占有很大的比例，又遍及各处，因此两旁植物配置的优劣直接影响全园景观；园路的宽窄、线路乃至高低起伏都是根据园景中地形以及各景区相互联系的要求来设计的。一般来讲，园路的曲线都自然流畅，两旁的植物配置及小品也宜自然多变，不拘一格。游人漫步其上，远近各景可构成一幅连续的动态画卷，具有步移景异的效果。

2）园路配置形式

园路配置形式为主路旁植物配植，次路与小路植物配植。

2. 园路的植物配置

1）主路旁植物配植

植物材料选择：乔木、灌木。用马尾松、黑松、赤松或金钱松等作为上层乔木，用毛白杜鹃、锦绣杜鹃、杂种西洋杜鹃作为下木，用络石、宽叶麦冬、沿阶草、常春藤或石蒜等作为地被。

（1）配置方式：自然式配置。

蜿蜒曲折的园路，不宜成排成行，若有微地形变化或园路本身高低起伏，最宜进行自然式配置，沿路的植物景观在视觉上应有挡有敞，有疏有密，有高有低。景观上有草坪、花地、灌丛、树丛、孤立树甚至水面、山坡、建筑小品等不断变化。在微地形隆起处，配置复层混交的人工群落，最得自然之趣。游人沿路漫游可经过大草坪，也可在林下小憩或穿行在花丛中赏花。

（2）园路的水景处理：自然式。

如遇水面或对岸有景，则路边沿水面一侧不仅要留出透视线，在地形上还需稍加处理。最好在顺水面方向略向下倾斜，再植上草坪，诱导游人走向水边去欣赏对岸景观。路边地被植物的应用不容忽视，可根据环境不同，种植耐阴或喜光的观花植物，观叶的多年生宿根、球根草本植物或藤本植物，既形成了植物景观，又使环境保持简单整洁。

2）次路与小路植物配植

植物材料选择：竹、小叶榕、扶桑、木绣球、台湾相思、夹竹桃、大叶桉、长叶竹柏、棕竹、沿阶草、樱花、碧桃、二月兰、红背桂、茉莉花、悬铃花、洒金榕、红桑、珊瑚树、桂花、海桐及金钟花等。

配置方式为自然式配置。次路和小路两旁的植物配置可更灵活多样，由于路窄，有的只需在路的一旁种植乔灌木，就可达到既遮阴又赏花的效果，也可将具有拱形枝条的大灌木或小乔木植于路边，形成拱道，游人穿行其下，极富野趣。或植成复层混交群落，则使人感到非常幽深，如形成连翘路、山杏路、山桃路、樱花径、桂花径、碧桃径、二月兰花径等。普通的一条小径，路边为主要建筑，但因配植了乌桕、珊瑚树、桂花、夹竹桃、海桐及金钟花等，组成了复层混交群落，加之小径本身又有坡度，因此给人以深远、幽静之感。

长江以南地区常在小径两旁配植竹林，组成竹径，让游人循径探幽。竹径自古以来就是中国园林中经常应用的造景手法，诗中常见"曲径通幽处，禅房花木深"，说明要创造曲折、幽静、深邃的园路环境，用竹来造景是非常适合的。竹生长迅速，适应性强，常绿，清秀挺拔。穿行在曲折的竹径中，很自然地产生一种"夹径萧萧竹万枝，云深岩壑媚幽姿"的幽深感。

校外实践一 遂宁观音文化园景观风格表现

[实践目的]

（1）通过参观学习，了解观音文化园景观设计主题、景观构成。

（2）学习植物配置在景观风格打造中的作用。

（3）遂宁观音文化园景观风格的赏析。

[技能目标]

（1）能理解景观表现观音文化园景观设计主题和风格。

（2）学会区分景观风格。

（3）会书写景观风格表现实践的报告。

[实验内容]

1. 观音文化园景观设计主题、景观构成

1）设计主题

遂宁观音文化公园以浑厚的观音文化为基础，以多彩的民俗民风为血肉，以独特秀美的自然景观为依托，以别出心裁的设计为表现。不仅是心灵休憩的旅游路线，更是修身养性的文化长廊。

2）景观构成

遂宁观音文化主题公园景观带为典型的城市滨河带状景观，分为古川泽国、亭树烟榭、巴蜀风情、灵泉在望、仙阁流云五大主题，以中国园林史为脉络，凝聚传统园林之精华，各景观互相融合，各具特色。建成后的联盟河主题公园将成为人们旅游、休闲、娱乐的最佳去处，可提升遂宁的知名度和美誉度。

2. 遂宁观音文化主题公园景观风格

观音文化具有"施仁爱于万物""生态和谐"的理念以及在观音文化理想境界的描述中所显现出的幽远生态意识，与当今生态环境保护需求相契合，为遂宁观音文化旅游资源的生态保护功能提供了思想基础。加之观音文化生态思想的外在化，使得观音道场及所处的环境处处古木参天，绿荫蔽日，鸟语花香。掩映在峰峦翠绿中的观音文化建筑，自然和谐；观音文化氛围庄严、神圣，再融合寂静、幽深的自然环境，给人以超凡脱俗的感觉，进而在观音文化旅游的熏陶下使人们更加热爱自然，加大了生态环境的宣传力度，增强人们的环保意识。因此，该主题公园景观风格是以遂宁观音文化为主题的滨水景观格局。

3. 遂宁观音文化主题公园景观特色

遂宁联盟河观音文化园的设计正是变客观制约为物质条件，从人们对城市自然山水环境的审美体认与价值选择出发，立足于场地环境、地域文化、体验路境、休闲游憩和场所精神等要素特征，挖掘出独有的诗意品质，并进行诉说与升华，创造富含诗意的都市之滨，是典型的城市滨河带状景观。

4. 遂宁观音文化主题公园景观的植物配景

选择植物有大乔木、乔木、大灌木、灌木和丰富多样的地被植物，创造出以观音文化为主题的五大核心滨河带状景观。

5. 撰写报告

撰写遂宁观音文化主题公园景观表现报告。

校外实践二　别墅楼盘——遂宁大院小区景观风格表现

[实验目的]

（1）认识别墅楼盘小区景观，了解遂宁大院小区景观构成。

（2）加深对别墅楼盘景观风格的理解。

（3）遂宁大院小区景观赏析。

[技能目标]

（1）能明白别墅楼盘景观设计主题和风格的表现。

（2）借鉴别墅楼盘景观风格表现，学会对景观元素进行分析。

（3）会书写景观风格表现实践的报告。

[实验内容]

1. 遂宁大院别墅项目背景

北兴·遂宁大院择址于河东新区腹地，针对特定人群提供奢华、尊贵、高端交际平台。绿化占地面积 15 500 多平方米，水体占地面积 15 100 多平方米，项目合　计景观占地超过 3 万平方米，占全部用地的 54%。108 套别墅全部配置 GKB 全宅手机控智能家居，即将交付使用，给业主带来尊贵、高科技的生活享受。安装了 GKB 智能家居的遂宁大院，将大大地简化业主对家居的管理，只要简单设置，手握手机，便可轻松远程控制家中所有灯光、电器等，还可以进行场景控制、定时设置，具备家居安防等功能。有了 GKB 智能家居，可谓一手掌控，生活无忧，以高性价比让广大置业者享受城市墅级物业，项目将联盟河的原生态景观与湿地公园的自然风光引入社区之内，并以遂宁市场史无前例的顶级物业模式打造健康浪漫生态的城市生活，社区内部配备完善，人居质量业内领先，让大多数人提早实现墅级人居的置业梦想。项目推出的创新产品设计为墅级生活带来更多，将实现前庭后院、有天有地的纯正墅级居所，不仅功能齐全，更有精英人士所渴求的奢适享受。

2. 遂宁大院别墅楼盘景观设计主题和风格

1）设计主题

北兴·遂宁大院以自然、环保、生态的人与自然和谐共处为设计理念，集河东城区核心地段、稀缺河景资源、重点学区及生活配套等诸多优质资源于一身。建筑中从质朴温暖的墙体色彩到淡雅古朴的文化石、叠水、涌泉、雕塑……精美园林与独特建筑交相辉映，艺术气息迎面而来，建筑的美感领航唱响高品质生活理念。

2）遂宁大院别墅楼盘景观风格

房子，是家的载体，是情感的避风港，是品位的彰显，是生活态度的流露。联盟河畔精致的休闲居家地——遂宁大院别墅，具有创新独院、联排等稀缺设计、顶级配套、高端物业，体现绝好的"望山、揽湖、观景"的景观风格。

3. 遂宁大院小区景观特色

遂宁大院小区的环境如诗如画，地理位置优越，遂宁大院精心打造的湖光林影和醉美园林完美呈现。静静的遂宁大院小区与水共生的景观园林、人性化的户型设计、豪华大气的遂宁会馆、精工细琢的建筑品质，无不彰显奢华、尊贵，体现出该小区景观独有的特色。

4. 撰写报告

撰写遂宁大院小区景观风格表现报告。

三、考核方式与评价标准

（一）成绩构成

本课程总成绩=理论部分成绩（60%）+校内实践部分成绩（30%）+校外实践部分成绩（10%）。

（1）理论部分成绩=期末理论卷面成绩（70%）+平时成绩（30%），平时成绩=出勤（30%）+作业（30%）+课堂表现（40%）。

（2）校内实践部分成绩=实验平均成绩=各实践得分总和/实践个数。

（3）企业实践部分成绩=校外实践平均成绩=各次校外实践得分总和/实践次数。

（二）考核方式

1. 理论部分

本课程期末理论卷面成绩采用闭卷笔试，期末理论卷面成绩采用百分制，考试时间为120分钟，根据学生答卷和统一的评分标准，集中阅卷确定；理论部分平时成绩由科任教师按学生的出勤、作业以及课堂表现，做好记录，按30%、30%、40%的比例综合评定。

2. 校内实践部分

本课程校内实践部分采用实操形式，以一个实践项目为单位(百分制)，按出勤及纪律情况（10%）、认真态度（10%）、操作能力（30%），实践报告（50%）等进行评分，作为校内实践部分成绩。

3. 企业实践部分

本课程校外实践部分采用现场教学形式，以一次实践为单位（百分制），按照出勤、纪律情况、表现态度等几个方面，由实践课教师综合评定，算出校外各次实践平均分，作为企业实践部分成绩。

（三）考核指标体系

1. 考核内容及分值分配

成绩构成	考核内容	分值
理论教学部分（总分值100分）	模块1：绪论——园林植物造景课程概述	4
	模块2：园林植物景观素材及其观赏特性	10
	模块3：园林植物景观风格与类型	12
	模块4：园林植物景观设计方法	14
	模块5：园林植物造景设计基本程序	14
	模块6：小环境园林植物组景与实践	26
	模块7：园林植物造景评价	20
校内实践教学部分（总分值100分）	实践一 园林植物景观素材	20
	实践二 小叶女贞绿篱造型与修剪	24
	实践三 园林小品人物形体——体育健儿植物景观的设计与造型	26
	实践四 小环境——园路园林植物组景设计	30
企业实践教学部分（总分值100分）	实践一 遂宁观音文化园景观风格表现	50
	实践二 别墅楼盘——遂宁大院小区景观风格表现	50

2. 实践过程考核标准体系

（1）出勤及纪律情况考核。

出勤、纪律情况考核	遵守课堂纪律，不迟到，不早退，听从教师指导	遵守课堂纪律，有迟到或早退现象，能听从教师指导	课堂纪律较差，有迟到或早退现象，能听从老师指导	课堂纪律差，旷课或不听老师指导
得分（总分10分）	8～10分	6～7分	4～5分	0～3分

（2）认真态度考核。

认真态度	实践目的明确，课前预习充分，实践环境井然有序	实践目的明确，课前预习充分，实践环境有序	实践目的明确，课前预习，实践环境有序	实践目的不明确，课前预习不充分，实践环境较乱
得分（总分10分）	8～10分	6～7分	4～5分	0～3分

（3）实验操作考核。

实验操作	在规定的时间内正确使用仪器，独立操作，方法、步骤正确，符合实践操作规定	基本上在规定时间内正确使用仪器，基本能独立操作、基本符合实践操作规程	在老师指导下能正确使用仪器，基本能完成实践操作，但时间较长	在老师指导下不能勉强独立操作，不能在规定时间内完成实践内容
得分（总分30分）	25～30分	15～24分	10～14分	0～9分

（4）实践报告质量考核。

实践报告叙述清楚，图示结构准确，图美观	实践报告书写清晰、工整、完成及时，图示结构准确，绘图较为美观	实践报告书写清晰、工整、完成及时，图示结构较准确，绘图较为美观	实践报告书写清晰、工整、完成及时，图示结构有误，图效果一般	实践报告书写清晰、工整、完成及时，图示结构错误较多，绘图效果较差
得分（总分50分）	45～50分	35～44分	20～34分	0～19分

四、教材选用建议

1. 选用教材

熊运海. 园林植物造景. 北京：化学工业出版社，2013.

2. 参考教材

（1）苏雪痕. 植物造景. 北京：中国林业出版社，1994.

（2）何平，彭重华等. 城市绿地植物配置及其造景. 北京：中国林业出版社，2001.

（3）尹吉光. 图解园林植物造景. 北京：机械工业出版社，2008.

（4）张吉祥. 园林植物种植设计. 北京：中国建筑工业出版社，2001.

（5）李尚志. 水生植物造景艺术. 北京：中国林业出版社，2000.

（6）庄雪影. 园林树木学（华南本）. 2版. 广州：华南理工大学出版社，2006.

（7）陈植. 观赏植物学. 北京：中国林业出版社，1984.

3. 学习网站

（1）中国风景园林网 http：//www. chla. com. cn/.

（2）土人景观网 http：//www. turenscape. com/homepage. asp.

（3）中国景观在线 http：//www. scapeonline. com/index2. htm.

（4）景观设计网 http：//www. landesign. com/.

（5）植物网 http：//www. zhwu. cn.

第三部分　园林工程技术专业实践课程标准

1 "园林制图与设计初步实训"课程标准

适用专业：园林工程技术专业

学　　分：1.0

学　　时：25 学时

一、制定依据

本标准依据《国家制图基本规定》《园林工程技术专业课程标准》和《园林工程技术专业人才培养方案》而制定。

二、课程性质

本课程是三年制高职园林工程技术专业的一门专业基础课，课程主要讲授制图工具及其使用方法、国家制图基本规定、投影的基本知识、园林工程施工图的识读及园林设计入门等内容。以识图和绘图为主要教学目的，培养学生空间想象力、识图和绘图等方面的基本知识和基本技能，以及团结协作、交流沟通、学习创新的职业素质。

三、本课程与其他课程的关系

本课程是一门专业基础课，掌握了识图和绘图的技能，既可以独立作为一个完整的技能，毕业后能正确识图和绘制相关的专业图纸，也可以为后续的专业课程打好基础,如园林规划设计、园林施工设计、园林工程造价和计算机 CAD 辅助设计等专业课程。

四、课程目标

1. 知识目标

（1）具有园林制图的基本知识。

（2）具有以投影为原理的绘图知识。

（3）具有操作制图工具的方法与技能。

（4）具有识读园林工程图的知识。

2. 素质目标

（1）具有较好的空间思维能力和辩证思维的能力。

（2）具有严谨的工作作风和敬业爱岗的工作态度。

（3）具有严谨、认真、刻苦的学习态度，以及科学、求真、务实的工作作风。

（4）能遵纪守法、遵守职业道德和行业规范。

五、实训内容与学时分配

1. 学时分配

序号	实训内容	学时分配
1	任务1：抄绘编写园林设计总说明	3
2	任务2：抄绘园林总平面设计图	4
3	任务3：抄绘园林功能分区设计图	2
4	任务4：抄绘园林道路设计规划图	4
5	任务5：抄绘园林植物布置设计图	4
6	任务6：抄绘园林建筑设计图	4
7	任务7：抄绘园林工程设计详图	4
合　计		25

2. 实训内容与要求

任务1：抄绘编写园林设计总说明

实训内容	技能训练要点	实训形式	训练学时	考核方式
园林设计总说明	1. 熟悉设计总说明的内容； 2. 会编制设计总说明的方法	根据制图基本知识，利用制图工具抄绘	3	以抄绘过程和图纸抄绘质量综合评价
教学资源准备： 1. 实训场地； 2. 制图工具及仪器				

任务2：抄绘园林总平面设计图

实训内容	技能训练要点	实训形式	训练学时	考核方式
园林总平面设计图	1. 会识读地形图； 2. 能正确识读总平面图图例； 3. 能识读出新建工程的位置及与周边环境的关系	根据制图基本知识，利用制图工具抄绘	4	以抄绘过程和图纸抄绘质量综合评价
教学资源准备： 1. 实训场地； 2. 制图工具及仪器				

任务3：抄绘园林功能分区设计图

实训内容	技能训练要点	实训形式	训练学时	考核方式
园林功能分区设计图	1. 会识读功能分区符号的意义； 2. 掌握分区之间的相互关系； 3. 能正确识读功能分区图	根据制图基本知识，利用制图工具抄绘	2	以抄绘过程和图纸抄绘质量综合评价
教学资源准备： 1. 实训场地； 2. 制图工具及仪器				

任务 4：抄绘园林道路设计规划图

实训内容	技能训练要点	实训形式	训练学时	考核方式
园林道路设计规划图	1. 能识别道路符号图例； 2. 能识读道路平面与竖向设计图； 3. 能正确识读道路设计规划图	根据制图基本知识，利用制图工具抄绘	4	以抄绘过程和图纸抄绘质量综合评价
教学资源准备： 1. 实训场地； 2. 制图工具及仪器				

任务 5：抄绘园林植物布置设计图

实训内容	技能训练要点	实训形式	训练学时	考核方式
园林植物布置设计图	1. 能掌握园林植物图例； 2. 会植物配置方法； 3. 能正确识读园林植物布置设计图	根据制图基本知识，利用制图工具抄绘	4	以抄绘过程和图纸抄绘质量综合评价
教学资源准备： 1. 实训场地； 2. 制图工具及仪器				

任务 6：抄绘园林建筑设计图

实训内容	技能训练要点	实训形式	训练学时	考核方式
园林建筑设计图	1. 掌握建筑制图规范； 2. 会协调建筑与周边环境的关系； 3. 能正确识读园林建筑设计图	根据制图基本知识，利用制图工具抄绘	4	以抄绘过程和图纸抄绘质量综合评价
教学资源准备： 1. 实训场地； 2. 制图工具及仪器				

任务 7：抄绘园林工程设计详图

实训内容	技能训练要点	实训形式	训练学时	考核方式
园林工程设计详图	1. 会识读详图索引符号与详图符号； 2. 能根据详图掌握具体施工做法； 3. 能正确识读园林工程设计详图	根据制图基本知识，利用制图工具抄绘	4	以抄绘过程和图纸抄绘质量综合评价
教学资源准备： （1）实训场地； （2）制图工具及仪器				

六、课程的考核与评价

本课程采用过程评价和终结评价相结合的方式进行，总成绩=过程评价（50%）+终结评价（50%）。

（1）过程评价采用对学生现场问答、小组讨论和实践操作等实训过程进行评价，其中：实训过程占 80%，实训态度占 20%。

（2）终结评价采用技能测试的形式进行。

七、教材选用建议

1. 选用教材

（1）董南. 园林制图. 北京：高等教育出版社出版，2012.

（2）刘磊. 园林设计初步. 重庆：重庆大学出版社，2013.

2. 参考教材

（1）周业生. 园林制图. 北京：高等教育出版社，2002.

（2）谷康. 园林制图与识图. 南京：东南大学出版社，2001.

（3）谷康. 园林设计初步. 南京：东南大学出版社，2003.

2 "园林测量实训"课程标准

一、制定依据

本标准依据《工程测量员国家职业标准》《建筑与市政工程施工现场专业人员职业标准》和《园林工程技术专业人才培养方案》而制定。

二、课程性质

本课程是三年制高职园林工程技术专业的一门专业基础课,课程是依据专业培养目标和课程标准制定的,符合社会对人才、能力、素质需求及地区经济需要,旨在培养学生在施工过程中的动手操作能力,结合所学知识解决实际工程问题,加强学生对工程测量技术实践应用的探讨,促进学生处理实际工程施工测量问题能力的提高。

三、本课程与其他课程的关系

课程学习内容既可以独立作为一个完整的技能,使学生毕业后能胜任工程类的测量、检验、校正工作,也可为园林工程技术专业的后续课程、资格证书的考核提供强有力的支撑。

四、课程目标

1. 知识目标

(1)掌握仪器基本构造及操作方法。

(2)熟练掌握高程测量方法、水平角度测量方法、距离测量的方法。

(3)熟练掌握高程测设方法、水平角度测设方法、距离测设的方法。

(4)掌握道路桥梁施工测量内容,熟悉工程施工测量实施步骤及方法。

(5)了解地形图测绘的方法。

2. 技能目标

(1)熟练掌握测量仪器操作技能。

(2)能利用测量仪器进行高程测量、角度测量、距离测量。

(3)能进行施工场地控制测量。

(4)能进行地形图测绘。

3. 素质目标

(1)具有沟通和协调人际关系和公共关系的处理能力。

(2)具有集体意识、团队合作意识、质量意识及社会责任心。

(3)遵守劳动纪律,具有环境意识、安全意识。

(4)具有信息查询、收集与整理和独立学习、获取新知识的能力。

(5)具有制订工作进度表以及控制进度的执行能力,具备方案设计与评估决策能力。

五、实训内容与学时分配

1. 学时分配

序号	教学内容	学时分配
1	任务 1：高程控制测量	5
2	任务 2：角度测量	5
3	任务 3：距离测量	5
4	任务 4：小地区控制测量内业计算	5
5	任务 5：检核及复测	4
6	任务 6：实训总结	1
合　计		25

2. 教学内容与要求

任务 1：高程控制测量

实训内容	技能训练要点	实训形式	训练学时	考核方式
1. 小地区控制测量线路布设 1）踏勘选点 （1）相邻水准点间应相互通视良好，地势平坦，便于测角和测距。 （2）点位应选在土质坚实、便于安置仪器和保存标志的地方。 （3）导线点应选在视野开阔的地方，便于碎部测量。 （4）导线边长应大致相等，其平均边长应符合技术要求。 （5）导线点应有足够的密度，分布均匀，便于控制整个测区。 2）水准点的标记 （1）永久性水准点。 （2）临时性水准点。 3）水准路线规划 （1）附和水准路线 （2）闭合水准路线。 （3）支水准路线	1. 掌握水准点的选择及标记方法； 2. 掌握水准路线的规划方法	根据测量任务选择测量控制点	1	以选点过程和选点的合理性进行评价
2. 水准测量的施测 1）常见测量仪器的选择 （1）双面尺、塔尺。 （2）水准仪。 （3）脚架、尺垫。 2）工程常用水准路线的施测 （1）等外水准路线的施测。 （2）三、四等水准路线的施测。 （3）…	1. 掌握水准仪器的选择及检核方法； 2. 掌握水准路线的施测方法	根据测量任务进行水准测量	3	根据测量过程和测量成果进行评价

实训内容	技能训练要点	实训形式	训练学时	考核方式
3. 水准测量成果计算 1）附和水准路线的成果计算 （1）填写观测数据和已知数据。 （2）计算高差闭合差。 （3）调整高差闭合差。 （4）计算各测段改正后高差。 （5）计算待定水准点高程。 2）闭合水准路线的成果计算 （1）填写观测数据和已知数据。 （2）计算高差闭合差。 （3）调整高差闭合差。 （4）计算各测段改正后高差。 （5）计算待定水准点高程。 3）支水准路线的成果计算 （1）计算高差闭合。 （2）计算高差容许闭合差。 （3）计算改正后高差。 （4）计算待定水准点高程	1. 掌握对水准测量外业数据的检核方法； 2. 掌握未知水准点高程的计算方法	根据测量数据进行成果计算	1	根据计算过程和计算结果进行评价
教学资源条件准备： 1. 测量仪器； 2. 实训任务清单； 3. 实训作业本				

任务 2：角度测量

实训内容	技能训练要点	实训形式	训练学时	考核方式
1. 角度测量的准备工作 1）控制点的标记 （1）永久性标记。 （2）临时性标记。 2）测量路线规划 3）测量仪器、工具的选择 （1）DJ6 经纬仪：一台。 （2）花杆（或测钎）：二根。 （3）防滑架：一个。 （4）计算器：一个	1. 掌握测回法测水平角的测量方法； 2. 掌握经纬仪的构造和使用	根据角度测量任务书进行相关准备工作	1	根据准备工作过程和结果进行评价
2. 测回法的施测 （1）在测站点 O 安置经纬仪，在 A、B 两点竖立测杆或测钎等，作为目标标志。 （2）盘左位置的施测。 （3）盘右位置的施测。 （4）数据的初步检核	1. 掌握测回法测水平角的步骤； 2. 掌握测回法测水平角的初步检核方法	利用测回法进行单角测量	4	根据测量过程和测量结果进行评价
教学资源条件准备： 1. 测量仪器； 2. 实训任务清单； 3. 实训作业本				

任务 3：距离测量

实训内容	技能训练要点	实训形式	训练学时	考核方式
1. 距离测量的准备工作 1）控制点的标记 （1）永久性标记。 （2）临时性标记。 2）测量路线规划 3）测量仪器、工具的选择 （1）DJ6经纬仪：一台。 （2）花杆（或测钎）：两根。 （3）钢尺：一把（50 m）。 （4）计算器：一个	1. 掌握经纬仪定线钢尺量距的测量方法； 2. 掌握经纬仪的构造和使用	进行距离测量的准备工作	1	根据准备工作过程和结果进行评价
2. 距离测量的施测 （1）在控制点A安置经纬仪，在该测段另一控制点B竖立测杆或测钎等，作为目标标志。 （2）盘左位置瞄准B，定下视线方向。 （3）从A用钢尺量至B，期间由经纬仪定线。 （4）返测，再用同样的方法由B量值A。 （5）测量数据初步检核	1. 掌握经纬仪定线的方法； 2. 掌握钢尺量距的操作方法； 3. 掌握测量数据的初步检核方法	根据测量任务书进行距离测量	4	根据距离测量的过程和结果进行评价
教学资源条件准备： 1. 测量仪器； 2. 实训任务清单； 3. 实训作业本				

任务 4：小地区控制测量内业计算

实训内容	技能训练要点	实训形式	训练学时	考核方式
1. 准备工作 将校核过的外业观测数据及起算数据填入"闭合导线坐标计算表"中，起算数据用双线标明。 2. 角度闭合差的计算与调整 （1）计算角度闭合差。 （2）计算角度闭合差的容许值。 （3）计算水平角改正数。 （4）计算改正后的水平角。 3. 推算各边的坐标方位角 4. 坐标增量的计算及其闭合差的调整 （1）计算坐标增量。 （2）计算坐标增量闭合差。 （3）计算导线全长闭合差和导线全长相对闭合差。 （4）调整坐标增量闭合差。 （5）计算改正后的坐标增量。 5. 计算各导线点的坐标	1. 掌握小地区控制测量内业计算的步骤和方法； 2. 掌握小地区控制测量内业计算的绘制和填表方法	根据任务书进行小地区控制测量	5	根据测量过程和测量结果进行评价
教学资源条件准备： 1. 测量仪器； 2. 实训任务清单； 3. 实训作业本				

任务5：检核及复测

实训内容	技能训练要点	实训形式	训练学时	考核方式
1. 提交数据前的准备工作 1）控制点高程的测量工作 （1）数据的检核。 （2）复测补充、修正。 2）控制点坐标的测量工作 （1）数据的检核。 （2）复测补充、修正。 3）控制点数据及位置草图绘制	1. 掌握小地区控制测量数据的检核方法； 2. 掌握数据误差来源分析方法； 3. 掌握误差超限数据的复测方法	根据任务书进行数据准备工作	3	根据准备工作过程和结果进行评价
2. 实训资料的上交 1）归还实训仪器设备 2）提交实训作业 （1）控制点高程测量记录表。 （2）控制点平面测量记录表。 （3）控制点草图		整理、归还实训仪器及配件	2	根据整理仪器规范程度进行评价
教学资源条件准备： 1. 测量仪器； 2. 实训任务清单； 3. 实训作业本				

任务6：实训总结

实训内容	技能训练要点	实训形式	训练学时	考核方式
1. 将作业进行整理、收集 2. 根据完成实训中的情况做实训总结	1. 检查作业完成情况； 2. 实训总结是否完整	实训	1	终结评价
教学资源条件准备： 1. 多媒体教学设备； 2. 教学课件、软件； 3. 测量工程施工图； 4. 测量仪器及配件				

六、课程的考核与评价

本课程采用过程评价和终结评价相结合的方式进行，总成绩=过程评价（50%）+终结评价（50%）。

（1）过程评价采用对学生现场问答、小组讨论和实践操作等实训过程进行评价，其中：实训过程占80%、实训态度占20%。

（2）终结评价采用技能测试的形式进行。

七、教材选用建议

1. 选用教材

陈彩军. 园林测量. 北京：科学出版社.

2. 参考教材

（1）人力资源和社会保障部教材办公室组织. 园林测量. 北京：中国劳动社会保障出版社，2009.

（2）李星照，胡希军. 风景园林测绘学. 北京：中国林业出版社，2009.

（3）谷达华，陶本藻. 园林工程测量. 重庆：重庆大学出版社，2011.

3 "园林绘画实训"课程标准

一、制定依据

本标准依据《景观设计师国家职业标准》，以及各省、市、地方的《园林绿化行业从业人员职业道德规范》和《园林工程技术专业人才培养方案》而制定。

二、课程性质

本课程是三年制高职园林工程技术专业的一门专业基础课，课程是依据专业培养目标和课程标准制定的，符合社会对人才、能力、素质需求及地区经济的需要，旨在培养学生在施工过程中的动手操作能力，结合所学知识解决实际工程问题，加强学生对工程测量技术实践应用的探讨，促进学生处理实际工程施工测量问题能力的提高。

三、本课程与其他课程的关系

课程学习内容既可以独立作为一个完整的技能，使学生毕业后能胜任园林设计的草图设计、方案设计、方案效果图绘制，也可为园林工程技术专业的后续课程、资格证书的考核提供强有力的支撑。

四、课程目标

1. 知识目标

（1）了解绘画和素描学的基本知识。

（2）掌握园林绘画的基础知识、钢笔画、色彩学等部分基础理论。

（3）掌握方案草图和效果图绘制知识，了解相关表现工具的基本运用知识。

2. 技能目标

（1）具有能对一般园林景观进行几何体概括描绘的基本技能。

（2）具有对一般园林景观进行创意装饰表现的技能。

（3）具有运用素描的方式进行园林绘画的技能。

（4）具有运用钢笔画的基础技法进行园林写生和绘画的技能。

（5）具有运用色彩学的知识能力进行园林景观写生和绘画的技能。

（6）具有欣赏园林绘画与园林设计等作品的能力。

3. 素质目标

（1）具有沟通和协调人际关系和公共关系的处理能力。

（2）具有集体意识、团队合作意识、质量意识及社会责任心。

（3）遵守劳动纪律、环境意识、安全意识。

（4）具有信息查询、收集与整理，以及独立学习、获取新知识的能力。

（5）具有制定工作进度表以及控制进度的执行能力，具备方案设计与评估决策的能力。

五、实训内容与学时分配

1. 学时分配

序号	实训内容	学时分配
1	任务1：黑白表现	5
2	任务2：配景表现技能	5
3	任务3：景观单体色彩表现	7
4	任务4：综合表现技能	7
5	任务5：实训总结	1
合　计		25

2. 教学内容与要求

任务1：黑白表现

实训内容	技能训练要点	实训形式	训练学时	考核方式
1. 绘图笔、铅笔表现 （1）绘图笔。 （2）铅笔。 2. 排线技能 3. 黑白表现的风格形式 （1）线描形式。 （2）素描形式。 （3）快速表现形式。 （4）草图表现。 （5）快速淡墨表现。 （6）学习方法介绍。	1. 了解黑白表现常用工具挑选； 2. 掌握黑白表现基本技能	根据表现图集进行黑白表现	5	根据表现过程和表现结果进行评价
教学资源条件准备： 1. 绘图工具； 2. 实训任务清单； 3. 实训作业本				

任务2：配景表现技能

实训内容	技能训练要点	实训形式	训练学时	考核方式
1. 植物表现方法 （1）树的表现方法。 （2）灌木丛的表现方法。 （3）草丛的表现方法。 2. 水的表现方法 （1）水面的表现方法。 （2）跌水的表现方法。 （3）喷泉的表现方法。 3. 石的表现方法 4. 铺装的表现方法 5. 人物的表现方法 6. 其他配景的表现方法 7. 配景与环境气氛	1. 掌握植物的表现技能 2. 掌握水体的表现技能 3. 掌握石材的表现技能 4. 掌握其他配景的表现技能	根据表现图集进行配景表现	5	根据表现过程和表现结果进行评价
教学资源条件准备： 1. 绘图工具； 2. 实训任务清单； 3. 实训作业本				

任务 3：景观单体色彩表现

实训内容	技能训练要点	实训形式	训练学时	考核方式
1. 单体上色方法 （1）常见配景上色技能。 （2）材质的表现方法。 （3）人物上色技能。 2. 马克笔上色表现详解 （1）居住区景观表现。 （2）植物、喷泉、廊架表现。 （3）大面积水体、跌水表现。 （4）景墙、石材表现	1. 掌握色彩基础知识； 2. 掌握常用上色工具的性能； 3. 掌握单体的上色方法的基本技能	根据表现图集进行景观单体色彩表现	7	根据表现过程和表现结果进行评价
教学资源条件准备： 1. 绘图工具； 2. 实训任务清单； 3. 实训作业本				

任务 4：综合表现技能

实训内容	技能训练要点	实训形式	训练学时	考核方式
1. 景观剖面图表现 2. 景观平面图表现 3. 景观立面图表现 4. 景观鸟瞰图表现	1. 掌握景观剖面图表现的基本技能； 2. 掌握景观平面图表现的基本技能； 3. 掌握景观立面图表现的基本技能； 4. 掌握景观鸟瞰图表现的基本技能	根据表现图集进行综合表现	7	根据表现过程和表现结果进行评价
教学资源条件准备： 1. 绘图工具； 2. 实训任务清单； 3. 实训作业本				

任务 5：实训总结

实训内容	技能训练要点	实训形式	训练学时	考核方式
1. 将作业进行整理、收集 2. 根据完成实训中的情况做实训总结	1. 检查作业完成情况； 2. 实训总结是否完整	实训	1	终结评价
教学资源条件准备： 1. 多媒体教学设备； 2. 教学课件、软件； 3. 园林工程表现案例； 4. 园林工程表现图集				

六、课程的考核与评价

本课程采用过程评价和终结评价相结合的方式进行，总成绩=过程评价（50%）+终结评价（50%）。

（1）过程评价采用对学生现场问答、小组讨论和实践操作等实训过程进行评价，其中：实训过程占 80%，实训态度占 20%。

（2）终结评价采用技能测试的形式进行。

七、教材选用建议

1. 选用教材

赵航. 景观. 建筑手绘效果图表现技法. 北京：中国青年出版社，2006.

2. 参考教材

（1）（德）普林斯，（德）迈那波肯. 赵巍岩译. 建筑思维的草图表达. 上海：上海人民美术出版社，2005.

（2）张汉平. 设计与表达. 北京：中国计划出版社，2004.

（3）陈新生. 建筑钢笔表现. 3 版. 上海：同济大学出版社，2007.

4 "园林植物认知实训"课程标准

一、制定依据

本标准依据《园林基本术语标准》（CJJ/T91—2002）、《城市园林绿化工程施工及验收规范》（DB11/T 212—2003）、《城市园林绿化用植物材料木本苗》（DB11/T 211—2003）、《城市园林绿化养护管理标准》（DB11/T 213—2003）、《园林绿化技术规程》（DB33/T 1009—2001）和《园林工程技术专业人才培养方案》而制定。

二、课程性质

本课程是三年制高职园林工程技术专业的一门专业基础实训课，课程主要讲授常用园林植物的种类、园林植物生活环境、园林植物景观用途、园林植物的栽培基础、园林植物的认识。本课程以典型乔木、灌木、草本类植物在园林景观中的用途为内容，培养学生常用园林植物的识别、园林用途、园林栽培与养护等方面的基本知识和基本技能，以及团结协作、交流沟通、学习创新的职业素质。

三、本课程与其他课程的关系

课程学习内容既可以独立作为一个完整的技能，学生毕业后能胜任园林植物的栽培、苗圃管理、园林景观的植物造景等职业，也对园林工程技术专业的后续课程、资格证书如园林绿化工、盆景工、假山工等的考核提供强有力的支撑。

四、课程目标

1. 知识目标

（1）学会识别常见园林植物。

（2）学会花材的解剖，熟练解剖花材，书写园林植物花公式。

（3）学会园林苗圃的栽培管理技术，学习园林植物繁殖技术（嫁接、压条）。

（4）学习对主题景观公园的景观鉴赏，能够进行园林景观写生。

（5）学会植物配景技术，能够正确选择景观植物，进行植物造景设计。

2. 技能目标

（1）常见园林植物的识别。

（2）花的解剖技术，利用花的结构识别园林植物。

（3）园林苗圃栽培管理的基本技术。

（4）运用园林植物进行植物造景技术。

3. 素质目标

（1）具有沟通和协调人际关系和公共关系的处理。

（2）具有集体意识、团队合作意识、质量意识及社会责任心。

（3）遵守劳动纪律，具有环境意识、安全意识。

（4）具有信息查询、收集与整理能力，具有独立学习、获取新知识的能力。

（5）具有制订工作进度表以及控制进度的执行能力，方案设计与评估决策能力。

五、课程教学内容及参考学时

1. 学时分配

序号	教学内容	学时分配
1	任务1：常见园林植物类群及水生园林植物	4
2	任务2：公园常见园林植物的识别（1）（木本类与花卉）	6
3	任务3：常见园林植物的识别（2）（实习基地：植物的识别、苗圃建设与管理）	6
4	任务4：常见园林植物识别（3）（实习基地：乔木、灌木、藤本与花卉）	6
5	任务5：园林植物识别考试与实训总结	2+1
合　计		25

实训时间：根据园林植物生长季节特点、学院实训实习教学安排意见和本专业课程安排意见的要求，《园林植物认知实训》安排在第9至14周之中的1周进行。

2. 实训内容与要求

任务1：常见园林植物类群及水生园林植物

实训内容	技能要点	实训形式	建议学时	考核方式
1. 园林植物分类 1）按照生活环境分 （1）水生园林植物。 （2）陆生园林植物。 （3）沙漠旱生园林植物。 2）按照植株高矮分 （1）乔木。 （2）灌木。 （3）草本。 3）按照园林用途分 （1）草坪与地被园林植物。 （2）垂直绿化园林植物。 （3）一般景观园林植物。 4）按照植物结构与演化分 （1）藻类植物。 （2）地衣植物。 （3）菌类植物。 （4）蕨类植物。 （5）种子植物（裸子植物、被子植物）	1. 植物分类常识； 2. 园林植物用途； 3. 水生园林植物景观用途	1. 用实物标本讲述各类植物特点、园林用途； 2. 园林植物生长地域现场实物教学； 3. 学生解剖植物标本	2学时	过程评价考试
2. 花材解剖 （1）花的结构。 （2）花的解剖。	1. 典型花的基本结构； 2. 花的解剖技术	实训	1学时	
3. 园林植物类群的代表植物及常见水生园林植物	1. 园林植物类群的代表植物识别； 2. 常见水生园林植物的识别	认知实习	1学时	
教学资源条件准备： 1. 园林植物实训室； 2. 解剖镜、解剖针、放大镜等； 3. 实训基地	1. 准备校内实训室； 2. 落实学院校园实训教学线路； 3. 落实遂宁湿地公园实训教学线路			

教学形式主要有：实验、实习、实训、见习等。

任务 2：公园常见园林植物的识别（1）（木本类与花卉）

实训内容	技能要点	实训形式	建议学时	考核方式
1. 观音文化园主要植物识别 1）观音文化园景观概述 （1）观音文化园设计主题。 （2）观音文化园园林景观特点。 （3）观音文化园园林景观与植物配景。 2）观音文化园园林植物识别	1. 观音文化园园林景观特点； 2. 观音文化园园林植物主要种类及识别	讲述与实习	2学时	过程评价
2. 常见园林植物的识别 （1）四川艺景园林公司主要是木本类园林植物； （2）遂宁绿家盆景园林公司主要是花卉类园林植物	常见园林植物的识别	讲述与实习	4	
教学资源条件准备： 实习基地包括遂宁观音文化园、遂宁绿家盆景园林公司、四川艺景园林公司	1. 落实遂宁观音文化园实训教学线路； 2. 联系遂宁绿家盆景园林公司，落实实训教学内容； 3. 联系四川艺景园林公司，落实实训教学内容			

注：教学形式主要有实验、实习、实训、见习等。

任务 3：常见园林植物的识别（2）（实习基地：植物的识别、苗圃建设与管理）

实训内容	技能要点	实训形式	建议学时	考核方式
1. 苗圃内常见园林植物的识别 （1）苗圃内乔木、灌木园林植物的识别。 （2）苗圃内草本花卉园林植物的识别	常见园林植物识别：乔木、灌木园林植物的识别和草本花卉园林植物的识别	讲述与实习	2学时	过程评价
2. 园林苗圃的建设 1）园林苗圃 （1）园林苗圃概念。 （2）园林苗圃用途。 （3）园林苗圃类型。 2）园林苗圃苗木繁殖技术 （1）扦插。 （2）压条。 （3）嫁接	1. 园林苗圃用途； 2. 园林苗圃类型； 3. 园林苗圃苗木繁殖技术（嫁接、压条）； 4. 园林苗圃的栽培技术	讲述与实习	3学时	
3. 园林苗圃的管理	1. 园林苗圃的管理技术； 2. 园林苗圃的苗木营销	讲述与实习	1学时	
教学资源条件准备： 1. 实训基地 联系遂宁永兴顺利园艺有限公司； 2. 准备扦插、压条、嫁接的园林植物材料； 3. 准备嫁接刀、扎带、封装袋、生根粉、托布津消毒剂	1. 落实遂宁永兴顺利园艺有限公司实训指导教师； 2. 落实遂宁永兴顺利园艺有限公司实训内容； 3. 落实前往遂宁永兴顺利园艺有限公司线路及安全注意事项			

注：教学形式主要有实验、实习、实训等。

任务 4：常见园林植物识别（3）（实习基地：乔木、灌木、藤本与花卉）

实训内容	技能要点	实训形式	建议学时	考核方式
1. 四川龙泉园林股份有限公司——黄娥故里苗木基地 1）黄娥故里苗木基地概况 （1）黄娥故里苗木基地生产条件； （2）黄娥故里苗木基地营销情况； （3）黄娥故里苗木基地栽植情况。 2）黄娥故里苗木基地特色园林植物介绍	1. 黄娥故里苗木基地的生产条件； 2. 黄娥故里苗木基地营销管理办法； 3. 黄娥故里苗木基地栽植情况； 4. 黄娥故里苗木基地特色园林植物	讲述与实习	3学时	过程评价
2. 四川龙泉园林股份有限公司——黄娥故里苗木基地常见园林植物识别与运用 （1）常见园林植物识别。 （2）园林植物在配景中应用	1. 黄娥故里苗木基地常见园林植物识别； 2. 园林植物在黄娥故里配景中的应用	讲述与实习	3学时	
教学资源条件准备： 联系四川龙泉园林股份有限公司——黄娥故里苗木基地	1. 落实四川龙泉园林股份有限公司——黄娥故里苗木基地实训指导教师； 2. 龙泉园林股份有限公司——黄娥故里苗木基地实训内容； 3. 落实前往龙泉园林股份有限公司——黄娥故里苗木基地实训线路及安全注意事项			

注：教学形式主要有实验、实习、实训、见习等。

任务 5：园林植物识别考试与实训总结

实训内容	技能要点	实训形式	建议学时	考核方式
1. 园林植物识别考试 2. 实训作业整理、收集 3. 实训总结 （1）班长做全班本周实训情况的总结（出勤、组织纪律、尊重外聘实习指导老师情况、实习态度、遵守安全纪律、作业完成情况等）。 （2）实习小组推荐同学总结（就个人在实习中的学习情况、收获与体会总结）。 （3）实习指导老师总结	1. 园林植物识别（科名、种名）； 2. 作业完成情况； 3. 实训总结是否完整	考试、总结发言	2学时、1学时	终结评价
教学资源条件准备： 1. 园林植物实训室； 2. 考试用答题签、园林植物标本及编号	1. 做好园林植物实训室清洁卫生； 2. 准备好园林植物识别考试用答题签； 3. 摆放好供考试用园林植物标本，并编号； 4. 备用替换园林植物标本			

注：教学形式主要有实验、实习、实训、见习等。

六、课程的考核与评价

本课程采用过程评价和终结评价相结合的方式进行，总成绩=过程评价（50%）+终结评价（50%）。

（1）过程评价采用对学生现场问答、小组讨论、实践操作、实训报告等实训过程进行评价，对每位学生遵守组织纪律、实训安全注意事项和出勤等方面进行考核，作为实训态度进行评价；其中：实训过程占 80%，实训态度占 20%，二者分数之和作为过程评价成绩，占实训总成绩的 50%。

（2）终结评价采用园林植物识别测试的形式进行，占实训总成绩的 50%。

七、教材选用与课外学习网站建议

1. 选用教材

方彦. 园林植物. 北京：高等教育出版社，2013.

2. 参考教材

（1）庄雪影. 园林树木学（华南本）. 2 版. 广州：华南理工大学出版社，2006.

（2）陈植. 观赏植物学. 北京：中国林业出版社，1984.

（3）苏雪痕. 植物造景. 北京：中国林业出版社，2000.

（4）中国植物志编委会. 中国植物志. 北京：科学出版社，1959—1997.

（5）中国科学院植物研究所. 中国高等植物图鉴（1～5 册）. 北京：科学出版社，1972—1985.

3. 学习网站

（1）中国风景园林网 http：//www. chla. com. cn/.

（2）土木景观网 http：//www. turenscape. com/homepage. asp.

（3）中国景观在线 http：//www. scapeonline. com/index2. htm.

（4）景观设计网 http：//www. landdesign. com/.

（5）植物网 http：//www. zhwu. cn.

5 "园林计算机辅助设计Ⅰ实训"课程标准

一、制定依据

本标准依据《园林制图统一标准》（GB50104—2010)和《园林计算机辅助设计制图规范》制定。

二、课程性质

本课程是三年制高职工程造价专业的一门专业课，是研究图形画法的课程，是园林类专业的重要专业基础课程，是工程技术人员不可缺少的工具。通过本课程的学习，为学生将来从事园林工程的计量、计价、施工、设计等工作打下必要的基础，并能为学生将来继续学习、拓展专业领域提供一定的支持。本课程是一门实践性强的课程，主要侧重于培养学生的实践技能，以及培养学生自主学习能力和知识拓展能力。

三、本课程与其他课程的关系

课程学习内容既可以独立作为一个完整的技能，使学生毕业后能胜任园林制图、园林设计、园林施工等工作，也可为应用工程造价专业的后续课程、资格证书的考核提供强有力的支撑。

四、课程目标

1. 知识目标

（1）掌握 AutoCAD 软件的界面和绘图环境，了解其发展历程。

（2）掌握 AutoCAD 软件的基本绘图命令和基本技巧。

（3）掌握二维编辑命令的使用和基本技巧。

（4）掌握高级绘图命令和编辑技巧。

（5）了解三维图形的绘制和编辑。

（6）掌握园林工程图的绘制步骤和绘制技巧。

2. 技能目标

（1）培养学生基本绘图命令使用能力，培养学生灵活应用命令的能力。

（2）培养学生能灵活地使用编辑命令的能力，掌握使用技巧。

（3）培养学生灵活应用知识，自主主动获取新知识的能力。

（4）培养学生独立解决问题的能力，初步具备本科目的拓展能力。

（5）培养学生的绘图安全和团队意识。

3. 素质目标

（1）培养学生吃苦耐劳、艰苦奋斗、勇于探索、不断创新的职业精神。

（2）培养学生诚恳、虚心、勤奋好学的学习态度和科学严谨、实事求是、爱岗敬业、团结协作的工作作风。

（3）培养学生良好的职业道德、公共道德、健康的心理和乐观的人生态度、遵纪守法和社会责任感。

（4）培养学生树立质量意识、安全意识、标准和规范意识以满足专业岗位的要求。

（5）培养学生自主学习和拓展知识的能力。

五、实训内容与学时分配

1. 学时分配

序号	实训内容	学时分配
1	任务1：园林平立面图的绘制	8
2	任务2：园林小品的绘制	7
3	任务3：园林高级编辑命令的运用	6
4	任务4：园林计算机辅助设计在实际项目中的综合运用	4
5	任务5：实训总结	1
合　计		25

2. 实训内容与要求

任务1：园林平立面图的绘制

实训内容	技能训练要点	实训形式	训练学时	考核方式
1. AutoCAD制图准备工作 2. AutoCAD园林制图规范 3. 绘制树池平立面图 4. 绘制花架平立面图	1. 了解园林工程制图国家标准中的有关规定； 2. 掌握AutoCAD软件的安装和启动，AutoCAD操作界面的组成及各组成部分的作用，AutoCAD命令的分类，视图缩放命令，取消命令，重复命令，存盘命令，退出命令； 3. 掌握园林中常见的树池平面图、立面图的形式及规格； 4. 掌握园林中常见的花架平面图、立面图的形式及规格； 5. 掌握绘图比例和单位的设置，显示工作取得方法，栅格设定	根据园林施工图纸用CAD抄绘相关图纸	8	将绘图过程和绘图结果的正确性相结合进行评价
教学资源条件准备： 1. 多媒体教学设备； 2. 教学课件、软件； 3. 园林工程施工图； 4. 园林工程制图规范				

任务2：园林小品的绘制

实训内容	技能训练要点	实训形式	训练学时	考核方式
1. 绘制园林绿地道路总平面图 2. 绘制园林小品平立面图	1. 掌握设置AutoCAD绘图环境：绘图界限、绘图精度、绘图单位； 2. 掌握对象选择的作用及选择集的概念，用编辑方法产生新图形，及图形的编辑方法，移动命令，复制命令，镜像命令，偏移命令，阵列命令等； 3. 掌握图案填充的方法与应用； 4. 能够识读、抄绘园林绿地道路、小品等平面图	根据园林施工图纸用CAD抄绘相关图纸	7	以绘图过程和绘图结果的正确性相结合进行评价
教学资源条件准备： 1. 多媒体教学设备； 2. 教学课件、软件； 3. 园林工程施工图； 4. 园林工程制图规范				

任务 3：园林高级编辑命令的运用

实训内容	技能训练要点	实训形式	训练学时	考核方式
1. 使用填充完成铺装平面图 2. 园林植物、山石图块的创建与插入 3. 用属性提取创建统计表及利用图块进行统计	1. 能够识读和抄绘园林植物、假山平面图，并制作出图块； 2. 掌握图块的概念及定义方法，用块插入方法插入图形文件的方法； 3. 掌握常用植物、园林小品、常用符号等图形的绘制方法，墙线的绘制方法	根据园林施工图纸用 CAD 抄绘相关图纸	6	以绘图过程和绘图结果的正确性相结合进行评价
教学资源条件准备： 1. 多媒体教学设备； 2. 教学课件、软件 3. 园林工程施工图； 4. 园林工程制图规范				

任务 4：园林高级编辑命令的运用

实训内容	技能训练要点	实训形式	训练学时	考核方式
1. 创建并设置图层 2. 绘制庭院设计平面图 3. 绘制小型园林设计平面图	1. 团结协作解决问题的能力，为专业课程的后续学习奠定必需的综合素质能力和综合应用能力； 2. 掌握图层的概念，图层的创建、删除、更名，当前图层的设置，利用图层特性管理器设置图层的颜色、线型、线宽等属性，图层的组织和其技巧及意义； 3. 能够识读和抄绘庭院及小型园林施工图	根据园林施工图纸用 CAD 抄绘相关图纸	4	将绘图过程和绘图结果的正确性相结合进行评价
教学资源条件准备： 1. 多媒体教学设备； 2. 教学课件、软件； 3. 园林工程施工图； 4. 园林工程制图规范				

任务 5：实训总结

实训内容	技能训练要点	实训形式	训练学时	考核方式
1. 将作业进行整理、收集 2. 根据完成实训中的情况做实训总结	1. 检查作业完成情况； 2. 实训总结是否完整	实训	1	终结评价
教学资源条件准备： 1. 多媒体教学设备； 2. 教学课件、软件； 3. 园林工程施工图； 4. 园林工程制图规范				

六、课程的考核与评价

本课程采用过程评价和终结评价相结合的方式进行，总成绩=过程评价（50%）+终结评价（50%）。

（1）过程评价采用对学生现场问答、小组讨论和实践操作等实训过程进行评价，其中：实训过程占 80%，实训态度占 20%。

（2）终结评价采用技能测试的形式进行。

七、教材选用建议

1. 选用教材

张余. 中文版 AutoCAD 2008 从入门到精通. 北京：清华大学出版社，2008.

2. 参考教材

（1）谭荣伟. 园林景观 CAD 绘图技巧快速提高. 北京：化学工业出版社，2013.

（2）张静. 园林工程 CAD 设计必读. 天津：天津大学出版社，2011.

6 "园林计算机辅助设计Ⅱ实训"课程标准

一、制定依据

本标准依据《园林工程技术专业人才培养方案》而制定。

二、课程性质

本课程是"园林计算机辅助设计Ⅱ"课程的实践性教学环节。通过本实训，学生能够利用计算机辅助设计技术，解决本专业实际问题的思维能力和创新能力；能够熟练操作现有的计算机辅助设计软件，巩固所学理论知识，为从事实际工作奠定基础。

三、本课程与其他课程的关系

课程学习内容可以独立作为一个完整的技能，通过本课程的设计，学生不仅能够独立完成设计，而且可独立操作打印机、扫描仪等设备，具备立即开展设计工作的能力；学生能够独立完成非命题课程设计，充分发挥每个学生的创新能力，进一步培养学生独立分析及处理问题的能力，将园林规划设计和园林制图知识运用到设计方案中。

四、课程目标

1．能力目标

（1）能够熟练应用 AutoCAD 绘制设计图及施工图。

（2）能熟练应用 Photoshop 进行效果图处理。

（3）能熟练应用 3DS Max/SketchUp 进行三维建模。

2．知识目标

（1）掌握 AutoCAD 软件的基本操作。

（2）掌握 Photoshop 软件的基本操作。

（3）掌握 3ds max 软件的基本操作。

（4）掌握 AutoCAD、Photoshop、3DS Max 软件之间的数据转换和信息处理。

3．素质目标

（1）培养良好职业道德观与个人价值观。

（2）培养良好的劳动纪律观念。

（3）培养认真做事、细心做事的态度。

（4）培养团队协作精神。

（5）培养表述、回答等语言表达能力。

（6）培养交流、沟通的能力。

五、实训内容与学时分配

1. 学时分配

序号	实训内容	学时分配
1	任务1：绘制平面规划设计图	6
2	任务2：绘制园林工程施工图	6
3	任务3：绘制平面效果图	4
4	任务4：绘制三维建模图	6
5	任务5：绘制鸟瞰效果图和局部效果图	2
6	任务6：实训总结	1
合　计		25

2. 实训内容与要求

任务1：绘制平面规划设计图

实训内容	技能训练要点	实训形式	训练学时	考核方式
1. 园林制图规范 2. CAD操作基本命令	1. 看懂方案设计图； 2. 使用CAD操作命令	上机绘制方案图	6	根据绘制速度和方案完整度评价
教学资源条件准备： 1. 多媒体教学设备； 2. 教学课件、软件； 3. 园林测绘地形				

任务2：绘制园林工程施工图

实训内容	技能训练要点	实训形式	训练学时	考核方式
1. 园林美学基本知识； 2. 规划设计基本知识	1. 能进行园林施工图绘制； 2. 学会PS基本操作	实训	6	过程评价
教学资源条件准备： 1. 多媒体教学设备； 2. 教学课件、软件； 3. 园林测绘地形				

任务3：绘制平面效果图

实训内容	技能训练要点	实训形式	训练学时	考核方式
1. 园林平面构图知识 2. 园林平面绘制软件	1. 彩色平面图绘制； 2. 平面效果图绘制	实训	4	过程评价
教学资源条件准备： 1. 多媒体教学设备； 2. 教学课件、软件； 3. 园林测绘地形				

任务 4：绘制三维建模图

实训内容	技能训练要点	实训形式	训练学时	考核方式
1. 平面图纸三维分析 2. 各种图形的三维建模	1. 园林制图基本知识； 2. 美学； 3. 规划设计	实训	6	过程评价
教学资源条件准备： 1. 多媒体教学设备； 2. 教学课件、软件； 3. 园林测绘地形				

任务 5：绘制鸟瞰效果图和局部效果图

实训内容	技能训练要点	实训形式	训练学时	考核方式
1. 能进行鸟瞰效果图的绘制 2. 能进行局部透视效果图的绘制	1. 园林美学基础知识； 2. 园林制图基本知识	实训	2	过程评价
教学资源条件准备： 1. 多媒体教学设备； 2. 教学课件、软件； 3. 园林测绘地形				

任务 6：实训总结

实训内容	技能训练要点	实训形式	训练学时	考核方式
1. 将作业整理、收集 2. 根据完成实训中的情况做实训总结	1. 将作业完成情况； 2. 实训总结是否完整	实训	1	终结评价
教学资源条件准备： 1. 多媒体教学设备； 2. 教学课件、软件； 3. 园林测绘地形				

六、课程的考核与评价

本课程采用过程评价和终结评价相结合的方式进行，总成绩=过程评价（50%）+终结评价（50%）。

（1）过程评价采用对学生现场问答、小组讨论和实践操作等实训过程进行评价，其中：实训过程占 80%，实训态度占 20%。

（2）终结评价采用技能测试的形式进行。

七、教材选用建议

1. 选用教材

陈玉勇. 园林计算机辅助设计教程. 北京：中国电力出版社，2009.

2. 参考教材

（1）雷波. 中文版 Photoshop CS 标准培训教程. 上海：上海科学普及出版社，2005.

（2）高志清. 3DS Max 园林及建筑小区规划效果图制作技能特训. 北京：中国水利水电出版社，2004.

7 "园林规划设计实训"课程标准

一、制定依据

本标准依据《园林工程技术专业人才培养方案》而制定。

二、课程性质

本课程是三年制高职园林工程技术专业的一门专业技术核心课,课程培养以能力培养为核心,培养具备应用能力和创新能力,能适应现代行业发展要求的高素质园林设计人才。通过教学,使学生具备园林规划设计知识、原理和技能,能够从功能、形式综合环境方面综合考虑设计,并正确表达设计内容。将技术应用能力培养贯穿于整个课程教学过程,培养抽象思维与动手能力相结合的,融技术与艺术于一体的技能设计人才。

三、本课程与其他课程的关系

本课程是一门承上启下的核心课程,有"园林制图""园林美术""园林设计初步""景观表现技法""景观规划设计原理""园林植物与造景"等先导课程打下绘图、设计表现和专业常识基础,与"园林规划设计"形成良好对接。为后续课程"园林施工技术概预算""园林CAD""园林工程技术""园林景观模型设计与制作""园林效果图制作"等奠定课程的学习基础和依据。前后课程之间具有必不可少的衔接关系,对本专业发展园林规划设计岗位群具有决定性影响,是拓展园林其他岗位群发展的基础环节。

四、课程目标

1. 知识目标

(1)具备园林规划设计图纸解读、描述的能力。

(2)熟悉园林规划设计相关规范和技术要求,能完成城市道路绿地设计、居住区绿地设计、单位附属绿地设计、公园规划设计的基本创意方案。

(3)熟悉园林规划设计施工图绘制技术要点,具备园林规划设计常规施工图的绘制能力。

2. 技能目标

(1)能进行园林规划设计创意手绘草图、方案CAD图的绘制。

(2)能初步进行园林规划设计施工图的绘制。

3. 素质目标

(1)具有沟通、协调人际关系和公共关系的处理能力。

(2)具有园林绿色环保意识。

(3)具有信息查询、收集与整理能力,具备独立学习、获取新知识的能力。

(4)具有方案设计与评估决策能力。

五、实训内容与学时分配

1）学时分配

序号	实训内容	学时分配
1	任务1：别墅花园设计	4
2	任务2：城市街道休闲绿地设计	4
3	任务3：广场景观规划设计	4
4	任务4：休闲小游园设计	4
5	任务5：居住区绿地景观规划设计	4
6	任务6：小型公园设计	4
7	任务7：实训总结	1
合　计		25

2）教学内容与要求

任务1：别墅花园设计

教学内容	技能要点	教学形式	建议学时	考核方式
1. 别墅花园的规划设计要点 （1）平面布局。 （2）风格定位。 2. 别墅花园方案绘制 （1）环境硬地景观。 （2）植物配置。 （3）常用造景技术	1. 了解别墅花园的规划设计要点； 2. 别墅花园方案绘制	根据园林景观规划设计的基本要求和原则绘制园林景观方案设计图	4	根据设计过程、设计结果的美观性、规范性和科学性相结合进行评价
教学资源条件准备： 1. 图纸； 2. 辅助绘图工具； 3. 实训场地				

任务2：城市街道休闲绿地设计

教学内容	技能要点	教学形式	建议学时	考核方式
1. 城市街道休闲绿地的规划设计要点 （1）平面布局。 （2）风格定位。 2. 城市街道休闲绿地绘制 （1）环境硬地景观。 （2）植物配置。 （3）常用造景技术	1. 了解城市街道休闲绿地的规划设计要点； 2. 城市街道休闲绿地绘制	根据园林景观规划设计的基本要求和原则绘制园林景观方案设计图	4	将设计过程、设计结果的美观性、规范性和科学性相结合进行评价
教学资源条件准备： 1. 图纸； 2. 辅助绘图工具； 3. 实训场地				

任务 3：广场景观规划设计

教学内容	技能要点	教学形式	建议学时	考核方式
1. 广场景观规划设计要点 （1）广场类型。 （2）布局形式。 （3）空间划分。 （4）流线组织。 2. 广场景观方案绘制 （1）方案设计。 （2）植物配置	1. 了解广场景观规划设计要点； 2. 广场景观方案绘制	根据园林景观规划设计的基本要求和原则绘制园林景观方案设计图	4	将设计过程、设计结果的美观性、规范性和科学性相结合进行评价
教学资源条件准备： 1. 图纸； 2. 辅助绘图工具； 3. 实训场地				

任务 4：休闲小游园设计

教学内容	技能要点	教学形式	建议学时	考核方式
1. 企事业机关单位小型休闲环境规划设计要点 2. 休闲小游园设计方案绘制 （1）创意方案。 （2）植物配置设计。 （3）水景设计。 （4）环境小品设计	1. 了解别墅花园的规划设计要点； 2. 休闲小游园设计方案绘制	根据园林景观规划设计的基本要求和原则绘制园林景观方案设计图	4	将设计过程、设计结果的美观性、规范性和科学性相结合进行评价
教学资源条件准备： 1. 图纸； 2. 辅助绘图工具； 3. 实训场地				

任务 5：居住区绿地景观规划设计

教学内容	技能要点	教学形式	建议学时	考核方式
1. 居住区绿地规划设计原则和相关规范要求 （1）居住区绿地规划设计技术要求。 （2）设计风格定位。 （3）空间组织。 （4）流线划分。 （5）使用功能。 2. 居住区绿地景观规划方案设计 （1）中心花园。 （2）组团绿地。 （3）宅前绿地。 3. 居住区绿地设计 （1）铺装设计。 （2）植物配置设计。 （3）水景设计。 （4）园林建筑小品设计	1. 了解居住区绿地规划设计相关规范及技术要求； 2. 景观规划方案设计绘制	根据园林景观规划设计的基本要求和原则绘制园林景观方案设计图	4	将设计过程、设计结果的美观性、规范性和科学性相结合进行评价
教学资源条件准备： 1. 图纸； 2. 辅助绘图工具； 3. 实训场地				

任务6：小型公园设计

教学内容	技能要点	教学形式	建议学时	考核方式
小型公园设计的设计原则和相关规范要求 2．小型公园设计技术要求 （1）设计风格定位。 （2）空间组织。 （3）流线划分。 （4）使用功能。 3．小型公园设计方案绘制 （1）道路规划。 （2）绿地植物配置设计。 （3）水景设计。 （4）园林建筑小品设计	1．了解小型公园设计的设计原则、相关规范要求及技术要求； 2．小型公园设计方案绘制	根据园林景观规划设计的基本要求和原则绘制园林景观方案设计图	4	将设计过程、设计结果的美观性、规范性和科学性相结合进行评价
教学资源条件准备： 1．图纸； 2．辅助绘图工具； 3．实训场地				

任务7：实训总结

实训内容	技能训练要点	实训形式	训练学时	考核方式
1．将作业整理、收集 2．根据完成实训中的情况做实训总结	1．将作业完成情况； 2．实训总结是否完整	实训	1	终结评价
教学资源条件准备： 1．图纸； 2．辅助绘图工具； 3．实训场地				

六、课程的考核与评价

本课程采用过程评价和终结评价相结合的方式进行，总成绩=过程评价（50%）+终结评价（50%）。

1．过程评价采用对学生现场问答、小组讨论和实践操作等实训过程进行评价，其中：实训过程占80%、实训态度占20%。

2．终结评价采用技能测试的形式进行。

七、教材选用建议

1．选用教材

（1）房世宝.园林规划设计.北京：化学工业出版社，2010.

2．参考教材

（1）胡长龙.园林规划设计.北京：中国农业出版社，2002.

（2）王浩.城市生态园林与绿地系统规划.北京：中国林业出版社，2003.

（3）杨鸿勋.江南园林论.上海：上海人民出版社，1994.

（4）张德炎，吴明.园林规划设计.北京：化学工业出版社，2007.

（5）唐学山，李雄，曹礼昆.园林设计.北京：中国林业出版社，1996.

（6）赵建民.园林规划设计.北京：中国农业出版社，2001.

（7）干哲新.浅谈滨水开发的几个问题.规划师，2001.

（8）俞孔坚，李迪华.城市景观之路——与市长们交流.北京：中国建筑工业出版社，2003.

（9）俞孔坚.张蕾.城市滨水区多目标景观设计途径探索.中国园林，2004.

8 "园林工程造价实训"课程标准

一、制定依据

本标准依据《全国统一园林绿化工程预算定额》《园林工程技术专业人才培养方案》而制定。

二、课程性质

本课程是高职园林工程技术专业的一门专业核心课程。"园林工程造价实训"是以园林工程造价岗位的工程量清单编制、商务标书编制及竣工结算书编制典型工作任务为依据设置的。该课程主要学习预算定额及费用定额的分类及组成、工程量清单的编制及报价、招投标的程序、竣工结算的编制等。是园林工程造价管理、投资控制、成本核算、设计、招投标等实践工作的基础和必备技能。

三、本课程与其他课程的关系

本课程的前置课程有"园林建筑""园林制图""园林工程""园林工程施工与管理"等。后续课程有"园林工程施工图设计"等。

四、课程目标

通过本课程的学习,使学生掌握园林工程造价及招投标的相关理论知识,能够从事园林工程预结算、园林工程招标与投标工作,具有计算园林工程项目的工程量,运用预算软件编制园林工程量清单及清单组价,以及编制园林工程招标文件与商务标的基本职业能力。

1. 知识目标

(1)具有园林工程概预算基本知识。

(2)能进行园林工程费用的计算。

(3)具有园林工程招标与投标程序的基础知识。

2. 能力目标

(1)能熟练使用园林绿化工程预算定额及费用定额。

(2)具有计算园林工程项目的工程量的能力。

(3)学会园林工程预算的编制方法。

(4)具有运用预算软件编制园林工程工程量清单及清单组价的能力。

(5)具有编制园林工程招标文件的能力。

(6)具有编制园林工程商务标的能力。

(7)具有编制园林工程竣工结算的能力。

3. 素质目标

(1)具有良好的计划组织和团队协助能力。

(2)具有较强的责任感和严谨的工作作风,有良好的行业规范和职业道德。

(3)具有良好的心理素质和克服困难的能力。

(4)能遵纪守法、遵守职业道德和行业规范。

五、实训内容与学时分配

1. 学时分配

序号	实训内容	学时分配
1	任务1：园林工程量的计算	8
2	任务2：园林定额的应用	8
3	任务3：园林工程投标造价编制	8
4	任务4：实训总结	1
合　计		25

2. 教学内容与要求

任务1：园林工程量的计算

实训内容	技能要点	教学形式	建议学时	考核方式
1. 园林工程量分部分项 2. 园林工程分部分项工程量计算	1. 园林工程量分部分项； 2. 园林工程分部分项工程量计算	根据定额工程量计算规则计算给园林工程分部分项工程量	8	将计算过程和计算结果的正确性相结合进行评价

教学资源条件准备：

1. 多媒体教学设备；

2. 教学课件、软件；

3. 园林工程施工图；

4. 园林绿化工程定额；

5. 清单计价规范

任务2：园林定额的应用

教学内容	技能要点	教学形式	建议学时	考核方式
1. 园林工程预算费用的组成 2. 园林工程定额应用方法	1. 园林工程预算费用的组成； 2. 园林工程定额应用方法	根据定额工程量计算规则计算各园林工程预算费用	8	根据定额工程量计算规则计算各园林工程预算费用

教学资源条件准备：

1. 多媒体教学设备

2. 教学课件、软件

3. 园林工程施工图；

4. 园林绿化工程定额；

5. 清单计价规范

任务3：园林工程投标造价编制

教学内容	技能要点	教学形式	建议学时	考核方式
1. 园林工程量分部分项工程量计算 2. 运用工程量清单计价法进行园林工程投标造价编制方法	1. 园林工程量分部分项工程量计算； 2. 运用工程量清单计价法进行园林工程投标造价编制	根据定额工程量计算规则计算园林工程预算费用并编制投标造价书	8	根据定额工程量计算规则计算园林工程预算费用并编制投标造价书

教学资源条件准备：

1. 多媒体教学设备

2. 教学课件、软件

3. 园林工程施工图；

4. 园林绿化工程定额；

5. 清单计价规范

任务 4：实训总结

实训内容	技能训练要点	实训形式	训练学时	考核方式
1. 将作业进行整理、收集 2. 根据完成实训中的情况做实训总结	1. 检查作业完成情况； 2. 实训总结是否完整	实训	1	终结评价
教学资源条件准备： 1. 多媒体教学设备； 2. 教学课件、软件； 3. 安装工程施工图； 4. 安装工程定额； 5. 清单计价规范				

六、课程的考核与评价

本课程采用过程评价和终结评价相结合的方式进行，总成绩=过程评价（50%）+终结评价（50%）。

（1）过程评价采用对学生现场问答、小组讨论和实践操作等实训过程进行评价，其中：实训过程占 80%，实训态度占 20%。

（2）终结评价采用技能测试的形式进行。

七、教材选用建议

1. 选用教材

刘卫斌. 园林工程概预算. 北京：中国农业出版社，2006.

2. 参考教材

（1）四川省建设工程造价管理总站. 四川省建设工程工程量清单计价定额 园林绿化工程 措施项目 规费 附录 分册. 北京：中国计划出版社，2009.

（2）中华人民共和国国家标准. 建设工程工程量清单计价规范（GB 50500—2008）.

9 "园林工程施工组织与管理实训"课程标准

一、制定依据

本标准依据《园林工程施工组织与管理国家职业标准》和《园林工程施工组织与管理专业人才培养方案》而制定。

二、课程性质

本课程为园林专业的核心课程,主要讲授园林绿化工程施工管理方面的基本知识和工作要领,承担着教会初学者在施工过程中怎样进行园林工程施工组织与管理的任务。本课程的先修课程有"园林树木学""园林树木栽培学""花卉栽培学""草坪学""园林工程""园林规划设计"等,是第五学期的必修课程,没有后续课程。总课时为25学时。

三、本课程与其他课程的关系

(1)先修课程:"园林树木学""园林树木栽培学""花卉栽培学""草坪学""园林工程""园林规划设计"。

(2)没有后续课程。

四、课程目标

1. 知识目标

(1)具有园林工程施工组织基本知识。

(2)横道图基本知识。

(3)园林工程进度计划知识。

(4)园林工程施工进度控制知识。

(5)质量控制知识。

(6)成本管理知识。

(7)安全管理知识。

(8)劳动管理知识。

(9)材料管理知识。

(10)现场管理知识。

(11)施工资料管理知识。

2. 技能目标

(1)具有园林绿化工程项目的施工管理规范及技术要求的能力。

(2)具有识图、读图和审图的能力。

(3)具有承担工程项目经理的基本业务素质和知识结构能力;

3. 素质目标

(1)具有沟通、协调人际关系和公共关系的处理能力。

(2)具有集体意识、团队合作意识、质量意识及社会责任心。

(3)遵守劳动纪律、环境意识、安全意识。

(4)具有信息查询、收集与整理能力,具有独立学习、获取新知识的能力。

（5）具有制订工作进度表以及控制进度的执行能力，方案设计与评估决策能力。

五、课程教学内容及参考学时

1. 学时分配

序号	教学内容	学时分配
1	任务1：编制园林工程施工组织设计	7
2	任务2：园路工程施工现场材料管理	6
3	任务3：园路工程施工现场管理	6
4	任务4：园林工程竣工验收	6
	合　计	25

2. 教学内容与要求

任务1：园林工程施工进度计划图绘制

教学内容	技能要点	教学形式	建议学时	考核方式
根据招标书和园林工程施工图，编制园林工程施工组织设计 （1）简要说明工程特点。 （2）简述工程施工特征。结合园林建设工程具体施工条件，找出其施工全过程的关键工程，并从施工方法和措施方面给以合理地解决。 （3）施工方案（单项工程施工进度计划）	熟悉园林工程施工组织设计的编制内容和程序	实习	7学时	
教学资源条件准备： 1. 招标文件； 2. 园林工程施工图； 3. 园林工程概（预）算等				

注：教学形式主要有实验、实习、实训、见习等。

任务2：园路工程施工现场材料管理

教学内容	技能要点	教学形式	建议学时	考核方式
1. 园林工程建设施工材料管理的任务 2. 材料供应管理的内容 3. 园林工程建设施工现场材料的管理内容 4. 园林工程建设施工材料管理的要点	1. 园林工程建设施工现场料的管理内容； 2. 园林工程建设施工材料管理的要点	实习	6学时	
教学资源条件准备： 1. 工程施工组织设计； 2. 园林工程施工图				

任务3：园路工程施工现场管理

教学内容	技能要点	教学形式	建议学时	考核方式
1. 园林工程建设规范内容 2. 园林工程建设环境保护 3. 园林工程建设防火安全管理 4. 园林工程建设卫生防疫及其他事项	1. 园林工程建设规范内容； 2. 园林工程建设环境保护	实习	6学时	
教学资源条件准备： 1. 工程施工组织设计； 2. 园林工程施工图				

任务4：园林工程竣工验收

教学内容	技能要点	教学形式	建议学时	考核方式
1. 园林工程建设施工、竣工验收的准备工作 2. 园林工程建设施工、竣工资料 3. 园林工程建设施工、竣工验收管理 4. 园林工程建设施工、竣工结算	1. 园林工程建设施工、竣工资料； 2. 园林工程建设施工、竣工验收管理； 3. 园林工程建设施工、竣工结算	实习	6学时	
教学资源条件准备： 1. 工程施工组织设计； 2. 园林工程施工图				

六、课程的考核与评价

（1）本课程采用过程评价和终结评价相结合的方式进行。

（2）过程评价占70%。其中：现场提问、小组讨论、实践操作、实验报告等考核形式占50%，学生的出勤和平时的学习态度占20%，在教学过程中对学生学习效果进行评价。

（3）终结评价占30%，采用技能测试、实践操作、综合作业等形式，在教学结束后对学生的学习效果进行评价。

七、教材选用建议

1. 选用教材

吴立威. 园林工程施工组织与管理. 北京：机械工业出版社.

2. 参考教材

（1）梁伊任. 园林建设工程. 北京：中国城市出版社，2000.

（2）康春来. 园林工程施工管理. 北京：中国建筑工业出版社，1999.

10 "园林工程实训"课程标准

一、制定依据

本标准依据《园林工程国家职业标准》和《园林工程专业人才培养方案》而制定。

二、课程性质

"园林工程技术"是园林工程技术专业的一门专业核心课程,在整个课程体系中占据重要的地位。本门课程主要学习园林工程中各单项工程的施工图设计和施工技术等方面的内容,学生能否学好本门课程将直接决定学生能否胜任园林工程技术员这一工作岗位。

三、本课程与其他课程的关系

(1)先修课程:"园林制图""园林建筑材料""园林树木"。

(2)后续课程:"园林工程施工组织与管理""园林工程预算"。

四、课程目标

1. 知识目标

(1)具有园林土方工程计算知识。

(2)具有园林给排水工程方面知识。

(3)具有园林水景工程方面知识。

(4)具有园路工程方面知识。

(5)具有园林假山工程方面知识。

(6)具有园林供电与照明方面知识。

(7)具有植物种植工程方面知识。

2. 技能目标

(1)园林工程施工图纸的识读、绘制与设计。

(2)园林工程施工的定点放线。

(3)园林工程施工的工艺流程。

(4)主要园林工程的施工操作技术要点。

3. 素质目标。

(1)具有沟通和协调人际关系和公共关系的处理。

(2)具有集体意识、团队合作,质量意识及社会责任心。

(3)遵守劳动纪律、环境意识、安全意识。

(4)具有信息查询、收集与整理,独立学习、获取新知识的能力。

(5)具有制定工作进度表以及控制进度的执行能力,方案设计与评估决策能力。

五、课程教学内容及参考学时

1. 学时分配

序号	教学内容	学时分配
1	任务1：土方工程施工	5
2	任务2：园路工程施工	5
3	任务3：栽植工程施工	5
4	任务4：园林给排水工程施工	5
5	任务5：园林小品工程施工	5
合　计		25

2. 教学内容与要求

任务1：土方工程施工

教学内容	技能要点	教学形式	建议学时	考核方式
1. 介绍土方工程的施工程序及操作步骤 2. 进行土方施工的放线，并设置标桩 3. 按照施工图纸，进行人工平整土方 （1）人力挖方。 （2）人力运土。 （3）土方的填方。 （4）土方的压实	1. 土方放线； 2. 土方平整	实习	5学时	
教学资源条件准备： 1. 地形图纸； 2. 铁锹、耙子、细白线				

注：教学形式主要有实验、实习、实训、见习等。

任务2：园路工程施工

教学内容	技能要点	教学形式	建议学时	考核方式
1. 各种园路施工程序及操作步骤、园路施工标准 2. 放线、挖路槽及基础和基层施工 （1）施工放线。 （2）准备路槽。 （3）铺筑基层。 （4）结合层的铺筑。 （5）面层的铺筑。 （6）道牙施工。 3. 路面的施工及养护	1. 施工放线； 2. 准备路槽； 3. 铺筑基层； 4. 结合层的铺筑； 5. 面层的铺筑	实习	5学时	
教学资源条件准备： 1. 园路图纸； 2. 水准仪、橡皮锤、铁锹、细线				

任务 3：栽植工程施工

教学内容	技能要点	教学形式	建议学时	考核方式
1. 栽植工程的施工要点及栽植工程的施工养护标准 2. 乔木栽植、支架杆、浇水、修剪、施肥、养护 （1）种植坑。 （2）苗木起苗。 （3）运苗与假植。 （4）苗木修剪。 （5）散苗。 （6）栽苗。 3. 灌木栽植浇水、修剪、施肥及绿篱模纹的栽植、养护 4. 铺草皮、浇水、施肥、养护	1. 种植坑； 2. 苗木起苗； 3. 运苗与假植； 4. 苗木修剪； 5. 散苗； 6. 栽苗	实习	5 学时	
教学资源条件准备： 1. 种植施工图纸； 2. 肥料、药物及各种养护物				

任务 4：园林给排水工程施工

教学内容	技能要点	教学形式	建议学时	考核方式
1. 园林给排水的施工要点及施工方法、施工标准 2. 给排水路线的放线、挖沟 3. 管线安装并试水 4. 回填土、压实	1. 管沟放线与开挖； 2. 铺管； 3. 管道的水压试验	实习	5 学时	
教学资源条件准备： 1. 给排水施工图纸； 2. 铁锹、水准仪、斧子、抓钩机				

任务 5：园林小品工程施工

教学内容	技能要点	教学形式	建议学时	考核方式
1. 园林小品的形式、布置方式及施工标准 2. 做园林小品预置构件 3. 放线、小品基础施工 4. 进行小品的钢筋连接和铁丝网的绑扎 5. 进行小品混凝土浇筑并养护 6. 组装预置构件、抹灰、罩面、绘制木纹、刷面漆	1. 做园林小品预置构件； 2. 小品的钢筋连接和铁丝网的绑扎； 3. 小品混凝土浇筑并养护	实习	5 学时	
教学资源条件准备： 1. 园林小品施工图纸； 2. 全站仪、铁锹等施工物				

六、课程的考核与评价

（1）本课程采用过程评价和终结评价相结合的方式进行。

（2）过程评价占 70%。其中：现场提问、小组讨论、实践操作、实验报告等考核形式占 50%，学生的出勤和平时的学习态度占 20%，在教学过程中对学生学习效果进行评价。

（3）终结评价占30%，采用技能测试、实践操作、综合作业等形式，在教学结束后对学生学习效果进行评价。

七、教材选用建议

1. 选用教材

陈科东. 园林工程技术. 北京：高等教育出版社，2012.

2. 参考教材

（1）徐辉，潘福荣. 园林工程设计. 北京：机械工业出版社，2008.

（2）张吉祥. 园林植物种植设计. 北京：中国建筑工业出版社，2003.

（3）李开然. 风景园林设计. 上海：上海人民美术出版社，2014.

11 "园林建筑设计实训"课程标准

一、制定依据

本标准依据《园林建筑设计》和《园林工程技术专业人才培养方案》而制定。

二、课程性质

"园林建筑设计"是园林工程技术专业的主干课程。本课程是以园林建筑单体设计和建筑施工图的识读为园林职业能力目标的实践课程，系统地讲授园林建筑设计的基本理论及相关知识，同时对中国传统建筑与现代建筑进行分析探讨，培养学生独立设计园林建筑及园林建筑小品的能力，并为园林规划设计、园林工程施工及预算等职业能力奠定必备的知识基础和实践技能。

三、本课程与其他课程的关系

本课程在园林专业课程结构中具有承前启后的桥梁作用。学习园林建筑设计知识，掌握园林建筑设计技能，应该以前导课程"园林美术""园林制图""园林设计初步"为主要基础。同时又是园林规划设计""园林工程概预算"等后续课程的专业基础课。

四、课程目标

1. 知识目标

（1）具有园林建筑设计的基础知识。

（2）掌握园林建筑设计的基本理论。

2. 技能目标

（1）具有手工绘制园林建筑图的能力。

（2）具有完全读懂园林建筑施工图的能力。

（3）具有搜集资料的能力。

（4）具有使用工具书独立设计的能力。

（5）具有鉴赏优秀作品的能力。

3. 素质目标

（1）具有适应环境变化的能力。

（2）具有良好的职业道德和敬业精神。

（3）具有吃苦耐劳的实践精神，勇于创新的探索精神，服务社会的创业抱负。

（4）能遵纪守法、遵守职业道德和行业规范。

（5）具有团队意识和妥善处理人际关系的能力。

五、实训内容与学时分配

1. 学时分配

序号	实训内容	学时分配
1	任务1：亭的设计	3
2	任务2：廊的设计	2
3	任务3：花架的设计	2

序号	实训内容	学时分配
4	任务4：园林大门的设计	2
5	任务5：榭的设计	2
6	任务6：茶室的设计	2
7	任务8：实训总结	1
合　计		14

2. 实训内容与要求

任务1：亭的设计

实训内容	技能训练	实训形式	训练学时	考核方式
1. 亭的设计要点 （1）位置选择。 （2）造型设计。	了解亭的设计要点	实训	0.5	过程评价
2. 亭设计方案绘制	亭设计方案绘制	实训	2.5	终结评价
教学资源条件准备： 1. 图纸； 2. 辅助绘图工具； 3. 实训场地				

任务2：廊的设计

实训内容	技能训练	实训形式	训练学时	考核方式
1. 廊的设计要点 （1）位置选择。 （2）造型设计	了解廊的设计要点	实训	0.5	过程评价
2. 廊设计方案绘制	廊设计方案绘制	实训	1.5	终结评价
教学资源条件准备： 1. 图纸； 2. 辅助绘图工具； 3. 实训场地				

任务3：花架的设计

实训内容	技能训练	实训形式	训练学时	考核方式
1. 花架的设计要点 （1）与植物的搭配。 （2）造型与环境的协调	了解花架的设计要点	实训	0.5	过程评价
2. 花架设计方案的绘制	花架设计方案的绘制	实训	1.5	终结评价
教学资源条件准备： 1. 图纸； 2. 辅助绘图工具； 3. 实训场地				

任务 4：园林大门的设计

实训内容	技能训练	实训形式	训练学时	考核方式
1. 园林大门的设计要点 （1）选址。 （2）空间处理。 （3）停车场设计。 （4）大、小出入口的布局设计。 （5）造型设计。 （6）附属建筑的设计。 （7）立面要素的设计	了解园林大门的设计要点	实训	0.5	过程评价
2. 园林大门设计方案绘制	园林大门设计方案绘制	实训	1.5	终结评价
教学资源条件准备： 1. 图纸； 2. 辅助绘图工具； 3. 实训场地				

任务 5：榭的设计

实训内容	技能训练	实训形式	训练学时	考核方式
1. 榭的设计要点 （1）布局设计。 （2）位置的选择。 （3）造型的设计。 （4）处理好与园林整体环境环境的关系	了解榭的设计要点	实训	0.5	过程评价
2. 榭的设计方案的绘制	榭的设计方案的绘制	实训	1.5	终结评价
教学资源条件准备： 1. 图纸； 2. 辅助绘图工具； 3. 实训场地				

任务 6：茶室的设计

实训内容	技能训练	实训形式	训练学时	考核方式
1. 茶室的设计要点 （1）位置选择。 （2）建筑造型。 （3）建筑体量。 （4）功能布局	了解茶室的设计要点	实训	0.5	过程评价
2. 茶室设计方案的绘制	茶室设计方案的绘制	实训	1.5	终结评价
教学资源条件准备： 1. 图纸； 2. 辅助绘图工具 3. 实训场地				

六、课程的考核与评价

本课程采用过程评价和终结评价相结合的方式进行，总成绩=过程评价（50%）+终结评价（50%）。

（1）过程评价采用对学生现场问答、小组讨论和实践操作等实训过程进行评价，其中：实训过程占 80%，实训态度占 20%。

（2）终结评价采用技能测试的形式进行。

七、教材选用建议

1. 选用教材

张良. 园林建筑设计. 郑州：黄河水利出版社，2010.

2. 参考教材

（1）田大方. 风景园林建筑快速设计. 北京：化学工业出版社，2010.

（2）成玉宁. 园林建筑设计. 北京：中国农业出版社，2010.

（3）田大方. 风景园林建筑设计与表达. 北京：化学工业出版社，2010.

（4）梁美勤. 园林建筑. 北京：中国林业出版社，2003.

3. 学习网站

（1）中国风景园林网 http：//www. chla. com. cn/.

（2）土人景观网 http：//www. turenscape. com/homepage. asp.

（3）中国景观在线 http：//www. scapeonline. com/index2. htm.

（4）景观设计网 http：//www. landdesign. com/.